高等职业教育教材

锅炉原理与设备

▶ 宋党伟　主编

GUOLU
YUANLI
YU
SHEBEI

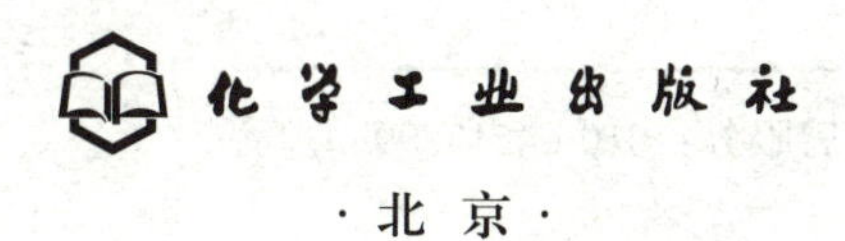

·北京·

内容简介

本书以锅炉设备为重点，从实际生产应用的角度，系统地介绍了煤粉锅炉、循环流化床锅炉以及垃圾焚烧炉的基本结构、工作原理、特性及运行等。主要内容包括锅炉基本知识、燃料及锅炉热平衡、制粉系统、燃烧原理及设备、汽水系统、风烟系统、除尘系统、脱硫脱硝系统、锅炉事故及节能减排分析；循环流化床锅炉、垃圾焚烧炉的基本结构和工作原理等。

本书有些知识点配有图、表和视频教学资源，帮助读者理解所学内容，可供高职高专电力技术类电厂热能动力装置、热能动力工程技术、电厂锅炉运行、火电厂集控运行及垃圾焚烧厂生产运行等相关专业教学使用，也可供从事锅炉运行、安装和管理人员参考，还可作为锅炉生产技术人员的培训教材。

图书在版编目（CIP）数据

锅炉原理与设备 / 宋党伟主编 . -- 北京 : 化学工业出版社，2024. 11 . --（高等职业教育教材）.

ISBN 978-7-122-30261-8

Ⅰ . TK22

中国国家版本馆 CIP 数据核字第 2024M14Q20 号

责任编辑：廉 静　　文字编辑：徐 秀　师明远

责任校对：田睿涵　　装帧设计：史利平

出版发行：化学工业出版社

（北京市东城区青年湖南街 13 号　邮政编码 100011）

印　　装：三河市航远印刷有限公司

787mm × 1092mm　1/16　印张 $15^1/_4$　字数 366 千字

2025 年 3 月北京第 1 版第 1 次印刷

购书咨询：010-64518888　　售后服务：010-64518899

网　　址：http：//www.cip.com.cn

凡购买本书，如有缺损质量问题，本社销售中心负责调换。

定　　价：49.80 元

总码：课程介绍

前·言

随着科学技术的进步和社会经济的高速发展，电力的需求量不断增加，锅炉作为电厂能量转换的主要设备之一，在生产过程中起着不可或缺的重要作用。锅炉设备及生产技术的不断革新，要求企业人员、学生和老师也要及时掌握锅炉的结构、系统和运行等方面的新知识，所以编写了本书。

目前，关于锅炉教材存在的主要问题如下：

第一，数字信息化教学资源提供不精准、不充足。有些锅炉设备部件庞大，工作原理复杂，知识点很抽象，且看不见摸不到，很难用语言和静态图片讲解清楚，不借助信息化、多媒体手段很难达到化难为易、深入浅出的教学效果。

第二，缺乏课程思政元素的融入。本书在教材和配套的数字化微视频教学资源中巧妙地融入了团结协作、节能减排、劳模精神、大国工匠和爱国情怀等思政元素，通过思政教育引导人、塑造人、发展人，提升学生的道德素养，培养德智体美劳全面发展的新时代锅炉人才。

第三，具备高职高专职教改要求的教材偏少。现有的锅炉书籍多为学术著作或本科教材，与培养高职高专的职业技能应用型人才的目标不尽一致。

第四，教材涵盖的锅炉种类单一。现有的锅炉书籍教材内容讲述的锅炉种类单一，或者是煤粉锅炉，或者是循环流化床锅炉，或者是垃圾焚烧炉。而本书弥补了这一缺憾，本书涵盖了三种锅炉设备，包括高压煤粉锅炉、循环流化床锅炉和垃圾焚烧锅炉。

本书在编写时尽量弥补这些不足，重点突出以学生为主体、以能力为本位的职教特色，坚持立德树人、德技并修、产教融合、校企合作的原则，遵循复合型技术技能人才培养规律，融入了课程思政元素，重难点知识内容加入了数字信息化教学资源，主动适应信息化、数字化时代“线上＋线下学习、碎片化学习、自主学习、反复学习”的学习方式变革，配套了大量的数字化微视频教学资源，这些资源在书中附有二维码，建成“数字立体化”教材，拓展了学习的时间和空间，努力做到了知识传授与技术技能培养、团结协作、节能减排、劳模精神和大国工匠精神的塑造、爱国情怀并举并重并行。

本书包含了煤粉锅炉、循环流化床锅炉和垃圾焚烧炉设备的相关理论的专业知识与职业技能，在编写过程中对涉及以上所述的相关专业设备及技能知识进行了有效重构，紧密围绕专业培养目标、教学要求和职工培训的需要，在内容编排上共分五篇：

第一篇是“锅炉必备基础知识”，共分 3 章，包括锅炉基础知识、燃料与燃烧计算及锅炉热平衡等。

第二篇是“煤粉锅炉设备”，共分 6 章，包括煤粉锅炉的设备构成及工作过程、煤粉制备系统、燃烧原理及设备、汽水系统、风烟系统以及除尘、脱硫、脱硝系统等。

第三篇是“循环流化床锅炉”，共分 5 章，包括循环流化床锅炉的发展及优缺点、循环流化床锅炉的结构及相关概念、循环流化床锅炉内的气固流动特性、循环流化床锅炉的物料循环燃烧系统及设备、典型循环流化床锅炉技术特点及结构等。

第四篇是“垃圾焚烧炉”，共分 3 章，包括垃圾焚烧技术概述、垃圾焚烧技术工艺流程及系统、垃圾焚烧炉设备等。

第五篇是“锅炉事故与节能减排”，共分 2 章，包括常见锅炉事故分析和节能减排分析等。

通过五篇 19 章，针对锅炉实践生产工作任务，全面系统地讲述了锅炉的设备结构及系统、工作原理等专业知识。

本书从工程生产实际出发，紧紧围绕以培养适应生产、建设、管理、服务第一线所需要的“留得住，下得去，用得上”的高技能人才为目标，将新技术、新工艺和新方法引入教材，不但能满足高等职业教育热能动力工程技术专业的专业课和 1+X 证书学习的需要，也可作为电厂相关专业技术领域生产岗位培训和自学自用教材。

本书由宋党伟主编。其中，宋党伟主要负责第一章至第九章、第十一章至第十五章、第十七章的编写，王荣梅负责第十章的编写，张樱珞负责第十六章的编写，中国石油天然气股份有限公司抚顺石化分公司热电部张航负责第十八章的编写，博努力（北京）仿真技术有限公司王廷举负责第十九章的编写，全书由宋党伟统稿，并统筹微课设计和数字资源制作。同时在教材编写过程中，博努力（北京）仿真技术有限公司提供并建设了大部分数字资源库，也得到了中国石油天然气股份有限公司锦州石化分公司崔四伟、陈哲和北方华锦化学工业集团有限公司张昆等有关企业专家的大力帮助与支持，在此一并表示衷心感谢。

由于编者水平有限，书中的疏漏及不足之处在所难免，欢迎读者批评指正。

编者

2024 年 8 月

《锅炉原理与设备》二维码资源目录

续表

序号	二维码编码	资源名称	资源类型	页码
34	资源 33	叶轮式给粉机	视频	50
35	资源 34	锁气器	视频	50
36	资源 35	直吹式制粉系统	视频	51
37	资源 36	中间储仓制粉系统	视频	53
38	资源 37	燃烧的基本原理	视频	57
39	资源 38	煤粉的燃烧过程、条件和强化	视频	58
40	资源 39	直流煤粉燃烧器	视频	62
41	资源 40	燃烧器四角布置切圆燃烧	动画	62
42	资源 41	均等配风直流煤粉燃烧器	动画	64
43	资源 42	分级配风直流煤粉燃烧器	动画	64
44	资源 43	旋流煤粉燃烧器	视频	64
45	资源 44	煤粉炉炉膛	视频	66
46	资源 45	自然循环原理与设备组成	视频	71
47	资源 46	汽包的结构	动画	73
48	资源 47	水冷壁	视频	73
49	资源 48	膜式水冷壁	动画	74
50	资源 49	省煤器	视频	75
51	资源 50	铸铁省煤器的结构	动画	76
52	资源 51	钢管省煤器的结构	动画	76
53	资源 52	鳍片管省煤器结构	动画	77
54	资源 53	省煤器的启动保护	视频	78
55	资源 54	过热器的作用和结构型式	视频	79
56	资源 55	对流式过热器	动画	80
57	资源 56	半辐射式	动画	81
58	资源 57	包覆过热器	动画	82
59	资源 58	过热器与再热器的作用和结构型式	视频	82
60	资源 59	过热器与再热器的积灰和高温腐蚀	视频	84
61	资源 60	风烟系统的构成及工作过程	视频	87
62	资源 61	风烟系统的工作过程	视频	89
63	资源 62	风机	视频	90
64	资源 63	动叶可调一次风机的结构与原理	动画	91
65	资源 64	离心式风机的结构与原理	动画	92
66	资源 65	空气预热器	视频	96
67	资源 66	立式管式空气预热器的结构与工作原理	动画	96
68	资源 67	卧式管式空气预热器的结构与工作原理	动画	96
69	资源 68	三分仓空预器的结构与工作过程	动画	99

续表

序号	二维码编码	资源名称	资源类型	页码
70	资源 69	除尘系统	视频	102
71	资源 70	布袋除尘器结构	动画	104
72	资源 71	布袋除尘器工作原理	动画	104
73	资源 72	电除尘器工作原理	动画	104
74	资源 73	卧式电除尘器结构组成	动画	106
75	资源 74	脱硫系统	视频	108
76	资源 75	湿法烟气脱硫工艺流程	视频	109
77	资源 76	吸收塔结构	动画	110
78	资源 77	SCR 脱硝系统	视频	112
79	资源 78	SNCR 脱硝系统	视频	113
80	资源 79	循环流化床锅炉的发展	视频	118
81	资源 80	循环流化床锅炉的特点	视频	121
82	资源 81	流化床炉可燃烧的劣质燃料	视频	121
83	资源 82	循环流化床锅炉的结构	动画	124
84	资源 83	循环流化床锅炉的工作过程	视频	126
85	资源 84	颗粒筛分与粒径分布	视频	128
86	资源 85	堆积密度和空隙率	视频	128
87	资源 86	颗粒终端速度	视频	129
88	资源 87	流态化现象	视频	131
89	资源 88	五种典型流态形态	视频	132
90	资源 89	固体颗粒分类	视频	135
91	资源 90	密相区的气固流动	视频	137
92	资源 91	快速流化床与最小循环流量	视频	138
93	资源 92	颗粒团的形成	视频	139
94	资源 93	物料循环燃烧系统组成	动画	145
95	资源 94	循环流化床炉膛	动画	145
96	资源 95	大型 CFB 炉膛布置	动画	145
97	资源 96	布风装置工作过程	视频	148
98	资源 97	循环流化床炉风帽	视频	148
99	资源 98	旋风分离器	视频	153
100	资源 99	物料循环回送工作原理	视频	156
101	资源 100	流化密封送灰器结构与原理	视频	158
102	资源 101	流化床点火原理	视频	158
103	资源 102	床上点火燃烧器	视频	159
104	资源 103	床下点火燃烧器	视频	159
105	资源 104	物料循环系统的组成及作用	视频	160

续表

序号	二维码编码	资源名称	资源类型	页码
106	资源 105	床层结焦问题	视频	164
107	资源 106	国外 CFB 锅炉的主要形式	视频	168
108	资源 107	220t/h 循环流化床锅炉	视频	170
109	资源 108	300MW 循环流化床锅炉	动画	177
110	资源 109	600MW 循环流化床锅炉	动画	178
111	资源 110	垃圾焚烧处理是最有效手段	动画	182
112	资源 111	国内垃圾焚烧技术的发展	视频	186
113	资源 112	垃圾焚烧对城市发展的重要性	视频	188
114	资源 113	二噁英的生成可以控制吗?	动画	189
115	资源 114	垃圾焚烧厂一般工艺流程	动画	192
116	资源 115	垃圾焚烧发电工艺流程	动画	193
117	资源 116	垃圾焚烧发电漫游场景	动画	193
118	资源 117	锅炉满水事故	视频	215
119	资源 118	锅炉缺水事故	视频	215
120	资源 119	锅炉爆炸事故	视频	216

目·录

第一篇

锅炉必备基础知识

第一章 锅炉基础知识

知识目标

① 掌握锅炉的作用。
② 了解锅炉的发展历史。
③ 理解锅炉技术规范的含义。
④ 掌握锅炉型号的表示方法和锅炉的分类。

能力目标

① 能正确叙述锅炉的发展，说出不同时代的主要锅炉类型。
② 能正确说出锅炉的技术规范定义。
③ 能正确识读电厂锅炉的型号，并根据锅炉型号读出锅炉的相关参数。

锅炉是一种能量转换设备，将燃料的化学能转换为工质的热能。锅炉的主要作用是使燃料在其内燃烧放出大量的热，将锅炉内的工质水加热成具有一定温度、压力和品质的蒸汽，按其用途分为电站锅炉和工业锅炉。电站锅炉又称“电厂锅炉”，是指向汽轮机提供规定数量和质量蒸汽的中大型锅炉，常与一定容量的汽轮发电机组相配套，主要用于发电。工业锅炉是机械、冶金、化工、纺织、造纸、食品等工业生产工艺的供汽、供热设备，也是民用建筑的采暖供热热源。本书主要介绍的是电站锅炉。

第一节 • 锅炉的发展历史

资源1：锅炉的发展过程

锅炉发展至今已经有200多年的历史，随着科学技术和电力工业的飞速发展，锅炉在结构形状和技术水平上都得到不断改进和更新。中华人民共和国成立后，我国才开始自主设计和制造电厂锅炉。

1953 年我国成立第一家上海锅炉厂，并于 1955 年自主生产制造了中国第一台 40t/h 配 6MW 机组的中压链条锅炉。

20 世纪 50 年代后期，我国自主生产制造了 120t/h、230t/h 配 25MW、50MW 的自然循环高压煤粉锅炉。

20 世纪 60、70 年代又相继自主生产制造了 400t/h、670t/h 配 125MW、200MW 机组的高压、超高压锅炉，随着电厂锅炉向大容量、高参数的方向发展，我国生产制造了一些 1000t/h 配 300MW 机组的亚临界压力直流锅炉，同时也引进了一些 300MW 和 500MW 的低循环倍率锅炉，在燃烧技术方面也发展了液态排渣炉和小型鼓泡流化床锅炉。

20 世纪 80 年代改革开放加快了设备和技术的引进，我国开始生产制造 2000t/h 配 600MW 机组的亚临界控制循环锅炉，而且锅炉设计、制造、安装和运行水平得到大幅度的提升，达到了世界先进水平，但是与国外发达国家相比，我国还存在一定差距。

21 世纪后，随着经济的高速发展和国外先进技术的引进，我国火电机组进入了 1000MW、超临界和超超临界参数发展的新时期，其发展速度迅猛。当前我国在建电厂项目中主要采用亚临界机组和超临界机组，亚临界机组以国产为主，超临界机组主要依靠进口。近年来，在我国火电建设领域，超超临界发电机组项目的比例不断提高，已成为今后我国燃煤火电机组建设的发展重点。

目前，在国家节约能源和环保要求日益严格、煤种变化较大和电厂负荷调节范围较大的情况下，循环流化床技术成为电厂优选的技术之一。20 世纪 80 年代，德国鲁奇公司首先取得了循环流化床装置的专利，并研究开发出当时世界上最大的 270t/h 循环流化床锅炉，由此引发了全世界循环流化床的研究热潮。我国循环流化床燃烧技术起步于 20 世纪 80 年代初期，并于 1984 年建起国内第一台 4t/h 循环流化床燃烧试验装置，并开展了系统的试验研究工作。1988 年，生产制造了 10t/h 循环流化床工业锅炉，这是我国第一台循环流化床工业锅炉。1989 年，设计制造了我国第一台 35t/h 循环流化床发电锅炉。2002 年，生产制造了国内首台 130t/h 循环流化床锅炉。2004 年，生产制造了 220t/h 高温高压循环流化床锅炉。随着世界最大的 600MW 超临界循环流化床锅炉成功运行，各项技术指标达到设计值，循环流化床发电技术迈上新的台阶，国内一大批 350MW 超临界循环流化床锅炉也在调试、建设之中，未来流化床锅炉技术的发展将进入超超临界参数序列，同时，循环流化床技术将得到进一步发展和更新。

今后，能源与环境的协调发展仍是当今社会的两大主要问题。降低发电煤耗和减少燃煤锅炉对环境的污染是电力行业可持续发展的关键所在，在世界范围内，电厂锅炉的发展仍是向大容量、高参数的超临界、超超临界压力发电技术方向发展。

第二节 · 电厂锅炉的规范和型号

资源 2：锅炉的技术规范

一、锅炉的技术规范

电厂锅炉的主要技术规范是指锅炉容量、蒸汽参数和给水温度等，表示锅炉在工作时的基本特性。

1. 锅炉容量

锅炉容量就是锅炉蒸发量，反映锅炉生产能力大小的数据，常用符号“D”表示，单位 t/h（吨 / 时）。习惯上，电站锅炉容量也用与之配套的汽轮发电机组的电功率来表示，如 200MW、300MW、600MW 等。

在大型锅炉中，锅炉容量分为额定蒸发量和最大连续蒸发量。额定蒸发量是指在额定蒸汽参数、额定给水温度、使用设计燃料并保证热效率时所规定的蒸汽量。蒸汽锅炉的最大连续蒸发量是指在额定蒸汽参数、额定给水温度、使用设计燃料、长期连续运行时所能达到的最大蒸汽量。

2. 锅炉蒸汽参数

锅炉蒸汽参数是指锅炉过热器出口处的蒸汽温度和蒸汽压力。蒸汽温度常用符号 t 表示，单位为℃，蒸汽压力常用符号 p 表示，单位为 MPa（或 kgf/cm^2）。锅炉设计时所规定的蒸汽温度和蒸汽压力称为额定蒸汽温度和额定蒸汽压力。对于具有中间再热的锅炉，蒸汽参数中还应有再热蒸汽温度和压力。

3. 给水温度

锅炉给水温度是指给水在省煤器入口处的温度。一般不同蒸汽参数的锅炉其给水温度也不一样。

二、电厂锅炉型号

资源 3：电厂锅炉的型号

锅炉型号可以反映锅炉容量、蒸汽参数、燃料等基本特征。目前我国国产电站锅炉采用三组或四组字码表示其型号，如图 1-1 所示，图中“△”表示字母、“×”表示数字。

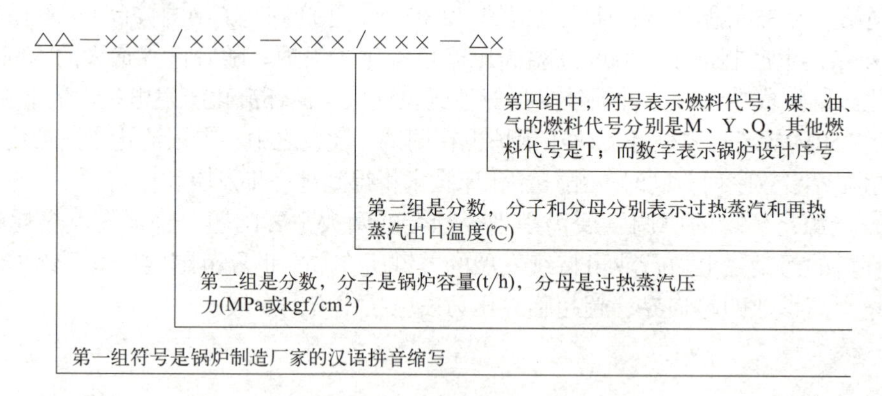

图 1-1　电厂锅炉型号表示方法

中、高压锅炉采用三组字码表示。例如 DG-400/9.8-M 型锅炉，表示东方锅炉厂制造，锅炉容量为 400t/h，过热蒸汽压力为 9.8MPa，设计燃料为煤。

超高压以上的发电机组均采用蒸汽中间再热，即锅炉装有再热器，故用四组字码表示。例如：HG-1000/16.7-540/540-M4 型锅炉，表示哈尔滨锅炉厂制造，锅炉容量为 1000t/h，过热蒸汽压力为 16.7MPa，过热蒸汽温度为 540℃，再热蒸汽温度为 540℃，设计燃料为煤，第 4 次设计的锅炉。

第三节 · 锅炉的分类

资源 4：电厂锅炉的分类

电厂锅炉按照燃用燃料、燃烧方式、蒸汽压力、工质流动特性等的不同，有很多种分类方法。下面主要介绍七种分类方法。

1. 按燃用燃料分类

① 燃煤炉。以煤为燃料的锅炉。

② 燃油炉。以石油产品，如柴油、重油为燃料的锅炉。

③ 燃气炉。以气体燃料，如天然气、城市煤气及工业废气为燃料的锅炉。

2. 按排渣方式分类

① 固态排渣炉。燃料燃烧后产生的炉渣以固体状态从燃烧室排出的锅炉，称为固态排渣炉。它是燃煤锅炉的主要排渣方式。

② 液态排渣炉。燃料燃烧后生成的炉渣在熔渣室的高温下熔化成液态从炉膛排出的锅炉，称为液态排渣炉。

3. 按燃烧方式分类

① 层燃炉。层燃炉有炉箅子，煤块或固体燃料主要在炉箅子上方燃烧。而燃烧用空气从炉箅子下方送入，穿过燃料层进行燃烧反应。

② 室燃炉。室燃炉是指燃料在炉膛空间呈悬浮状燃烧。燃烧煤粉的室燃炉也叫作煤粉炉，是目前电站锅炉的主要形式。如图 1-2 所示。

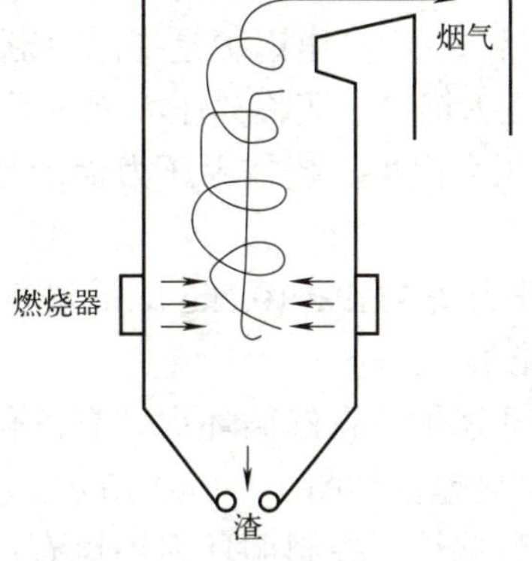

图 1-2　室燃炉结构示意图

资源 5：电厂锅炉按燃烧方式分类

③ 旋风炉。旋风炉是一种以旋风筒作为主要燃烧室，粗煤粉和空气在旋风筒内强烈旋转并燃烧，其燃烧速度比煤粉炉高得多，但主要针对特殊煤种而采用，通常采用液态排渣。如图 1-3（a)、(b）所示。

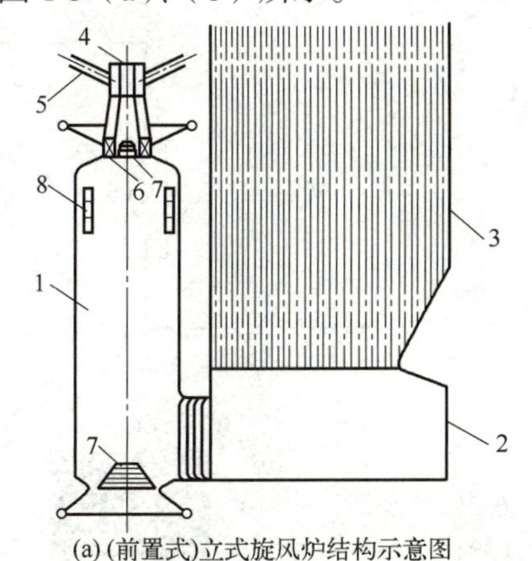

(a) (前置式)立式旋风炉结构示意图

1—筒体；2—燃尽室；3—冷却炉膛；4—燃烧器；5—一次风管；6—叶片；7—冷却管圈；8—二次风喷口；

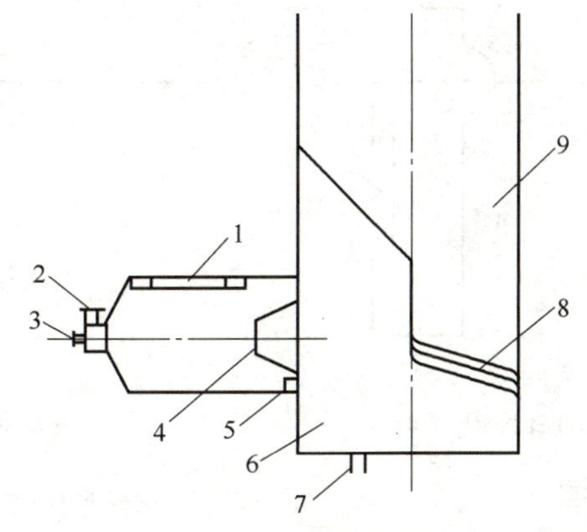

(b) (轴向进煤)卧式旋风炉

1—二次风喷口；2—蜗壳一次风进口；3—中心风管；4—出口尾椎；5—旋风筒出渣口；6—燃尽室；7—总出渣口；8—捕渣口束；9—冷却炉膛

图 1-3　旋风炉

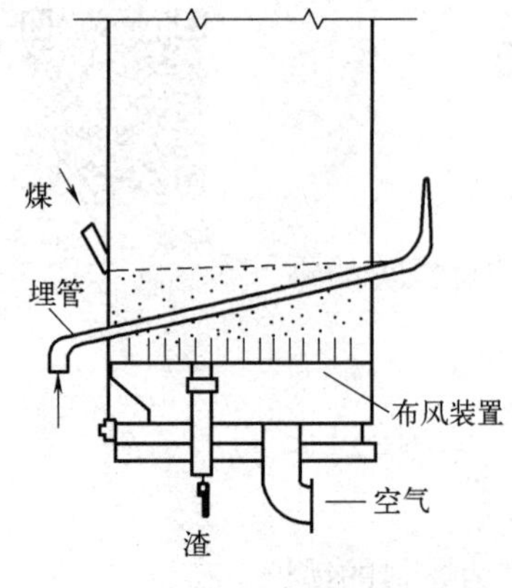

图 1-4　流化床锅炉结构示意图

④ 流化床炉。流化床炉是炉膛空间被一块板（布风板）从下部某一高度处一分为二，上面的空间叫作燃烧室，下面的空间叫作风室。在布风板上面均匀放置一定厚度的固体小颗粒燃料，空气通过布风板风帽自下而上均匀进入燃烧室，使布风板上的固体燃料呈现出一种上下翻腾的燃烧现象，目前的流化燃烧已经演变为循环流化床锅炉。当煤质特别差、发热量特别低，采用煤粉炉燃烧比较困难时，可以采用循环流化床锅炉。如图 1-4 所示。

4. 按蒸汽压力分类

① 低压锅炉。低压锅炉是指出口额定蒸汽压力不超过 2.5MPa 的锅炉。

② 中压锅炉。中压锅炉是指出口额定蒸汽压力为 3.0 ～ 5.0MPa 的锅炉。

③ 高压锅炉。高压锅炉是指出口额定蒸汽压力为 8.0 ～ 11.0MPa 的锅炉。

④ 超高压锅炉。超高压锅炉是指出口额定蒸汽压力为 12.0 ～ 15.0MPa 的锅炉。

⑤ 亚临界压力锅炉。亚临界压力锅炉是指出口额定蒸汽压力为 16.0 ～ 20.0MPa 的锅炉。

⑥ 超临界压力锅炉。超临界压力锅炉是指出口额定蒸汽压力超过临界压力（22.1MPa）的锅炉。

注：临界压力按 $1MPa=10.2kgf/cm^2$ 进行换算，其余压力均按 $1MPa=10.0kgf/cm^2$ 换算。

5. 按工质流动特性分类

① 自然循环锅炉。自然循环锅炉有汽包，在其水循环回路中，介质流动的动力是水与汽水混合物的密度差，如图 1-5（a）所示。

② 控制循环锅炉。控制循环锅炉也有汽包，和自然循环锅炉有许多相似之处，不同之处在于水循环回路中介质流动的动力除水和汽水密度差外，它还在下降管上设置了循环泵来增强工质循环流动的动力，如图 1-5（b）所示。

③ 直流锅炉。直流锅炉没有汽包，给水依靠给水泵压头在受热面一次通过产生蒸汽的锅炉。直流锅炉和控制循环锅炉都属于强制循环锅炉，如图 1-5（c）所示。

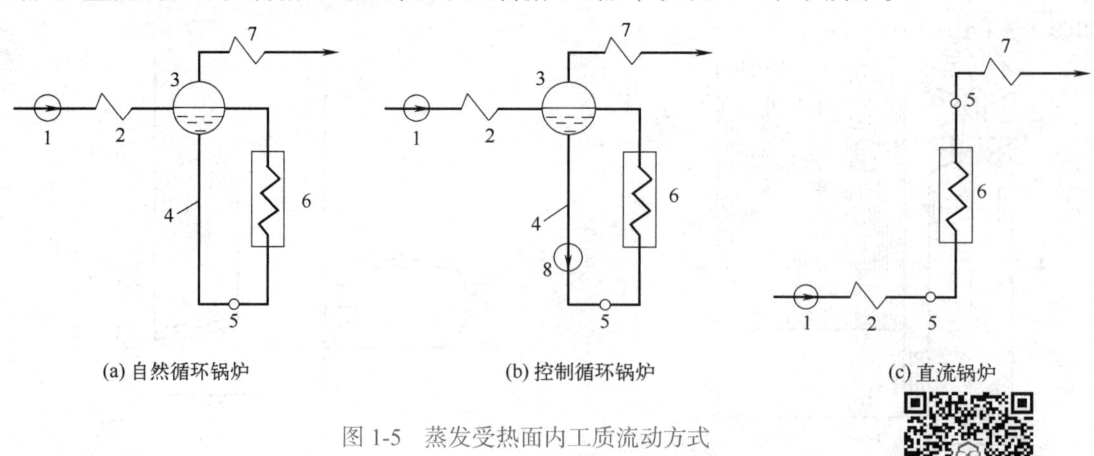

图 1-5　蒸发受热面内工质流动方式
1—给水泵；2—省煤器；3—汽包；4—下降管；
5—联箱；6—水冷壁；7—过热器；8—炉水循环泵

资源 6：电厂锅炉按工质流动特性分类

复习思考题

1. 简述我国锅炉的发展主要经历了哪些过程。
2. 电厂锅炉有哪些主要技术参数及其定义是什么？
3. 电厂锅炉型号为DG-670/13.7-540/540-Q5，请说出锅炉的相关特性参数。
4. 锅炉按燃烧方式分为哪几种？目前我国常用的是什么锅炉？
5. 锅炉按工质在蒸发受热面中流动方式分类有几种形式？
6. 了解了我国锅炉的跨越式发展历程后，你有什么感想？

燃料及燃烧计算

知识目标

①理解煤的成分组成及其性质、煤成分的计算基准。
② 掌握电厂用煤的分类。

能力目标

① 能正确说出煤的成分组成，能根据煤中所含的成分高低不同分析对锅炉工作的影响。
② 能正确表述燃料发热量概念，会分析发热量高低对锅炉工作的影响。
③ 能正确说明灰熔融性的表示方法，能根据灰熔点高低分析结渣的可能性。
④ 能根据有关指标判断煤的种类，并正确说明不同种类煤的燃烧特性。

第一节 · 煤的组成及其成分性质

煤的化学成分非常复杂，为了掌握煤的性质和锅炉的相关计算，需要了解煤的组成成分，可按元素分析法和工业分析法来确定煤的组成及性质。

一、煤的元素分析

资源 7：煤的组成成分分析

煤的元素分析是指全面测定煤中所含化学成分的分析方法，它是锅炉燃烧计算和研究煤基本特性的主要依据。煤的元素分析成分主要有：碳（C）、氢（H）、氧（O）、氮（N）、硫（S）五种元素和灰分（A）、水分（M）两种成分，其中，碳、氢、硫是可燃成分，氧和氮是煤的内部杂质，灰分和水分是煤的外部杂质，这些杂质都是不可燃成分。下面分别介绍煤中各成分的基本性质。

1. 碳（C）

碳是煤中主要的可燃元素，是煤的发热量的主要来源，含量最多（50% ～ 90%）。碳不易着火，在较高温度下才能燃烧，但发热量大。煤的碳化程度越深，碳含量越多，着火燃烧越困难。

2. 氢（H）

碳是煤中发热量最高的可燃元素，氢的发热量约为碳的3.7倍，但含量较少（1% ～ 6%）。氢很容易着火，燃烧迅速，故燃料中含氢越多，越容易着火燃烧。但是氢燃烧后要生成水蒸气，使炉内温度下降，又给尾部受热面发生低温腐蚀提供了条件，另外还增加了烟气量，使排烟损失增大，尾部受热面磨损加剧，如果烟气中水蒸气过多还有可能造成堵灰。

3. 硫（S）

硫是煤中的可燃元素，含量非常少（0.5% ～ 8%），发热量较低约为9000kJ/kg。硫是有害元素，它燃烧后生成 SO_x 与烟气中的水蒸气结合时生成硫酸，会对锅炉尾部受热面造成低温酸性腐蚀，并造成大气环境污染。对含硫较高的燃料（在1.5%以上）可采用炉外预先脱硫或炉内燃烧及烟气脱硫的办法。

4. 氧（O）和氮（N）

氧和氮是不可燃元素，称为煤的内部杂质。游离状态存在的氧虽能助燃，但它在煤中的含量与大气中氧含量相比是非常少的。氮不但不能燃烧放热，还要吸热。另外氮在燃烧反应后会生成有害气体 NO_x，造成大气环境污染，是有害元素。

5. 水分（*M*）

水分是煤中的主要外部杂质。煤中的水分（全水分 M）由表面水分（也称外在水分）和固有水分（也称内在水分）组成。表面水分 M 主要是由于雨露冰雪和在开采、运输、储存过程中进入煤中的水分，依靠自然干燥可以除去。而内在水分 M 是煤形成过程中存在其内部的，不能依靠自然干燥的方法除去，必须把煤加热到105℃左右，保持1 ～ 3h才能除掉。

由于水分的存在，不仅使煤中的可燃元素相对减少，而且煤燃烧时水分蒸发还会吸收热量，使煤的发热量降低。同时，它还会生成大量水蒸气，使排烟量加大，排烟损失增加，还会给尾部受热面发生低温腐蚀提供条件。

水分多的煤引燃困难，且燃烧时间延长，使炉膛温度降低、锅炉效率降低。

6. 灰分（*A*）

灰分也是煤中的主要外部杂质。灰分含量越多，煤中的可燃烧成分相对越少，越不易完全燃尽。灰粒随烟气流动时，会造成锅炉受热面磨损和积灰。灰分还可能引起受热面结焦，影响受热面的安全与传热，还会因排渣增多而引起炉渣热损失增加。

二、煤的工业分析

煤的元素分析法较复杂，电厂经常采用简单的煤工业分析法。

在煤的着火和燃烧过程中，煤中各种物质的变化是：首先水分被蒸发出来；接着煤中的氢、氧、氮、硫及部分碳组成的有机化合物便进行热分解，变成气体挥发出来，这些气体称为挥发分；挥发分析出后，剩下的是焦炭，焦炭就是固定碳和灰分的组成物。煤的工业分析就是利用煤在加热燃烧过程中的失量进行定量分析，测定煤的水分、挥发分、固定碳和灰分各成分的质量百分含量，它是发电用煤分类的依据。

1. 水分（M）

把煤试样放在温度为 105 ～ 110℃的干燥箱内恒温（约 2 ～ 3h）干燥，所失去的质量占原试样质量的百分比称为该煤的水分值（全水分）。

2. 挥发分（V）

煤样失去水分后，将其放入带盖的坩埚中，置于 900℃高温电炉内隔绝空气继续加热，有机物分解，不断析出挥发分气体，保持约 7min 后，煤样因气体挥发而失去的质量占原煤样质量的百分数，称为该煤的挥发分值。

挥发分中主要是可燃性气体，如 CO、H_2、H_2S、C_nH_m 等，还有少量的不可燃气体，如 O_2、CO_2、N_2 等，因此挥发分是煤在加热过程中所分解出的可燃性气体，因而它不是煤中固有的。挥发分含量高的煤很容易着火，燃烧速度快，并有利于燃尽，这是因为：

① 挥发分是可燃性气体，燃点低很容易着火；

② 挥发分着火后对煤粒进行加热，促使其尽快着火；

③ 挥发分析出后，煤变得疏松，孔隙增多，增大了煤的燃烧面积，会加速煤的燃烧过程。

因此，挥发分是煤的燃烧特性中的一个主要特性数据，也是电厂用煤进行分类的主要依据。

3. 固定碳（FC）和灰分（A）

煤样除去水分和挥发分后，剩余的煤的固体部分称为焦炭，焦炭是由固定碳和灰分组成的。将焦炭在空气中加热至 815℃ ± 10℃灼烧（不出现火焰）到质量不再改变时取出冷却，这时焦炭失去的质量就是固定碳的质量，剩余部分则是灰的质量。这两个质量分别占原煤样的质量百分数就是固定碳和灰分的含量。

三、煤成分的计算基准

资源 8：煤的成分分析基准

煤是由碳、氢、氧、氮、硫 5 种元素及水分、灰分等组成，这些成分都是以质量百分数含量计算，且其总和为 100%。

由于煤中灰分和水分含量容易受外界条件的影响而发生变化，所以单位质量的煤中其他成分的质量百分数也会随之发生变化。即使是同一种煤，在不同的条件下，各成分含量也会发生变化。因此，需要根据煤存在的条件或根据需要而规定的成分组合作为基准，才能准确反映煤的性质。一般煤的分析基准有以下四种。

1. 收到基

以收到状态的煤为基准计算煤中全部成分的组成称为收到基。对进厂原煤或入炉前煤都应按收到基计算各项成分。收到基是锅炉燃料实际应用煤的成分，故在锅炉设计、试验、燃烧计算时使用。收到基以下角标 ar 表示。

元素分析　$C_{ar}+H_{ar}+O_{ar}+S_{ar}+N_{ar}+A_{ar}+M_{ar}=100\%$

工业分析　$FC_{ar}+V_{ar}+A_{ar}+M_{ar}=100\%$

2. 空气干燥基

供分析化验的煤样在实验室一定温度条件下，自然干燥失去外在水分的煤为基准进行分析所得各种成分的质量百分数。空气干燥基以下角标 ad 表示。

元素分析　$C_{ad}+H_{ad}+O_{ad}+S_{ad}+N_{ad}+A_{ad}+M_{ad}=100\%$

工业分析　$FC_{ad}+V_{ad}+A_{ad}+M_{ad}=100\%$

3. 干燥基

以假想无水状态的煤为基准计算煤中成分的组合称为干燥基。由于干燥基中没有水分，所以灰分不受水分变动的影响，灰分含量百分数比较稳定，可用于比较两种煤的含灰量，干燥基以下角标 d 表示。

元素分析　$C_d+H_d+O_d+S_d+N_d+A_d=100\%$

工业分析　$FC_d+V_d+A_d=100\%$

4. 干燥无灰基

以假想无水、无灰状态的煤为基准计算煤中成分的组合称为干燥无灰基。由于不受水分、灰分影响，常用于比较两种煤中的碳、氢、氧、氮、硫成分含量的多少。干燥无灰基以下角标 daf 表示。

元素分析　$C_{daf}+H_{daf}+O_{daf}+S_{daf}+N_{daf}=100\%$

工业分析　$FC_{daf}+V_{daf}=100\%$

对同一种煤，各基准之间可以进行换算，其换算系数 K 如表 2-1 所示。

表 2-1　不同基准之间的换算系数 K

已知＼所求	收到基	空气干燥基	干燥基	干燥无灰基
收到基	1	$\frac{100-M_{ad}}{100-M_{ar}}$	$\frac{100}{100-M_{ar}}$	$\frac{100}{100-A_{ar}-M_{ar}}$
空气干燥基	$\frac{100-M_{ar}}{100-M_{ad}}$	1	$\frac{100}{100-M_{ad}}$	$\frac{100}{100-A_{ad}-M_{ad}}$
干燥基	$\frac{100-M_{ar}}{100}$	$\frac{100-M_{ad}}{100}$	1	$\frac{100}{100-A_{ad}}$
干燥无灰基	$\frac{100-A_{ar}-M_{ar}}{100}$	$\frac{100-A_{ad}-M_{ar}}{100}$	$\frac{100-A_{ad}}{100}$	1

第二节 · 煤的主要特性

煤的主要特性有煤的发热量、煤灰的熔融特性、煤的可磨性和煤的磨损性。

资源 9：煤的主要特性

一、煤的发热量

煤的发热量是指单位质量的煤完全燃烧时所放出的热量，用符号 Q 表示，单位是 kJ/kg。

1. 煤的发热量表示方法及其换算

煤的发热量常用高位发热量和低位发热量表示。

（1）高位发热量

高位发热量是指单位质量的煤完全燃烧时所放出的热量，其中包括煤完全燃烧所生成的水蒸气全部凝结成水时放出的汽化潜热，用 Q_{gr} 表示。

（2）低位发热量

低位发热量是指单位质量的煤完全燃烧时所放出的热量，其中不包括煤完全燃烧所生成的水蒸气凝结成水时放出的汽化潜热，用 Q_{net} 表示。

现代大容量锅炉为防止尾部受热面低温腐蚀，排烟温度一般在110℃以上，烟气中的水蒸气不会凝结，汽化潜热未被利用，因此实际能被锅炉利用的只是煤的低位发热量，我国在锅炉的有关热力计算中采用低位发热量。

煤的基准不同，其发热量也不同，常采用的是收到基发热量 Q_{ar}。不同基准燃料低位发热量的换算应按以下方法进行：

① 先将已知的低位发热量换算成同基准的高位发热量，公式如下所示：

收到基高位发热量与低位发热量间的关系为：$Q_{ar,\,net}=Q_{ar,\,gr}-225H_{ar}-25M_{ar}$

空气干燥基高位发热量与低位发热量的关系为：$Q_{ad,\,net}=Q_{ad,\,gr}-225H_{ad}-25M_{ad}$

干燥基高位发热量与低位发热量的关系为：$Q_{d,\,net}=Q_{d,\,gr}-225H_{d}$

干燥无灰基高位发热量与低位发热量的关系为：$Q_{daf,\,net}=Q_{daf,\,gr}-225H_{daf}$

② 然后查出相应的换算系数（表 2-1），进行不同基准的高位发热量的换算，求出所求基准的高位发热量；

③ 最后进行所求基准高、低位发热量换算，即得出所求的低位发热量。

例如：已知 $Q_{daf,\,net}$，求 $Q_{ar,\,net}$

解题过程如下：

① $Q_{daf,\,net}\Rightarrow Q_{daf,\,gr}$：$Q_{daf,\,gr}=Q_{daf,\,net}+225H_{daf}$

② $Q_{daf,\,gr}\Rightarrow Q_{ar,\,gr}$：$Q_{ar,\,gr}=Q_{daf,\,gr}\times K_{daf\rightarrow ar}$（查表 2-1）

③ $Q_{ar,\,gr}\Rightarrow Q_{ar,\,net}$：$Q_{ar,\,net}=Q_{ar,\,gr}-225H_{ar}-25M_{ar}$

2. 标准煤及发电标准煤耗率

（1）标准煤

在工业上，为了比较企业能源消耗量，不能简单地用实际煤耗量的大小作为比较基准。因为不同种类的煤具有不同的发热量，同一燃烧设备在相同的工况下发热量低的煤，煤耗量就大；发热量高的煤，煤耗量就小。为了便于比较、经济核算和管理耗能量，统一了计算标准，引用了标准煤的概念，标准煤是假想的煤。

标准煤是指收到基低位发热量为 29310kJ/kg（7000kcal/kg）的煤，可用下式换算实际煤耗量和标准煤耗量：

$$B_b=BQ_{ar,\,net}/29310 \tag{2-1}$$

式中 B_b——电厂标准煤耗量，kgce/h（kgce 表示千克标准煤）；

B——电厂实际煤耗量，kg/h。

在比较不同锅炉或不同电厂的煤耗时，可用式（2-1）先折算为标准煤耗后再进行比较。

（2）发电标准煤耗率

发电标准煤耗率是指发电企业每发 1 千瓦时（1kW·h）的电能所消耗的标准煤量，用

符号 b_s 表示，单位为 kg/（kW·h）。

发电标准煤耗率与锅炉、汽轮机、发电机等设备及其系统的运行经济性有关，是考核发电企业能源利用效率的主要指标，其计算公式为：

发电标准煤耗率 = 一定时期内发电标准煤耗量 / 该段时间内的发电量。

3. 折算成分

为了更好地比较煤中各种有害成分（水分、灰分及硫分）对锅炉工作的影响，更好地鉴别煤质，引用了折算成分的概念。

规定把相对 4182kJ/kg（1000kcal/kg）收到基低位发热量的煤所含的收到基水分、灰分和硫分，分别称为折算水分、折算灰分和折算硫分。把 $M_{ar,zs} > 8\%$、$A_{ar,zs} > 4\%$、$S_{ar,zs} > 0.2\%$ 的煤分别称为高水分、高灰分、高硫分的煤。

二、煤灰的熔融特性

煤灰的熔融特性是指煤中灰分熔点的高低，故也称为灰熔点，是判断锅炉运行中是否会结渣的主要因素之一。

1. 灰熔点的测定方法

灰熔点常用试验方法来测定，我国采用的是角锥法。先把灰制成高 20mm、底边长 7mm 的等边三角形锥体，然后把该灰锥放在可以调节温度、充满弱还原性气体的高温电炉中，并以规定的速度升温。加热到一定程度后，灰锥在自重的作用下，开始发生变形，随后软化和融化。角锥法就是根据目测灰锥在受热过程中形态的变化，用图 2-1 所示的三种形态对应的特征温度来表示煤灰的熔融性。

① 变形温度 DT。灰锥顶端变圆或开始弯曲时所对应的温度。

② 软化温度 ST。灰锥顶点弯曲至锥底面或锥体变成球体时对应的温度。

③ 熔化温度 FT。灰锥锥体熔化成液体并能在底面流动时所对应的温度。

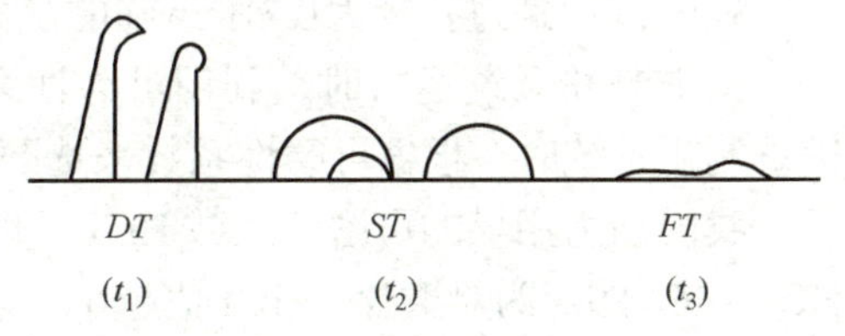

图 2-1　灰的熔融特征温度示意图

在锅炉技术中通常用软化温度 ST 代表灰的熔点。经验表明，灰的熔点小于 1350℃就可能造成锅炉结渣。对固态排渣煤粉炉，一般要求出口烟温比灰的软化温度低 50 ～ 100℃，以防高温受热面结渣。

2. 影响灰熔点的因素

影响灰熔点的因素主要有煤灰的成分、煤灰含量及煤灰周围烟气的气氛。

① 煤灰的化学成分对灰熔点的影响较大。煤灰的化学成分比较复杂，分为酸性氧化物和碱性氧化物，一般情况下，灰中酸性成分增加，会使灰熔点升高。

② 煤灰含量。当灰的成分与其所处周围高温介质性质相同而煤中灰分含量不同时，灰的熔点也会发生变化。灰量越多，会使灰的熔点降低。

③ 煤灰周围烟气的气氛。还原性气氛使灰熔点降低，所以当锅炉燃烧不好时，锅炉容易磨损结渣。氧化性气氛使灰熔点提高。所以现在采用前后墙对冲燃烧方式的锅炉一般在后墙水冷壁处通以少量的空气（贴壁风）使其呈现氧化性气氛，从而提高灰熔点，防止后墙水冷壁结渣。

三、煤的可磨性

煤的可磨性是指煤被磨制成一定细度的煤粉的难易程度，煤被磨碎成煤粉的难易程度取决于煤本身的结构。由于煤本身的结构特性不同，各种煤的机械强度、脆性有很大的区别，因此其可磨性就不同。一般用可磨性系数来表示煤被磨成煤粉难易程度。

煤的可磨性系数是指在风干状态下，将相同质量的标准煤样和试验煤样由相同的初始粒度磨碎到相同的煤粉细度时所消耗的电能之比。可磨性系数可用式（2-2）表示，即

$$E_{km}=E_b/E_s \tag{2-2}$$

式中　E_b——磨制标准煤样所消耗的能量；

E_s——磨制试验煤样所消耗的能量；

E_{km}——可磨性系数。

可磨性系数是无量纲量，其数值大，则表示该煤种容易被磨制，磨制单位质量煤粉能耗少；反之，则表示该煤难以磨制，磨制单位质量煤粉能耗多。

上述可磨性系数的测试方法，即 BTN 法在苏联和东欧的一些国家及我国早期应用较多。世界上普遍用 Hardgrove 法（简称哈氏法）来确定煤的可磨性，称为哈式可磨性系数，用 HGI 表示。我国国家标准规定：煤的可磨性试验采用哈德格罗夫法（Hardgrove 法）测定哈式可磨性系数 HGI。

哈氏可磨性系数的测定方法是，将经过空气干燥、粒度为 0.63 ～ 1.25mm 的 50g 煤样，放入哈氏可磨性试验仪中（特制的小型中速钢球磨煤机），施加在研磨件（钢球）上的总作用力为 284N，用驱动电动机进行碾磨。旋转 60 转，将磨制好的煤粉用孔径为 0.71mm 的筛子在筛振机上筛分，并称量筛上与筛下的煤粉量。利用式（2-3）计算哈氏可磨性系数 HGI

$$\mathrm{HGI}=13+6.93G_{71} \tag{2-3}$$

式中，G_{71} 通过孔径为 0.71mm 筛的试样质量，由所用总煤样重量减去筛上筛余量求得，g。

锅炉制粉系统运行时，利用可磨性系数能预计磨煤机的磨煤出力和电能消耗。在设计锅炉制粉系统时，根据可磨性系数来选磨煤机的形式，并计算磨煤出力和电能消耗。

我国动力用煤的可磨性系数 HGI 一般为 25 ～ 129。通常认为 HGI ＞ 86 的煤为易磨煤；HGI ＜ 62 的煤为难磨煤。HGI 值越小，表示该煤越难磨。

四、煤的磨损性

煤的磨损性是指煤种对磨煤机的研磨部件磨损的轻重程度，在我国用冲刷磨损指数 K_{ms} 表示。实验表明，煤在破碎时对金属的磨损是由煤中所含硬质颗粒对金属表面形成显微切削造成的。$K_{ms} < 2$ 为磨损性不强；$K_{ms} = 2 \sim 3.5$ 为磨损性较强；$K_{ms} > 3.5 \sim 5$ 为磨损性很强；$K_{ms} > 5$ 为磨损性极强。

煤的磨损性与可磨性是两个不同的特性，两者之间无直接的因果关系。试验表明，容易磨碎的煤，其 HGI 值大，而磨损性不一定弱；反之亦然。

第三节 · 煤的分类

资源 10：煤的分类

电厂锅炉用煤称为动力煤。我国动力煤根据煤的干燥无灰基挥发分

V_{daf}含量的不同，大致分为无烟煤、烟煤、贫煤和褐煤四种。

长期运行实践表明，除煤的干燥无灰基挥发分V_{daf}外，对锅炉热力工作影响较大的还有收到基低位发热量$Q_{ar, net}$、收到基折算水分$M_{ar, zs}$、干燥基灰分A_d、干燥基硫分$S_{ar, zs}$及灰的软化温度ST，因此根据这六个指标又可将电厂煤粉锅炉用煤分为无烟煤、贫煤、烟煤、褐煤和低质煤五种，如表2-2所示。

1. 无烟煤

无烟煤又俗称白煤、硬煤，表面呈黑色且有金属光泽，密度较大，质硬不易研磨，储存时不易风化和自燃。它的特点是碳含量高达95%～96%，水分、灰分和挥发分含量小，一般V_{daf}＜10%，所以发热量较高，这种煤着火难、火焰短、燃烧缓慢。

2. 烟煤

烟煤质地较无烟煤软，发热量低于无烟煤，呈黑色或灰黑色。它的特点是水分和灰分含量不大，但挥发分含量较多，一般V_{daf}=20%～40%，容易着火，火焰长。

3. 贫煤

贫煤是介于无烟煤和烟煤之间的一种煤。贫煤V_{daf}=10%～20%，发热量一般低于无烟煤，不结焦。

4. 褐煤

褐煤因呈褐色而得名，外表似木质，无光泽，一般V_{daf}＞40%，水分和灰分含量较大、发热量低、容易着火、容易风化和自燃，因此不适宜长期储存。

5. 低质煤

目前，在现有条件下凡单一煤种燃烧有困难、燃烧不稳定或者煤中有害杂质较多对环境污染严重的煤，均属于低质煤。这样的煤可以通过掺烧，使混合煤的特性达到燃料要求。

表2-2 动力煤煤质特性

序号	燃料类别		挥发分/%（质量分数）V_{daf}	水分/%（质量分数）M_{ar}	灰分/%（质量分数）A_{ar}	低位发热量$Q_{ar, net}$	
						kJ/kg	kcal/kg
1	无烟煤	Ⅰ类	5～10	＜10	＞25	14636～20900	3500～5000
		Ⅱ类	＜5	＜10	＜25	＞20900	＞5000
		Ⅲ类	5～10	＜10	＜25	＞20900	＞5000
2	贫煤		10～20	＜10	＜30	18817	4500
3	烟煤	Ⅰ类	≫20	7～15	＞40	11304～15491	2700～3700
		Ⅱ类	≫20	7～15	25～40	15491～19678	3700～4700
		Ⅲ类	≫20	7～15	＜25	＞19678	＞4700
4	褐煤		40	＞20	＞30	8363～14631	2000～3500

注：1cal=4.1868J。

第四节・燃料燃烧计算

燃料燃烧是指燃料中的可燃元素（C、H、S）与氧在高温条件下进行的强烈化学反应过程。燃料燃烧产物包括烟气和灰渣。当燃烧反应产物中不再含可燃物质时称为完全燃烧；当燃烧反应产物中还含有可燃物质时称为不完全燃烧。

燃料燃烧计算的主要任务是确定燃料完全燃烧所需的空气量、燃烧生成的烟气容积和烟气焓等。在进行燃烧计算时，要把空气和烟气都当成理想气体，即在标准状态（0.101MPa 大气压和 0℃）下，1kmol 的理想气体的体积为 22.41Nm^3（标准立方米，N 指标准状态）。

燃料燃烧计算是锅炉机组设计计算和校核计算的基础，也是正确进行锅炉经济运行控制的基础。

一、燃烧所需的空气量及过量空气系数

资源 11：燃烧所需的空气量计算

锅炉热力计算、组织炉内燃烧和选用各种风机设备时，需要计算燃料燃烧所需要的空气量。燃料燃烧所需的空气量分为理论空气量和实际空气量。

1. 理论空气量

理论空气量是指 1kg 收到基燃料实现完全燃烧理论上所必需的最小干空气量，用符号 V^0 来表示，单位是 m^3/kg。

理论空气量实质上是 1kg（或 1m^3）燃料中的可燃成分 C、H、S 在完全燃烧时所需的空气量相加而成，即：

$$V^0=0.0889(C_{ar}+0.375S_{ar})+0.265H_{ar}-0.033O_{ar}\ (\mathrm{Nm^3/kg}) \tag{2-4}$$

上式表明，理论空气只与煤的成分有关。对于不同的煤，煤完全燃烧所需要的理论空气量是不相同的；而对于同一种煤在不同的锅炉中燃烧，所需要的理论空气量则完全相同。

2. 实际空气量及过量空气系数

燃料在炉内燃烧时很难与空气达到完全理想的混合，如仅按理论空气需要量（简称理论空气量）给它供应空气，必然会有一部分燃料得不到足够的氧气而不能完全燃烧。因此，在锅炉实际运行中，为使燃料燃烬，实际送入炉内的空气量 V_K 总是要大于理论空气量 V^o。实际空气量 V_K 与理论空气量 V^o 之比，称为过量空气系数，用符号 α 表示，即：

$$\alpha=\frac{V_K}{V^o} \tag{2-5}$$

显然，1kg 燃料完全燃烧时需要的实际空气量为：

$$V_K=\alpha V^o \tag{2-6}$$

一般情况下认为，锅炉内的燃烧过程均在炉膛出口处结束，所以可用炉膛出口处的过量空气系数 α_l'' 代表空气量对燃烧过程的影响。

对于在负压下工作的锅炉机组，外界冷空气会通过锅炉的不严密处漏入炉膛以及其后的烟道中，致使烟气中过量空气增加。对于 1kg 燃料而言，漏入空气量 ΔV 与理论空气量 V^o 之比称为漏风系数，以 $\Delta\alpha$ 表示，即

$$\Delta\alpha=\frac{\Delta V}{V^o} \tag{2-7}$$

由于存在漏风，锅炉烟道内的过量空气系数沿烟气流程是逐渐增大的。炉膛后任一烟

道截面处的过量空气系数为：

$$\alpha = \alpha_1'' + \sum \Delta\alpha \quad (2\text{-}8)$$

式中，$\sum \Delta\alpha$ 为炉膛出口与计算烟道截面间各段烟道漏风系数的总和。

漏入烟道的冷空气使烟气温度水平降低，烟气和受热面之间热交换变差，排烟温度升高；漏风还增加了烟气容积，其结果是造成锅炉排烟热损失和引风机电耗都增大，降低了锅炉运行的经济性。

对于电站煤粉锅炉，一般炉膛漏风系数每增加 0.1 ～ 0.2，排烟温度升高 3 ～ 8℃，锅炉效率降低 0.2% ～ 0.5%；漏风系数每增加 0.1，送风机和引风机电耗增加约为 0.2%。因此，无论在锅炉设计或运行中都应该采取有效措施减少漏风。

二、燃烧产生的烟气容积

资源 12：燃烧所产生的烟气容积计算

燃料燃烧后的产物一般是烟气及其携带的灰尘颗粒。一般情况下，烟气中携带的灰尘颗粒占比容积很小，通常忽略不计。而烟气是混合气体，由多种气体组成的混合物，当燃料完全燃烧时，烟气中含有二氧化碳（CO_2）、二氧化硫（SO_2）、氮气（N_2）、氧气（O_2）、水蒸气（H_2O）；当燃料不完全燃烧时，除了上述这些气体外，烟气中还含有少量的可燃气体，如 CO、H_2、CH_4 等，一般 H_2、CH_4 含量甚少，为了方便计算通常忽略不计，而只考虑 CO。

一般用 V_y 表示 1kg 燃料燃烧生成的烟气总容积；用 V_{CO_2}、V_{SO_2}、V_{N_2}、V_{O_2}、V_{H_2O}、V_{CO} 表示烟气中二氧化碳（CO_2）、二氧化硫（SO_2）、氮气（N_2）、氧气（O_2）、水蒸气（H_2O）、一氧化碳（CO）的分容积，则有：

① 当 α=1 且完全燃烧时，烟气是由 CO_2、SO_2、H_2O 和 N_2 四种气体成分组成的，所以此时的烟气容积为：

$$V_y = V_{CO_2} + V_{SO_2} + V_{H_2O} + V_{N_2} \ (\mathrm{m^3/kg}) \quad (2\text{-}9)$$

② 当 $\alpha > 1$ 且完全燃烧时，烟气是由 CO_2、SO_2、H_2O、O_2 和 N_2 五种气体成分组成的，所以此时的烟气容积为：

$$V_y = V_{CO_2} + V_{SO_2} + V_{H_2O} + V_{N_2} + V_{O_2} \ (\mathrm{m^3/kg}) \quad (2\text{-}10)$$

③ 当 $\alpha \leqslant 1$ 且不完全燃烧时，烟气是由 CO_2、SO_2、H_2O、O_2、N_2 和 CO 六种气体成分组成的，所以此时的烟气容积为：

$$V_y = V_{CO_2} + V_{SO_2} + V_{H_2O} + V_{N_2} + V_{O_2} + V_{CO} \ (\mathrm{m^3/kg}) \quad (2\text{-}11)$$

锅炉在设计时，一般是根据 $\alpha > 1$ 且完全燃烧时的化学反应关系来计算烟气容积的。计算的时候，一般要先计算理论烟气容积，然后再考虑过量空气容积随这部分过量空气带入的水蒸气容积，进而计算出该烟气的实际烟气容积。

1. 理论烟气容积 V_y^0

理论烟气容积是指 α=1，1kg 燃料完全燃烧时生成的烟气容积，用符号 V_y^0 表示，单位为 $\mathrm{m^3/kg}$。

$$V_y^0 = V_{CO_2} + V_{SO_2} + V_{H_2O}^0 + V_{N_2}^0 = V_{RO_2} + V_{H_2O}^0 + V_{N_2}^0 \ (\mathrm{m^3/kg}) \quad (2\text{-}12)$$

上式中，$V_{RO_2} = V_{CO_2} + V_{SO_2}$。

经过推导计算，得出：

① 1kg 燃料中的 C 和 S 完全燃烧时生成的 CO_2 和 SO_2 的容积为 V_{RO_2}，即

$$V_{RO_2}=V_{CO_2}+V_{SO_2}=1.866\left(\frac{C_{ar}+0.375S_{ar}}{100}\right)\ (m^3/kg) \tag{2-13}$$

② 烟气中的氮气容积 $V_{N_2}^0$ 主要包括理论空气带入的氮气为 $0.79V_0 m^3/kg$ 和 1kg 燃料本身所含有的氮容积为 $0.8\frac{N_{ar}}{100}m^3/kg$，即

$$V_{N_2}^0=0.79V_0+0.8\frac{N_{ar}}{100}\ (m^3/kg) \tag{2-14}$$

③ 理论水蒸气容积 $V_{H_2O}^0$ 主要来源三个方面，分别是 1kg 燃料中的 H 完全燃烧生成的水蒸气容积为 $0.111H_{ar}m^3/kg$、1kg 燃料中的水分蒸发形成的水蒸气容积为 $0.0124M_{ar}m^3/kg$ 和理论空气带入的水蒸气容积为 $0.0161V^0m^3/kg$，即

$$V_{H_2O}^0=0.111H_{ar}+0.0124M_{ar}+0.0161V^0\ (m^3/kg) \tag{2-15}$$

综上可知，理论烟气容积 V_y^0 的计算公式为：

$$V_y^0=1.866\left(\frac{C_{ar}+0.375S_{ar}}{100}\right)+0.8\frac{N_{ar}}{100}+0.79V^0+0.111H_{ar}+0.0124M_{ar}+0.0161V^0\ (m^3/kg) \tag{2-16}$$

2. 实际烟气容积 V_y

根据生产实际情况，我们得知燃料在实际燃烧的过程中，往往是在 $\alpha>1$ 的情况下进行的。而过量的空气没有参与燃烧化学反应而全部进入烟气中，且这部分过量的空气还带入了一部分水蒸气进入烟气中。所以实际烟气容积 V_y 是理论烟气容积、过量空气容积和过量空气带入的水蒸气容积三部分之和，即

$$\begin{aligned}V_y&=V_y^0+(\alpha-1)V^0+0.0161(\alpha-1)V^0\\&=1.866\left(\frac{C_{ar}+0.375S_{ar}}{100}\right)+0.8\frac{N_{ar}}{100}+0.79V^0+0.111H_{ar}\\&\quad+0.0124M_{ar}+0.0161V^0+1.0161(\alpha-1)V^0\ (m^3/kg)\end{aligned} \tag{2-17}$$

三、过量空气系数的测定

过量空气系数对炉内完全燃烧程度和锅炉经济运行有很大影响，准确而迅速地测定过量空气系数，是保证锅炉经济运行的重要手段。

过量空气系数的测定是通过烟气分析来进行的，分析的内容是测定干烟气中各气体组成的含量。三原子气体和氧的容积占干烟气容积的百分数，用 RO_2 和 O_2 表示，即

$$RO_2=\frac{V_{RO_2}}{V_{gy}}\times100\%$$

$$O_2=\frac{V_{O_2}}{V_{gy}}\times100\%=\frac{0.21(\alpha-1)V^0}{V_{gy}^0+(\alpha-1)V^0}\times100\%$$

式中　V_{gy}^0、V_{gy}——理论干烟气容积和实际干烟气容积，m^3/kg。

由于 V^0、V_{gy}^0 只取决于燃料的元素分析成分，当燃料一定时，O_2 只是过量空气系数 α

的函数，它们之间存在一一对应的关系，所以通过 O_2 的测定，就能确定过量空气系数。电厂常用氧化锆氧量计测量烟气中的氧量。经推导可得

$$\alpha \approx \frac{21}{21-O_2} \tag{2-18}$$

也可以得到

$$\alpha \approx \frac{(RO_2)_{max}}{RO_2} \tag{2-19}$$

$$(RO_2)_{max} = \frac{21}{1+\beta} \tag{2-20}$$

$$\beta = 2.35\frac{H_{ar} - 0.126O_{ar} + 0.038N_{ar}}{C_{ar} + 0.375S_{ar}} \tag{2-21}$$

式中　β——燃料特性系数。

由式（2-19）可知，当燃料一定时，α 与 RO_2 也存在一一对应的关系，通过 RO_2 的测定也能确定 α。

应该说明的是，过量空气系数 α 是当地参数，在哪里测得的 O_2 量，计算出的就是哪里的 α 值。所以，也可以利用运行中测定 α 来判断锅炉的漏风情况。锅炉漏风按下式（2-22）计算，即

$$\Delta\alpha = \alpha'' - \alpha' \tag{2-22}$$

式中　$\Delta\alpha$——所测受热面或烟道的漏风系数；

α'、α''——所测受热面或烟道进、出口的过量空气系数，按式（2-18）计算。

复习思考题

1. 煤的成分分析方法有几种？煤的组成成分有哪些？各成分对煤的特性有何影响？

2. 什么是挥发分？它的主要成分是哪些？挥发分对锅炉工作有何影响？

3. 煤的元素分析成分有哪些？哪些是可燃元素？其中可燃硫会给锅炉运行带来什么危害？

4. 分析煤的成分时，为什么要有不同的基准？有哪几种分析基准？

5. 说出焦炭、固定碳和煤中的碳含量三者之间的区别？

6. 煤中灰分含量对锅炉工作有何影响？

7. 某种煤的干燥无灰基成分为：C_{daf}=85%，H_{daf}=4.64%，O_{daf}=5.11%，N_{daf}=1.32%，S_{daf}=3.93%，同时已知干燥基灰分 A_d=30.05%，收到基水分 M_{ar}=10.33%，求该种煤的全部收到基成分？

8. 什么是煤的发热量？煤的发热量的表示方法有哪几种？高、低位发热量有什么不同？

9. 实际煤耗量和标准煤耗量有何区别和联系？各在什么情况下使用？

10. 某 600MW 机组锅炉每小时燃用 $Q_{ar,net}$=20000kJ/kg 的煤 275t/h，该锅炉燃煤量折合成标准煤是多少？（计算结果保留小数点后两位）

11. 某锅炉燃料特性如下：

C_{daf}	H_{daf}	O_{daf}	N_{daf}	S_{daf}	A_d	M_{ar}
72%	5%	20%	2%	1%	12.50%	20%

试计算：①该煤种燃烧所需的理论空气量；②若过量空气系数为 α=1.20，求实际空气量。（计算结果保留小数点后两位）

12. 什么是理论空气量、实际空气量和过量空气系数？它们三者之间的关系是怎样的？

13. 什么是理论烟气量和实际烟气量？它们之间的关系是怎样的？

14. 为什么锅炉运行时，要按照实际空气量供应空气？

锅炉热平衡

① 理解锅炉热平衡的意义；
② 掌握锅炉热平衡方程式、各项热损失的概念以及影响因素。

能力目标

① 能正确说出锅炉各项热损失的含义。
② 会利用锅炉热平衡方程式计算锅炉的各项热损失，计算出锅炉的热效率。
③ 在实际工作中，能够正确提出提高锅炉热效率及降低热损失的措施。

第一节 · 锅炉热平衡的意义和概念

资源 13：锅炉热平衡概述

一、研究锅炉热平衡的意义

① 了解燃料燃烧的热量有多少被有效利用，有多少成为热损失，以及这些热损失分别表现在哪些方面和大小如何。

② 求锅炉热效率及燃料消耗量，以便判断锅炉设计、改造和运行工况的好坏，分析造成热损失的原因，寻找提高锅炉运行经济性的措施。

二、锅炉热平衡的概念

锅炉热平衡是指在稳定运行工况下，输入锅炉的热量与锅炉输出热量之间的平衡，这种关系用公式的形式表现出来，就是锅炉热平衡方程。输入锅炉的热量是指伴随燃料送入锅炉的热量；输出锅炉的热量主要分为两部分，一部分是有效利用热量，另一部分是各项热损失。锅炉能量示意如图 3-1 所示。

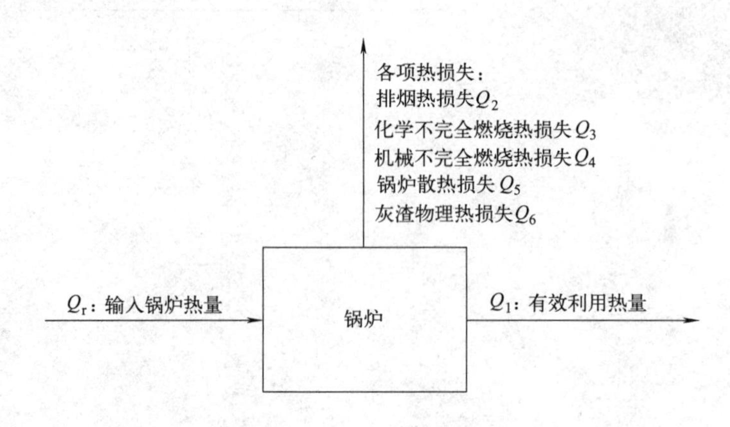

图 3-1　锅炉能量示意图

根据图 3-1，在锅炉稳定工况下，以 1kg 燃料为基础的热平衡方程为：

$$Q_r=Q_1+Q_2+Q_3+Q_4+Q_5+Q_6 \tag{3-1}$$

式中　Q_r——随 1kg 燃料输入锅炉的热量，kJ/kg；

Q_1——对应于 1kg 燃料的有效利用热量，kJ/kg；

Q_2——对应于 1kg 燃料的排烟热损失，kJ/kg；

Q_3——对应于 1kg 燃料的化学不完全燃烧热损失，kJ/kg；

Q_4——对应于 1kg 燃料的机械不完全燃烧热损失，kJ/kg；

Q_5——对应于 1kg 燃料的锅炉散热损失热量，kJ/kg；

Q_6——对应于 1kg 燃料的灰渣物理热损失热量，kJ/kg。

将式（3-1）中等号两边的各项都除以 Q_r，然后乘以 100%，可得到锅炉输入热量百分数表示的热平衡方程：

$$q_1+q_2+q_3+q_4+q_5+q_6=100\% \tag{3-2}$$

式中　q_1——锅炉有效热量占输入热量的百分数，$q_1=\frac{Q_1}{Q_r}\times100\%$。

q_2——排烟热损失占输入热量的百分数，$q_2=\frac{Q_2}{Q_r}\times100\%$。

q_3——化学不完全燃烧热损失占输入热量的百分数，$q_3=\frac{Q_3}{Q_r}\times100\%$。

q_4——机械不完全燃烧热损失占输入热量的百分数，$q_4=\frac{Q_4}{Q_r}\times100\%$。

q_5——散热损失占输入热量的百分数，$q_5=\frac{Q_5}{Q_r}\times100\%$。

q_6——灰渣物理热损失占输入热量的百分数，$q_6=\frac{Q_6}{Q_r}\times100\%$。

第二节・正、反平衡求锅炉热效率的方法

锅炉热效率测定和计算方法有正平衡和反平衡两种。目前电厂锅炉常用反平衡法求效率。

1. 正平衡测定法

正平衡测定法也称为直接测定法或输入输出法，是直接测量锅炉输入和锅炉输出的热量，其计算公式为

$$\eta_1=\frac{Q_1}{Q_r}\times 100\% \qquad (3\text{-}3)$$

此法测定锅炉热效率的优点是简便易行，缺点是不能通过测定找出影响锅炉热效率的因素。

（1）锅炉输入热量 Q_r

锅炉输入热量 Q_r 是由锅炉范围以外输入的热量，不包括锅炉范围内循环的热量，即

$$Q_r=Q_{ar,\ net}+i_r+Q_{wr}+Q_{rzq} \qquad (3\text{-}4)$$

式中　$Q_{ar,\ net}$——燃料收到基低位发热量，kJ/kg。

i_r——燃料物理显热，kJ/kg；

Q_{wr}——外来热源加热空气时带入的热量，kJ/kg；

Q_{zq}——雾化燃油所用蒸汽带入的热量，kJ/kg。

对于现代大型锅炉而言，因为燃油采用的是机械物化方式，不用蒸汽雾化，而热空气带入炉内的热量绝大部分来自锅炉本身，所以对应于1kg燃料输入锅炉的热量，通常包括燃料的收到基的低位发热量、燃料的物理显热，即

$$Q_r=Q_{ar,\ net}+i_r \qquad (3\text{-}5)$$

$$i_r=c_{p,\ ar}+t_r \qquad (3\text{-}6)$$

式中　$c_{p,\ ar}$——燃料收到基比定压热容，kJ/（kg・℃）；

t_r——燃料温度，℃。

（2）锅炉有效利用热量 Q_1

锅炉有效利用热量是指水和蒸汽流经各受热面时吸收的热量。而空气在空气预热器吸热后又回到炉膛，这部分热量属锅炉内部循环热量，不应计入。锅炉有效利用热 Q_1 为：

$$Q_1=[D_{gr}(i''_{gr}-i_{gs})+\sum D_{zr}(i''_{zr}-i'_{zr})+D_{zy}(i_{zy}-i_{gs})+D_{pw}(i'-i_{gs})]/B \qquad (3\text{-}7)$$

式中　B——燃料消耗量，kg/h；

D_{gr}、D_{zr}、D_{zy}、D_{pw}——过热蒸汽量、自用蒸汽量、排污量和再热蒸汽量，kg/h；

i''_{gr}、i_{zy}、i'、i_{gs}——过热蒸汽量焓、自用蒸汽量焓、饱和水焓和给水焓，kJ/kg；

i'_{zr}、i''_{zr}——再热器进口蒸汽焓、出口蒸汽焓，kJ/kg。

$\sum$ 表示具有一次以上再热时，应将各次再热器的吸热量叠加。

对于具有分离器的直流锅炉，锅炉的排污量为分离器的排污量。当排污量小于蒸发量的2%时，排污水的热耗可以忽略不计。

2. 反平衡测定法

反平衡测定法也称间接测定法或热损失法，是通过测定锅炉的各项热损失（各种燃烧

产物热损失），倒算出锅炉热效率，其计算公式为：

锅炉热效率 $\eta_1=1-(q_2+q_3+q_4+q_5+q_6)$ （3-8）

此法常用于较大型锅炉，以利于对锅炉燃烧状况进行全面的分析，找出影响热效率的各种因素，从而加以改进。正平衡法与反平衡法测得的锅炉热效率可以互相验证，以提高准确性。

3. 锅炉热效率测定的一般要求

测定锅炉热效率一般应在额定蒸发量、稳定工况下，同时采用正平衡法和反平衡法进行两次测定，锅炉热效率取两种方法测得的平均值。当锅炉额定蒸发量（额定热功率）大于或等于 20L/h（14MW），用正平衡法测定有困难时，可采用反平衡法测定锅炉热效率。燃煤锅炉每次正、反平衡法测得的锅炉热效率之差应不超过 5%，两次用正平衡法测得的锅炉热效率之差应不超过 3%，两次用反平衡法测得的锅炉热效率之差应不超过 4%。

第三节 · 锅炉各项热损失的含义、计算及影响因素

燃料输入热量一部分被锅炉有效利用，其余的为各项热损失。这些热损失包括排烟热损失、化学不完全燃烧热损失，机械不完全燃烧热损失，散热损失及灰渣物理热损失。

资源 14：锅炉的各项热损失

1. 排烟热损失 q_2

q_2 是指排出锅炉的烟气由于温度高于进入锅炉的空气温度而造成的热损失。在煤粉锅炉的各项热损失中，排烟热损失是最大的一项，约为 4% ～ 8%。

排烟热损失可由排烟焓 H_{py}（kJ/kg）与冷空气焓 H_{lk}（kJ/kg）来计算，即

$$q_2=\frac{H_{py}-\alpha_{py}H_{lk}}{Q_r}\times(100-q_4)\% \tag{3-9}$$

式中 H_{py}——排烟的焓，kJ/kg；

H_{lk}——理论冷空气焓，kJ/kg；

α_{py}——排烟处过量空气系数。

影响排烟热损失的主要因素是排烟温度和排烟容积与受热面的设计布置及运行水平。排烟温度越高，排烟容积越大，则排烟热损失就越大。因此降低排烟热损失应该从降低排烟温度和降低排烟量着手。

（1）降低排烟温度

降低排烟温度可以降低排烟热损失，但并不是排烟温度越低越好，考虑到烟囱抽力和尾部受热面低温腐蚀问题，不允许把排烟温度降得过低，现代大型锅炉排烟温度一般在 150℃左右。

（2）降低排烟量

降低排烟量要做到以下几点：

① 使炉外冷空气不能因负压运行而大量抽入炉内，这就要求炉体密封较严，漏风系数合格。锅炉在一般情况下均为负压运行，即炉膛和烟道内保持一定的负压，所以外界空气会不断从不严密处漏入。

② 适当减小过量空气系数 α，保持低氧燃烧。但过量空气系数的减小，常会引起化学不完全燃烧热损失 q_3 和机械不完全燃烧热损失 q_4 的增大。所以最合理的过量空气系数（称为最佳过量空气系数）应使 q_2、q_3、q_4 之和（$q_2+q_3+q_4$）为最小。

③ 及时对锅炉受热面进行吹灰打渣，保持受热面的清洁。锅炉在运行中，受热面积灰、结渣等会使传热减弱，使排烟温度升高。

2. 化学不完全燃烧热损失 q_3

化学不完全燃烧热损失是指由于 CO、H_2、CH_4 等可燃气体未燃烧放热就随烟气离开锅炉而造成的热损失，因此又称为可燃气体未完全燃烧热损失。一般 q_3 损失很少，对于循环流化床锅炉而言，如果锅炉配风非常合理，q_3 的热损失接近于 0。

烟气中可燃气体含量越多，化学不完全燃烧热损失 q_3 越大。而影响烟气中可燃气体含量的主要因素包括炉内过量空气系数的大小、燃料挥发分含量、炉膛温度，以及炉内空气动力工况等。

① 炉内过量空气系数的影响。一般来说，炉内过量空气系数过小，氧气供应不足，会造成化学不完全燃烧热损失 q_3 的增加。

② 燃料挥发分含量的影响。燃料挥发分较高而炉内空气动力工况又不好，会使化学不完全燃烧热损失 q_3 增加。

③ 炉膛温度的影响。一氧化碳在低于 800 ～ 900℃的温度下很难燃烧，所以炉膛温度过低时，即使其他条件均好，q_3 也会增加。

此外，炉膛结构及燃烧器布置不合理，配风方式不合理，燃料在炉内停留时间过短，都会促使 q_3 增大。

3. 机械不完全燃烧热损失 q_4

机械不完全燃烧热损失是由于进入炉膛的固体燃料中，有一部分没有参与燃烧而排出炉外引起的热损失，因此又称为固体未完全燃烧热损失。在煤粉锅炉的各项热损失中，q_4 的大小仅次于排烟热损失。

机械不完全燃烧热损失 q_4 的计算式为：

$$q_4 = \frac{32680}{Q_r}\left(\frac{G_{ba}C_{ba} + G_{fa}C_{fa} + G_{da}C_{da} + G_{ra}C_{ra}}{100B}\right)\times 100\% \qquad (3\text{-}10)$$

式中　32680——纯碳的发热量，kJ/kg；

G_{ba}、G_{fa}、G_{da}、G_{ra}——灰渣、飞灰、烟道沉降灰、排放的循环灰质量，kg/h；

C_{ba}、C_{fa}、C_{da}、C_{ra}——灰渣、飞灰、烟道沉降灰、排放的循环灰中的含碳量百分数份额。

机械不完全燃烧热损失主要由三部分组成：灰渣损失 Q_{hz}，未参加燃烧或未燃尽的碳粒与灰渣一同排入灰斗所造成的损失；漏煤损失 Q_{lm}，部分燃料经炉排漏入灰室造成的损失；飞灰损失 Q_{fh}，未燃尽的碳粒随烟气带走所造成的损失。即：$q_4=q_{hz}+q_{lm}+q_{fh}$。

q_4 与燃料特性、燃烧方式、炉膛结构及运行管理水平等因素有关。

① 燃料特性的影响。当燃用灰分含量大和灰熔点低的煤时，它的固态可燃物被灰包裹，

难以燃尽，灰渣损失就大。当燃用水分低、结焦性弱而细末又多的煤时，特别是在提高燃烧强度而增加通风的情况下，飞灰损失就增加。

② 燃烧方式的影响。不同燃烧方式的 q_4 值差别很大，如煤粉炉没有漏煤损失，但它的飞灰损失却比层燃炉大，沸腾炉在燃用石煤或煤矸石时，飞灰损失更大。

③ 炉子结构的影响。层燃炉的炉拱、炉排的长短和通风孔隙的大小以及一、二次风的布置等，对燃烧都有影响。如炉拱不合理，燃料挥发分不高时，不易着火，难以燃尽，飞灰和灰渣碳含量增大；如炉排太短，燃料燃烧时间不足，烟气在炉内流程过短，q_4 也增加。

④ 锅炉运行工况的影响。当运行时负荷增加，相应地穿过燃料层和炉膛的气流迅速增加，以致飞灰损失增大。

从上述对影响 q_4 诸因素的分析中，可以归纳出降低 q_4 的措施可以从以下几方面着手：

① 选取合理的燃烧方式；

② 炉膛内燃烧结构的优化布置；

③ 改善燃料特性，使燃煤炉型匹配；

④ 提高司炉工素质，对运行进行合理调整。

4. 散热损失 q_5

散热损失 q_5 是指锅炉炉墙、炉筒、外集箱以及管道等裸露的锅炉外表向外界空气散发的热损失。对于容量较大的锅炉，此项热损失一般小于 0.5%。

影响散热损失的主要因素有锅炉外表面积的大小、外表面温度、炉墙结构、保温隔热性能及环境温度等。

很明显，锅炉结构紧凑、外表面积小、保温完善、q_5 较小。锅炉周围空气温度低，q_5 较大。因为锅炉容量的增加速度大于其外表面积的增加速度，所以大容量锅炉的 q_5 比小容量锅炉小。对同一台锅炉来说，负荷高时 q_5 较小，负荷低时 q_5 较大，这是因为炉壁面积并不随负荷的降低而减小，炉壁温度降低的幅度也赶不上负荷降低的幅度。

5. 灰渣物理热损失 q_6

$$q_6 = \frac{Q_6}{Q_r} \times 100\% = \frac{A_{ar}\alpha_{lz}C_h\theta_h}{Q_r} \times 100\% \quad (3\text{-}11)$$

式中 A_{ar}——燃料的收到基灰分，%；

C_h——炉渣的比热容，kJ/（kg·℃）；

α_{lz}——炉渣份额；

θ_h——炉渣温度，固态排渣时取 600℃，液态排渣时取 FT+100℃。

对固态排渣煤粉炉，只有当燃料中灰分满足 $A_{ar} \gg \frac{Q_{ar,net}}{418}$ 时才需计算 q_6，对于燃油或燃气炉，q_6=0。

锅炉炉渣排出炉外时带出的热量，形成灰渣物理热损失。灰渣物理热损失 q_6 的大小主要与燃料中灰含量的多少、炉渣中纯灰量占燃料总灰量的份额，以及炉渣温度高低有关。

复习思考题

1. 锅炉热平衡的意义是什么？电厂锅炉有哪些输入热量和哪些输出热量？

2. 我国锅炉热平衡规定有哪些热损失？

3. 什么是锅炉热效率？什么是正平衡、反平衡求效率？现在电厂锅炉常用什么方法求锅炉热效率？原因是什么？

4. 写出锅炉热平衡的两种表达方式，并指出其中每一项的意义。

5. 写出影响机械不完全燃烧热损失的因素及原因分析。

6. 分析影响排烟热损失的主要因素有哪些？降低排烟热损失的措施有哪些？

7. 什么是最佳过量空气系数？尝试绘制曲线以确定最佳过量空气系数。

第二篇

煤粉锅炉设备

煤粉锅炉的设备构成及工作过程

知识目标

① 熟悉锅炉设备结构。
② 理解电厂锅炉的工作原理。
③ 熟悉锅炉汽水系统和风烟系统及工作流程。
④ 了解锅炉中各部件的作用及布置位置。

能力目标

① 能正确识读锅炉设备结构图。
② 能正确绘制电厂锅炉流程简图并叙述其工作流程。
③ 能正确说明锅炉中各部件的作用和布置位置。

第一节 · 煤粉锅炉的设备构成

资源 15：电厂锅炉设备构成

资源 16：火力发电厂能量转换

锅炉是火力发电厂三大主机之一。在火力发电厂中，燃料进入锅炉燃烧放热，生产出高温高压的蒸汽进入汽轮机做功，然后汽轮机再带动发电机进行发电。

锅炉整体的结构包括锅炉本体、辅助设备和锅炉附件等，如图 4-1 所示。

一、锅炉本体设备

锅炉本体是由汽水系统（锅）和燃烧系统（炉）组成。

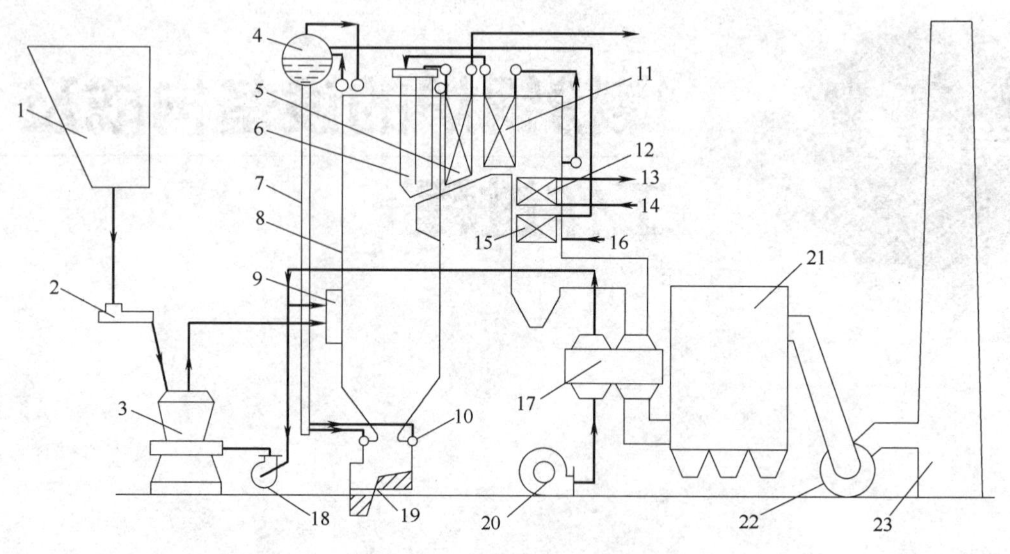

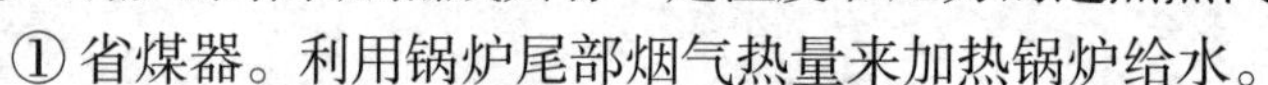
图 4-1　电厂煤粉锅炉设备构成及工作流程示意图

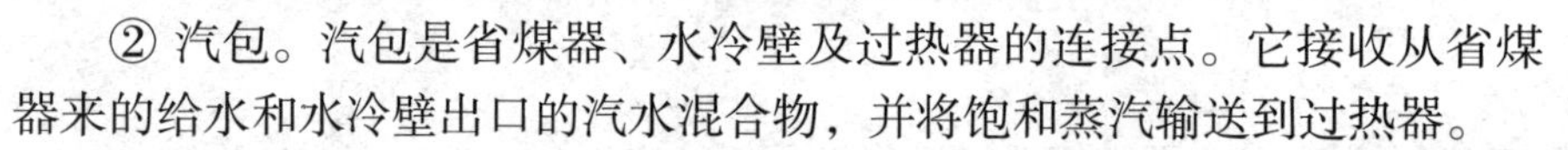
1—原煤斗；2—给煤机；3—磨煤机；4—汽包；5—高温过热器；6—屏式过热器；7—下降管；8—炉膛水冷壁；9—燃烧器；10—下联箱；11—低温过热器；12—再热器；13—再热蒸汽出口；14—再热蒸汽入口；15—省煤器；16—给水；17—空气预热器；18—排粉风机；19—除渣装置；20—送风机；21—除尘器；22—引风机；23—烟囱

1. 汽水系统

锅炉的汽水系统主要由省煤器、汽包、下降管、联箱、水冷壁、过热器、再热器等组成，其主要任务就是有效地吸收燃料燃烧释放出的热量，将进入锅炉的给水加热成具有一定温度和压力的过热蒸汽。

资源 17：煤粉炉的本体结构及各部件作用

① 省煤器。利用锅炉尾部烟气热量来加热锅炉给水。

② 汽包。汽包是省煤器、水冷壁及过热器的连接点。它接收从省煤器来的给水和水冷壁出口的汽水混合物，并将饱和蒸汽输送到过热器。

③ 下降管。把汽包内的水连续不断地通过下联箱供给水冷壁。

④ 联箱。在锅炉中，把许多作用一致、平行排列的管子连在一起的筒形容器称作联箱或集箱。它在系统中主要起到汇集、混合、再分配工质的作用。

⑤ 水冷壁。锅炉的主要辐射受热面，吸收燃烧室内的热量，加热水冷壁内的工质，同时也起到了保护炉墙的作用。

⑥ 过热器。将饱和蒸汽加热成具有一定温度的过热蒸汽。

⑦ 再热器。将汽轮机高压缸的排汽加热到过热蒸汽温度。

2. 燃烧系统

锅炉的燃烧系统主要由炉膛、烟道、燃烧器、空气预热器等组成，其主要任务就是使燃料在炉内能够良好燃烧，放出热量。

① 炉膛。炉膛也称为燃烧室，是由炉墙包围起来供燃料燃烧的地方。

② 烟道。锅炉烟道一般是从炉膛折焰角到烟囱这一段，除了作为排烟通道这一基本功能以外，在烟道中还有很多设备：其中有过热器、再热器、省煤器、预热器等，这些设备主要是吸收排烟的热量，提高锅炉的热效率。

③ 燃烧器。向锅炉内送入燃料和空气，组织燃料和空气及时充分地混合，保证着火稳定。

④ 空气预热器。利用锅炉尾部烟气热量来加热锅炉燃烧用的空气。

二、锅炉辅助设备

锅炉为了保证安全正常生产，除了本体设备以外，还需要一些配套的辅助设备配合工作。锅炉配套的辅助设备较多，主要有燃料的供给与制备系统、通风系统、给水系统、除渣系统、除尘系统、脱硫脱硝系统，以及锅炉上装设的安全附件和仪表等。

① 燃料的供给与制备系统。它的任务是将煤场的块煤磨制成一定细度的煤粉，干燥并输送至炉膛进行燃烧。设备主要有输煤皮带、给煤机、磨煤机、排粉机等。

② 通风系统。它的任务是向锅炉内输送燃料燃烧所需要的空气，同时也要排出燃烧后产生的烟气。设备主要有送风机、引风机和烟囱等。

③ 给水系统。它的任务是向锅炉给水。设备主要有给水泵及给水管道等。

④ 除渣系统。清除燃料燃烧后从炉膛落下的灰渣。主要设备有碎渣机、除渣机等。

⑤ 除尘系统。减少和清除烟气中携带的飞灰，以免进入大气中污染环境。

⑥ 脱硫脱硝系统。为减少环境的污染，烟气脱硫脱硝系统是不可缺少的辅助设备。脱硫系统的任务是脱除掉烟气中的二氧化硫和三氧化硫，主要设备有脱硫吸收塔、脱硫氧化池、石膏浆泵和水力旋流分离器等。烟气脱硝系统的任务是脱除掉烟气中的氮氧化物，其 NO_x 还原技术主要有选择性催化还原技术 SCR 和选择性非催化还原技术 SNCR。

资源 18：弹簧式安全阀

资源 19：吹灰器

锅炉上还装设有很多安全附件和仪表，一般包括：安全阀、水位计与高低位水位报警装置、压力表、吹灰器、排污、汽水管道和阀门等装置及热工仪表。其中，安全阀是锅炉保护设备，用以防止锅炉超压的安全装置。水位计是监视汽包水位高低的装置。吹灰器是用来清除空气预热器等受热面积灰的装置。

第二节 · 煤粉锅炉的工作过程

锅炉的工作过程主要包括燃烧系统（图 4-2）和汽水系统。

资源 20：电厂锅炉工作过程

1. 燃烧系统

燃烧需要燃料和空气，燃烧过程中会产生高温烟气。因此，为了便于理解记忆，把电站煤粉锅炉的燃烧系统分为制粉过程、空气预热过程、烟气余热利用和除尘过程。燃烧系统流程如图 4-2 所示。

（1）制粉过程

制粉过程，简单地说就是把大块煤制成一定细度的煤粉。具体地说就是原煤仓中的块煤通过给煤机送到磨煤机，在磨煤机中对煤进行研磨。磨制成的煤粉被来自空气预热器的热空气干燥并吹入煤粉分离器，经过分离后，合格的煤粉被空气送入炉膛着火燃烧。制粉流程如图 4-3 所示。

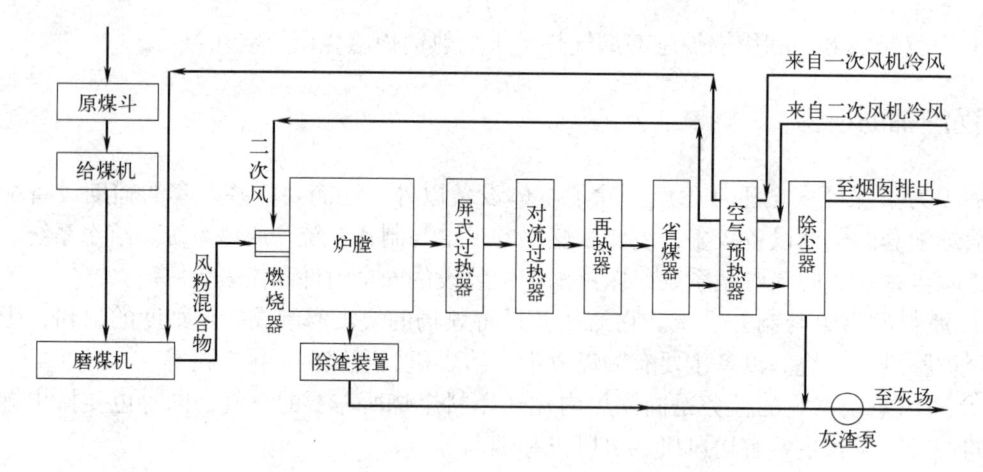

图 4-2 锅炉燃烧系统流程

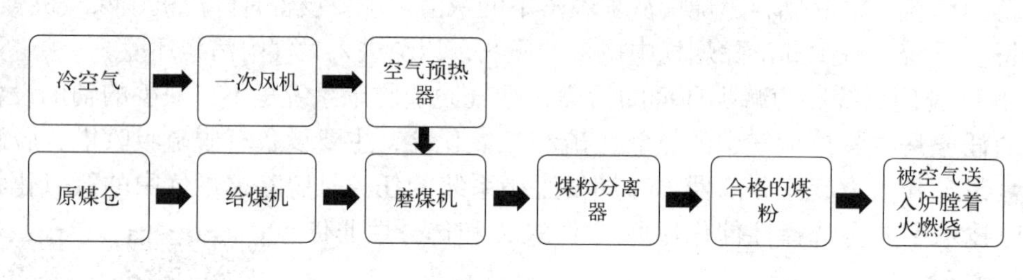

图 4-3 制粉流程

（2）空气预热过程

空气预热过程，就是冷空气经送风机升压后送入空气预热器，被高温烟气加热成热空气，然后通过热风道将其中一部分送到磨煤机，用以干燥和输送煤粉，另一部分热空气直接送到燃烧器二次风喷口燃烧。空气预热流程如图 4-4 所示。

图 4-4 空气预热流程

（3）烟气余热利用和除尘过程

烟气余热利用和除尘流程如图 4-5 所示。

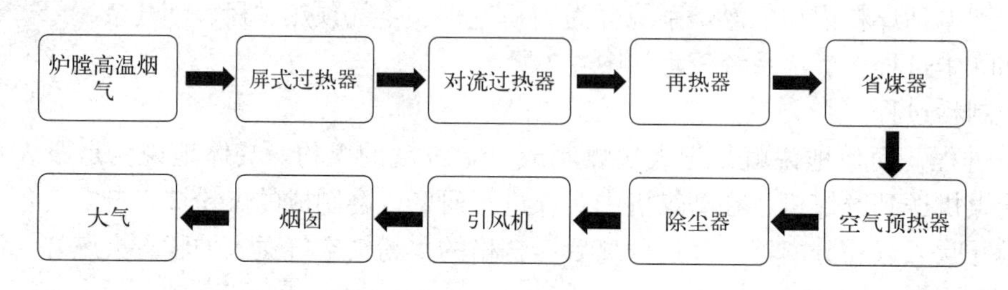

图 4-5 烟气余热利用和除尘流程

2. 汽水系统

锅炉燃烧的同时，给水由给水泵送入省煤器加热提高温度后进入汽包，然后沿着下降管流至下联箱，由下联箱分配至水冷壁，在水冷壁管内吸收炉膛内燃料燃烧所释放的辐射热，一部分水汽化为蒸汽，汽水混合物沿水冷壁上升进入汽包，在汽包内利用汽水分离设备对汽水混合物进行汽水分离，分离出的水再次进入下降管补入水冷壁继续吸收热量，如此循环。分离出来的蒸汽从汽包顶部的饱和蒸汽引出管引至过热器，在过热器中饱和蒸汽进一步被加热成过热蒸汽，然后经主蒸汽管道送到汽轮机做功。锅炉汽水流程如图 4-6 所示。

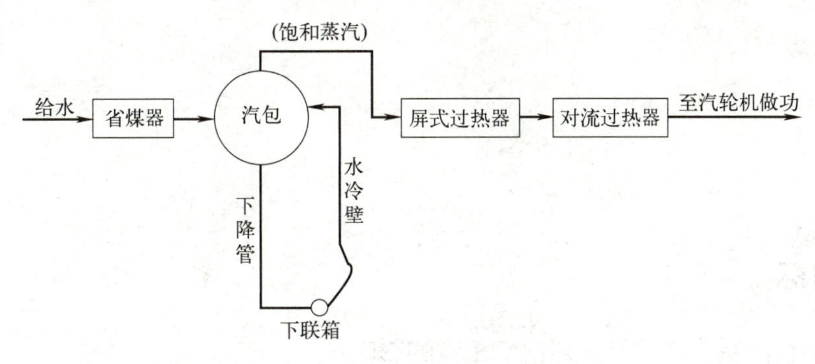

图 4-6　锅炉汽水流程

复习思考题

1. 锅炉主要由哪些设备组成？
2. 火力发电厂经过哪些能量转换过程产生电能？
3. 试述电厂燃煤锅炉的工作过程。
4. 谈谈电厂锅炉的发展趋势。
5. 绘制锅炉汽水系统流程简图。
6. 说说省煤器、空气预热器、汽包、水冷壁、过热器的作用。

煤粉制备系统

知识目标

① 了解煤粉的基本特性及其对锅炉工作的影响。

② 掌握制粉系统的设备组成以及制粉主要设备磨煤机的分类、工作过程、特点及应用范围；了解制粉辅助设备的结构和工作原理。

③ 掌握制粉系统的分类；理解中间储仓式制粉系统和直吹式制粉系统的定义、特点。

能力目标

① 能正确比较不同煤粉的粗细并说明对锅炉工作的影响。

② 能够根据磨煤机的结构识别磨煤机的类型，能识读各种磨煤机的结构组成。正确叙述各种磨煤机的工作过程，清楚地认识各种磨煤机对煤种的适应能力。

③ 能正确绘制制粉系统图并叙述其工作流程，能正确说明制粉系统中各部件的作用和布置位置。

第一节·煤粉的基本特性

目前，大型电厂煤粉锅炉的主要燃烧方式是悬浮燃烧，即燃料在炉膛空间呈悬浮状进行燃烧。这种悬浮燃烧方式对入炉煤粉的细度和干度有一定的要求，同时煤粉的性质对于锅炉的安全经济运行也有很大的影响。

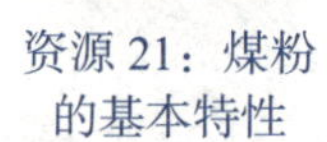
资源 21：煤粉的基本特性

一、煤粉细度

煤粉细度是煤粉颗粒尺寸的大小，是衡量煤粉品质的重要指标。煤粉细度应该合适，不能过粗也不能过细。因为煤粉过粗，在炉内燃烧不尽，会增加不完全燃烧热损失；煤粉过细，又会使制粉系统的电耗和金属磨耗增加。

1. 煤粉细度

煤粉细度是用一组由细金属丝编制的、带正方形的小孔的筛子进行筛分来测定的。它是指将一定量的煤粉试样放在筛孔尺寸为 $x\mu m$ 的筛子上筛分后，部分留在筛子上，部分经筛孔落下，剩余在筛子上的煤粉量占筛分前煤粉总量的百分数为：

$$R_x = \frac{a}{a+b} \times 100\% \tag{5-1}$$

式中　R_x——筛余量；

a——筛分后留在筛子上的煤粉质量；

b——透过筛孔的煤粉质量。

R_x 越小，则表示煤粉越细；相反，则表示煤粉越粗。国内电厂常用的筛子规格及煤粉细度表示方法如表 5-1 所示。

表 5-1　国内电厂常用的筛子规格及煤粉细度表示方法

筛号（1cm 长的孔数）	6	8	12	30	40	60	70	80
孔径（筛孔内边长）/μm	1000	750	500	200	150	100	90	75
煤粉细度表示（筛余量）	R_{1000}	R_{750}	R_{500}	R_{200}	R_{150}	R_{100}	R_{90}	R_{75}

电厂对于烟煤和无烟煤常用 70 号和 30 号两种筛子。以 70 号筛子为例，筛孔的孔径为 90μm，将 100g 煤粉进行筛分，若有 18g 煤粉留在筛子上，那么 82g 煤粉就通过了筛子，则该组煤粉的细度可写成 R_{90}=18%。若用 30 号筛子，孔径为 200μm 筛分，则相应细度可表示为 R_{200}。

2. 煤粉的经济细度

煤粉过粗，会增加锅炉的排烟热损失 q_2 和固体不完全燃烧热损失 q_4，使锅炉的热效率下降；煤粉过细，又会使制粉系统的电耗和金属磨耗增加。因此，煤粉细度要适当。煤粉的经济细度是指锅炉热损失和制粉消耗之和（$q_2+q_4+q_n+q_m$）最小时的煤粉细度。

影响煤粉经济细度的主要因素是煤的挥发分和煤粉颗粒分布的均匀性。高挥发分的煤由于容易燃烧，可以比低挥发分的煤磨得粗些；煤粉均匀性好，则造成机械不完全燃烧热损失的大煤粉颗粒就少些，此时也可以磨得粗些。炉膛的燃烧强度大，煤粉易着火、燃烧及燃尽，允许煤粉粗些。

在电厂的实际运行中，煤粉的经济细度一般通过锅炉燃烧调整试验确定。即在不同煤粉细度下测量锅炉的热效率、磨煤电耗及系统磨损量，寻求最经济工况时的煤粉细度。煤粉细度的调整方式一般有调整粗粉分离器及通风量两种。

二、煤粉的流动性

电厂煤粉炉燃用的煤粉大小在 0 ～ 1000μm 之间，大多数为 20 ～ 50μm。煤粉的堆积密度较小，大约为 0.7t/m^3。煤粉的流动性对制粉系统和锅炉运行的影响有如下几点。

① 有利于实现煤粉在管道中进行气力输送。新磨制的干煤粉小而轻，在其表面上吸附空气的能力较强，因此煤粉能与空气混合而具有较好的流动性，利用这个性质可用管道对煤

粉进行气力输送。

② 煤粉会从不严密处泄漏出来，影响制粉系统安全运行和工作环境。

③ 煤粉自流的影响。

三、煤粉水分

煤粉的最终水分对输送粉的连续性和均匀性、磨煤机的出力以及制粉系统设备的安全性都有很大的影响。

煤粉内水分过高，在煤粉管道内容易结块，会导致煤粉输送困难及着火推迟等，因此应将煤粉进行充分的干燥而保持其流动性。水分过低时，煤粉又易自燃引起爆炸，所以煤粉中水分的大小应根据它的输送可靠性及制粉系统的经济性综合考虑。

四、煤粉的均匀性

煤粉的颗粒性质只用煤粉细度来衡量是不完整的，还要看煤粉的均匀性。所谓的煤粉均匀性是指一组煤粉中，最粗和最细的煤粉所占的比重都很小，大多数的煤粉颗粒的尺寸居中。

例如：有甲、乙两种煤粉，它们的细度都为 R_{90}，但是甲种煤留在筛子上的煤粉中较粗的颗粒比乙种煤粉多，而通过筛子的煤粉中较细的颗粒也比乙种的多，则乙种煤粉较甲种煤粉均匀。粗颗粒多，不完全燃烧损失大；细颗粒多，制粉系统的磨煤电耗和金属的消耗量就大，因此燃用甲种煤粉的经济性较差。

煤粉的均匀性可用煤粉颗粒的均匀性指数 n 来表示，n 值主要与磨煤机及配用的煤粉分离器的形式有关。$n>1$ 时，则过粗或过细的煤粉都比较少，中间尺寸的颗粒较多，煤粉的颗粒分布就比较均匀。反之，$n<1$ 时过粗和过细的煤粉颗粒都比较多，中间尺寸的少，煤粉的均匀性就差。所以一般要求 $n\approx1$。不同制粉设备所磨制煤粉的均匀性指数如表5-2所示。

表 5-2　不同制粉设备所磨制煤粉的均匀性指数

磨煤机形式	粗粉分离器形式	n 值
筒式钢球磨煤机	离心式 回转式	0.8 ～ 1.2 0.95 ～ 1.1
中速磨煤机	离心式 回转式	0.86 1.2 ～ 1.4
风扇磨煤机	惯性式 离心式 回转式	0.7 ～ 0.8 0.8 ～ 1.3 0.8 ～ 1.0

五、煤粉的爆炸性

当煤粉和空气混合物在一定条件与明火接触时，还会发生爆炸。制粉系统内煤粉起火爆炸的多数原因是系统内沉积煤粉自燃所引起的。

1. 影响煤粉爆炸的主要因素

影响煤粉爆炸的主要因素有：煤粉的挥发分、水分和灰分含量，煤粉细度，气粉混合物的温度、含粉浓度以及输送煤粉气流中的含氧量等。

① 挥发分含量越高，产生爆炸的可能性越大。在一般磨煤条件下，$V_{daf} < 10\%$ 的煤粉无爆炸危险。

② 煤粉越干燥越容易爆炸。煤粉水分与磨煤机出口气粉混合物的温度有关。对于不同的煤种和制粉系统，通过控制磨煤机出口气粉混合物的温度来防止煤粉爆炸。

③ 煤粉越细，自燃爆炸的可能性越大。当烟煤煤粉的颗粒直径大于 0.1mm 时，几乎不会爆炸。所以，挥发分高的煤不应磨太细。

④ 煤粉浓度为 1.2 ～ 2.0kg/m^3 时最容易爆炸，而运行时正是这样的浓度。

⑤ 输送煤粉的气体含氧量越大，爆炸可能性越大。如气体含氧量小于 15%（按体积计算），就不会爆炸。

2. 防止煤粉爆炸的措施

① 应设法避免或消除煤粉的沉积。

② 严格控制制粉系统末端气粉混合物的温度。

③ 对于易燃易爆的煤粉，可以在输送介质中掺入惰性气体来降低含氧浓度。

④ 加强用煤监督管理，制定周全的应对计划等。

第二节・制粉设备

现代大中型火电厂锅炉一般均采用煤粉燃烧方式，就是把原煤磨细成煤粉，再用空气吹入炉膛中进行燃烧。为此，煤粉锅炉均配置制粉设备，其工作任务是将原煤进行干燥和磨细，生产足够数量的品质合格的煤粉。

为满足制粉过程的要求，制备煤粉时一般需要很多设备，主要有原煤斗、给煤机、磨煤机、排粉机、粗粉分离器、细粉分离器、煤粉仓（因煤粉仓非常简单，未做介绍）、给粉机、锁气器。

原煤仓
原煤斗
闸板门
落煤管

图 5-1　原煤斗结构图

一、原煤斗

原煤斗是用于储存一定数量的煤，可在一定时间内保证对磨煤机的供煤，减轻因输煤设备故障带来的影响。如图 5-1 所示。

二、给煤机

资源 22：给煤机

给煤机装设在原煤斗下面，它是根据锅炉负荷的需要把原煤连续均匀地送入磨煤机并调节进入磨煤机的煤量。

给煤机的类型主要有电磁振动式、刮板式和电子称重皮带式三种。现代大型锅炉机组主要采用电子称重皮带式给煤机。

1. 电磁振动给煤机

电磁振动给煤机主要由煤斗、给煤槽和电磁振动器组成，如图 5-2 所示。它主要是通过改变电压或电流调节振动器的振幅来调节结煤量，其特点是无转动设备、结构简单、维修方便、给煤均匀、调节灵活方便，但水平输送距离短。

2. 刮板式给煤机

刮板式给煤机主要由链条、刮板及转动装置等组成，如图 5-3 所示。它主要是利用装在

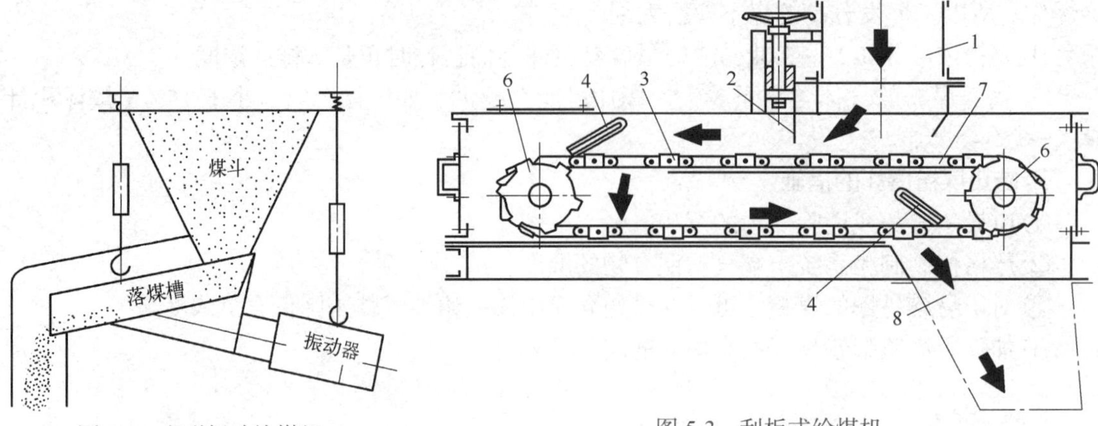

图 5-2　电磁振动给煤机

图 5-3　刮板式给煤机

1—原煤入口管；2—煤闸；3—链条；4—挡板；5—刮板；6—链轮；7—平板；8—出口管

链条上的刮板移动，将煤带到左边，经过落煤通道落到下台板上，再将煤刮至右侧落入出煤管，送往磨煤机。刮板式给煤机的特点是调节范围大、适应煤种广、不易堵塞，但占地面积较大。

资源 23：电子称重皮带给煤机

3. 电子称重皮带式给煤机

电子称重皮带式给煤机主要由机体、给煤皮带机构、链式清理刮板机构、断煤及堵煤信号装置、称重机构、密封空气系统等组成，如图 5-4 所示。

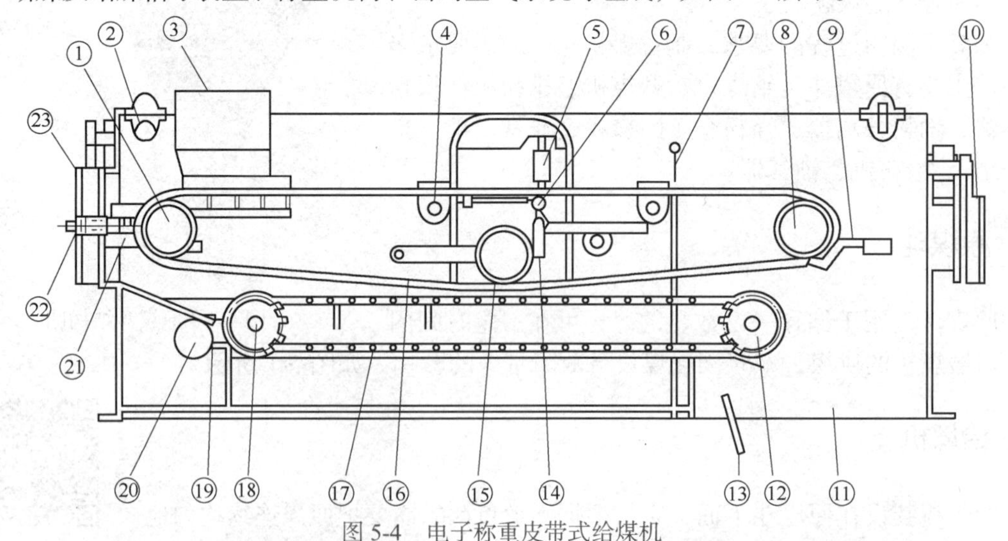

图 5-4　电子称重皮带式给煤机

1—张紧滚筒；2—照明灯；3—进料口；4—支撑跨托辊；5—负荷传感器；6—称重托辊；7—断煤信号装置挡板；8—驱动滚筒；9—皮带清洁刮板；10—排除端门；11—出料口；12—驱动链轮；13—堵煤信号装置挡板；14—承重校重量块；15—张力滚筒；16—给料皮带；17—清洁刮板链；18—张紧链轮；19—刮板链张紧螺钉；20—密封空气进口；21—张紧滚筒座导轨；22—皮带张紧螺杆；23—进料端门

（1）机体

机体上设有进煤口、出煤口、进煤端门、出煤端门、侧门、密封风进口和照明装置等。机体为一密封的焊接壳体，在进煤口处设有导向板和煤闸门，以使煤进入给煤机内能在皮带上形成一定断面的煤流。

进煤端门和出煤端门采用螺栓紧固在机壳上，并保持密封。在所有的门体上均设有观察窥视窗，在窗内装有清扫喷头，当窗孔内侧积有煤灰影响正常观察时，可以通过喷头用压缩空气或水给以清扫。

具有密封结构的照明灯，供观察给煤机内部运行情况时照明使用。

资源 24：皮带秤的结构及工作原理

（2）给煤皮带机构

给煤皮带机构由皮带驱动滚筒（主动滚筒）、张紧滚筒（从动滚筒）、张力滚筒、给料皮带、支承板及电动机、减速机等组成。

驱动滚筒与减速机相连，在驱动滚筒端装有皮带清洁刮板，以清除黏结于皮带外表的煤粒。

皮带中部安装的张力滚筒，使皮带保持一定的张力以得到最佳的称重效果。皮带的张力随着温度和湿度的变化而有所改变，应经常注意观察，可利用张紧拉杆来调节皮带的张力。在机座侧门内装有指示板，应将张力滚筒的中心调整在指示板的中心刻线。

为保证给煤皮带运转时不发生左右偏移，给煤皮带采用了带有一定高度边缘且内侧中间有凸筋的皮带，并配置表面具有相应凹槽的腰鼓形张紧滚筒、表面具有人字形橡胶层的驱动滚筒，从而使皮带获得良好的导向作用而作正向直线移动。

（3）链式清理刮板机构

为了能及时清除下落在给煤机机壳底部的积煤，以防发生积煤自燃及影响胶带滚筒的正常运转，在给煤机皮带机构下面设有链式刮板清理装置，以作为清理机壳底部积煤之用。

链式清理刮板机构由驱动链轮、张紧链轮、链条及刮板等组成。刮板链条由电动机通过减速机带动链轮而移动，链条上的刮板将给煤机底部积煤刮到给煤机出口排出。

机壳底部的积煤来自皮带刮板刮落下来的煤、空气中沉降的煤粉尘、皮带从动轮清扫下来的煤、调节不当的密封空气从皮带上吹落下来的煤（部分）。

链式清理刮板是随着给煤机皮带的运转而同时连续运转的。采用这样的运行方式，可以使机壳内积煤量甚少。同时，由于这些煤是不经称量装置而进入给煤机的，因而可以减少给煤量的误差。

清理刮板减速机为圆柱齿轮及蜗轮减速，清理刮板机构除电动机采用电气过载保护外，在蜗轮轴之间，还设有剪切机构，当机构过载时，剪切销被剪断，使蜗轮与蜗轮轴脱开，同时带动限位开关，使电动机停止，并发出信号至运行控制室。

（4）断煤及堵煤信号装置

断煤信号装置安装在皮带上方，当皮带上无煤时，由于断煤信号装置上挡板的摆动，使信号装置轴上的凸轮跟着转动，随即触动限位开关，从而停止皮带驱动电动机的运转，启动煤仓振动器，并使运行控制盘上发出“断煤”的报警信号。

堵煤信号装置安装在给煤机出口处，其结构与断煤信号装置相同，当煤流堵塞至出煤口时，限位开关动作，给煤机停止运转，并发出报警信号。

（5）称重机构

称重机构是电子称量装置的感应机构，它装在给煤机进煤口与驱动滚筒之间，3 个称重托辊表面均经过精心加工，标准计量，其中一对固定于机体上，构成称重跨距，另外一个称重托辊则悬挂于一对负荷传感器上，皮带上煤的重量由负荷传感器送出信号。

在负荷传感器及称重托辊的下方，装有称重校准重块，给煤机工作时，校准重块支承在称重臂和偏心盘上面，与称重托辊脱开。当需要校准定度时，可转动校重杆手柄，使偏心盘转动，将称重校准重块悬挂在负荷传感器上，从而能检查重量信号是否准确。

（6）密封空气系统

对于正压的直吹式制粉系统，磨煤机内处于正压工作。为防止磨煤机中的热风倒流到给煤机中，给煤机也设有专用密封空气系统。在给煤机机壳进煤口的下方，设有密封空气法兰接口，密封风管上的法兰与它相接，密封空气就由此接口进入给煤机内。

密封空气的压力应略高于磨煤机进口处热风的风压 500 ～ 700Pa，密封风量则为通过落煤管由煤斗部分的空气泄漏量加上形成给煤机与磨煤机进煤口之间压差所需的空气量。密封风压过低会导致热风从磨煤机倒入给煤机内，使煤灰易积滞在门框或其他凸出部分，从而导致煤粉自燃；密封风量过小，就不能维持给煤机壳内所需的压力。密封风压过高或密封风量过大，易将煤粒从皮带上吹落，使称量精度下降。

三、磨煤机

磨煤机是制粉系统中的主要设备，通过撞击、挤压和研磨等作用原理，将原煤块磨制成煤粉并干燥到一定程度的设备。

1. 磨煤机的分类

根据磨煤机的工作转速不同，可以分为以下三种：

① 低速磨煤机。转速为 15 ～ 25r/min，常用的是筒形钢球磨煤机。

② 中速磨煤机。转速为 50 ～ 300r/min，常用的有中速平盘磨煤机、球式中速磨煤机、碗式中速磨煤机及 MPS 型磨煤机等。

③ 高速磨煤机。转速为 500 ～ 1500r/min，常用的是风扇磨煤机。

资源 25：低速钢球磨煤机

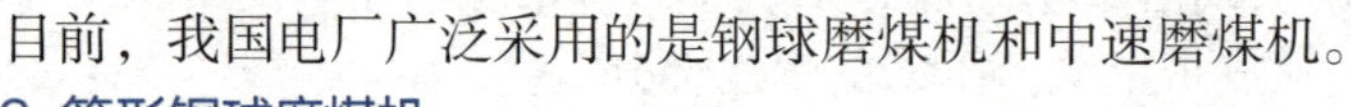

目前，我国电厂广泛采用的是钢球磨煤机和中速磨煤机。

2. 筒形钢球磨煤机

（1）结构组成

筒形钢球磨煤机是火电厂以前应用最广泛的一种研磨设备，其结构如图 5-5 所示。它的碾磨部件由一个直径为 2 ～ 4m、长为 3 ～ 10m 的圆形筒身及装在筒内的钢球组成。圆筒从内到外一般有五层：第一层是护甲，主要由锰钢制的波浪形钢瓦组成，作用是增强抗磨性并把钢球带到一定高度；第二层是石棉，起绝热作用；第三层是筒体本身，它是由 18 ～ 25mm 厚的钢板制作而成的；第四层是毛毡，作用是隔离并吸收钢球撞击钢瓦产生的声音；第五层是外壳，由薄钢板制成，作用是保护和固定毛毡。

（2）工作过程

筒体内钢球直径为 30 ～ 60mm，工作时原煤与一定温度的热空气从磨煤机的一端进入其筒体内部，筒体经电动机、减速器传动以低速旋转，在离心力与摩擦力作用下，筒内护甲将钢球与原煤提升到一定高度，然后借重力自由下落。一部分煤受到下落钢球的撞击而被破

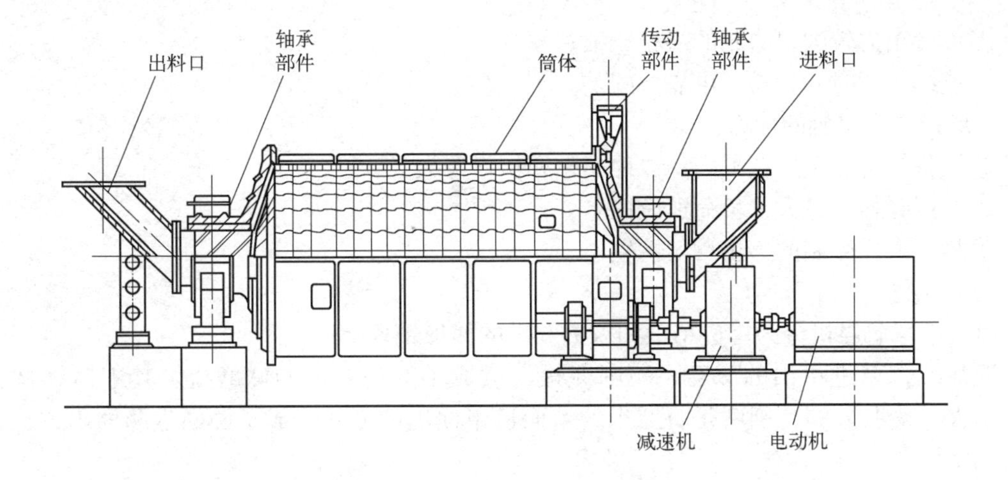

(a) 整体结构图

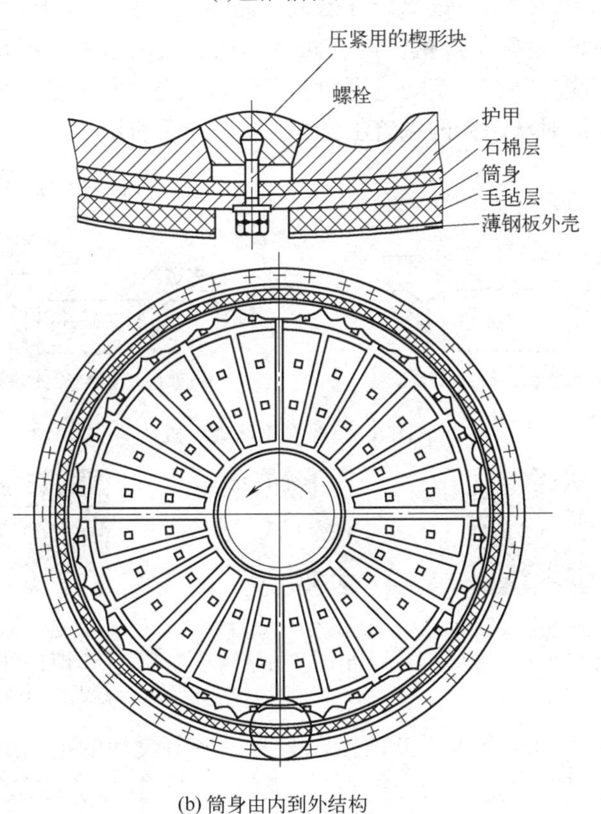

(b) 筒身由内到外结构

图 5-5 筒式钢球磨煤机结构图

碎，此外，钢球之间以及钢球与护甲之间的挤压和碾磨也对煤的破碎起了一定的作用。磨好的煤粉经热空气干燥并携带，从另一端输送出去。磨煤机入口的热空气也称为煤粉干燥剂。

（3）优缺点

筒形钢球磨煤机的优点：

① 几乎可以磨制各种煤，适应性较强；

② 单台出力较大，磨制的煤粉较细；

③ 连续运行时间较长，可靠性好。

筒形钢球磨煤机的优点：

① 设备笨重、金属耗量高、占地面积和初投资大；

② 运行时耗电量大，负荷适应性差；

③ 噪声大，磨制的煤粉均匀性较差。

（4）分类

筒形钢球磨煤机分为单进单出和双进双出的筒形钢球磨煤机。

近几年，单进单出的球磨机不断改进，改成了双进双出的球磨机。其本体结构二者差异不大，最明显的差别就是将原来的单面进单面出的方式变成了两面进两面出方式，如图 5-6 所示。

① 单进单出的筒式钢球磨煤机筒体一端是热空气和原煤的入口，另一端是气粉混合物的出口，如图 5-6（a）所示。双进双出球磨机，筒体两端都安装进煤管和热风进管。

② 单进单出的筒式钢球磨煤机，进入筒体的热空气一边干燥煤粉一边将煤粉带出磨煤机，空气的流动速度应控制在一定的范围内。双进双出球磨机，热空气和原煤同时从筒体两端进入，气粉混合物同时从筒体两端流出，如图 5-6（b）所示。

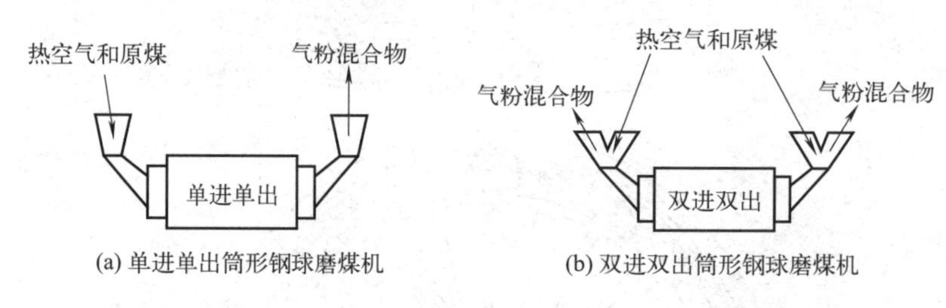

(a) 单进单出筒形钢球磨煤机　(b) 双进双出筒形钢球磨煤机

图 5-6　筒形钢球磨煤机

资源 26：单进单出球磨机结构及工作过程

资源 27：双进双出球磨机结构

资源 28：双进双出球磨机工作过程

近几年，单进单出的球磨机逐渐被体积紧凑、调节灵活的中速磨煤机所代替，但单进单出球磨机改成双进双出的球磨机后得到了广泛的应用。它除了具有单进单出钢球磨煤机的优点外，还有如下特点。

① 磨煤机单位电耗低。由于双进双出球磨机对筒体的利用率高，故在出力相同时，磨煤机单位电耗比单进单出筒式钢球磨煤机低。

② 调节负荷能力强。双进双出球磨机储粉能力强，有快速响应锅炉负荷的能力，且运行时靠改变磨煤机通风量来控制给粉量，调节的时滞短。

③ 锅炉低负荷运行时，磨煤机通风量减少，煤粉变得更细，有利于提高燃烧的稳定性。

④ 在一定的负荷范围内运行时，能维持较稳定的风煤比。

（5）影响筒形钢球磨煤机工作的因素

筒式钢球磨煤机是锅炉耗能较大的设备，其工作状态对制粉系统运行的经济性影响很大，下面是影响筒式钢球磨煤机工作的主要因素。

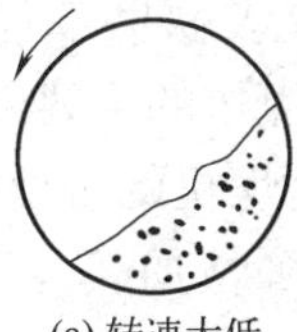

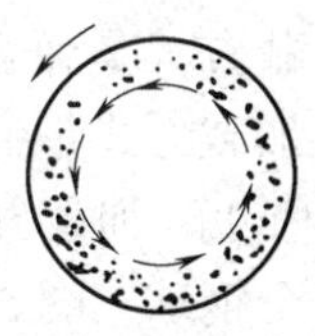

图 5-7　圆筒转速对筒内钢球运动的影响

① 筒体转速。若筒体转速过低，钢球不能被提升到足够的高度，而是随筒体转动形成一个斜面，钢球沿斜面滑下来，撞击作用很小，见图 5-7（a）所示，同时煤粉被压在钢球下面很难被气流带出，以至磨得很细，降低了磨煤机出力。若筒体转速高于钢球随筒体一起做圆周运动的临界转速，在离心力作用下，钢球贴在筒壁，随着圆筒一起旋转而不再脱离，如图 5-7（c）所示，则球的撞击作用完全丧失。显然，筒体的工作转速应保持在小于临界转速的某一适当转速值，如图 5-7（b）所示。我们一般将筒内钢球跌落高度最大、撞击作用最强时的转速称为最佳转速。

② 钢球充满系数 φ 和钢球直径。钢球充满系数表示筒体内钢球装载量的多少，是指钢球体积占筒体体积的比例，简称充球系数 φ。通风量与煤粉细度不变时，若钢球装载量过少，则单位时间撞击次数少，磨煤机碾磨能力差，磨煤出力过小，不经济；但钢球装载量过多时，又会导致磨煤机的功率消耗明显增加。因此，最合适的钢球装载量应使磨煤出力较大，而制粉能耗最低，此时所对应的充球系数称为最佳充球系数。

钢球直径应该按照磨煤电耗与磨煤金属损耗总费用最小的原则选用。当充球系数一定时，钢球直径越小，撞击次数及作用面积越大，磨煤出力提高，但球的磨损加剧。随着球径的减小，球的撞击力减弱，不宜磨制硬煤及大块煤。一般采用的球径为 30 ～ 40mm，当磨制硬煤或大块煤时，则选用直径为 50 ～ 60mm 的钢球。运行中，由于钢球不断磨损，为维持一定的充球系数及球径，应定期向磨煤机内添加钢球。

③ 护甲形状完善程度。形状完善的护甲可增大钢球与护甲的摩擦系数，有助于提升钢球和燃料，使磨煤出力得以提高。磨损严重的护甲与钢球有较大的相对滑动，将有较多能量消耗在钢球与护甲的摩擦上，未能用来提升钢球，磨煤出力明显下降。

④ 通风量。磨煤机内磨好的煤粉，需一定的通风量将煤粉带出。若其他因素相同，通风量过小，不足以将磨好的煤粉携带出来，磨煤机出力减小，磨煤单位电耗升高；而通风量过大，大量的粗粉会被带出磨煤机经粗粉分离器分离后又返回磨煤机内重磨，导致大量的煤粉无益循环，增大通风电耗。最佳磨煤通风量是当钢球装载量不变，制粉单位电耗最小时所对应的磨煤通风量。

⑤ 载煤量。筒式钢球磨煤机滚筒内载煤量较少时，钢球下落的动能只有一部分用于磨煤，另一部分白白消耗于钢球碰撞磨损。随着载煤量的增加，磨煤出力相应增大，但载煤量过大，煤层变厚，钢球的实际跌落高度下降，磨煤出力也降低。最佳载煤量是使磨煤机出力最大时的载煤量。

资源 29：中速磨煤机

3. 中速磨煤机

中速磨煤机主要有四种类型：辊 - 盘式，又称中速平盘磨煤机（LM 型）；辊 - 碗式，又称中速碗式磨煤机（HP 型）；辊 - 环式，又称 MPS 型磨煤机；球 - 环式，又称中速钢球磨煤机（E 型）。

上述四种磨煤机的工作原理基本相同，只是结构有所不同，主要区别在于碾磨部件的形状及磨辊加载方式不同。平盘磨碾磨部件是平盘形磨盘和锥形的磨辊［图 5-8（a）］，加载方式是弹簧加载。HP磨煤机的主要碾磨部件是浅碗形磨盘和锥形的磨辊［图5-8（b）]，加载方式是弹簧机械加载；MPS磨煤机的主要碾磨部件是凹槽形磨环和圆台形磨辊［图5-8（c）]，加载方式是液压加载；E型磨煤机的主要碾磨部件是上下凹槽形磨环和夹在其间的多个钢球［图5-8（d）]，加载方式是弹簧加载。目前大型机组广泛采用的中速磨煤机以MPS中速磨煤机、HP中速磨煤机居多。

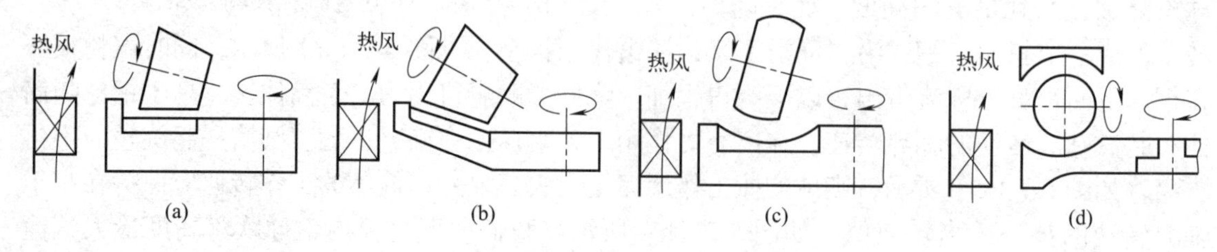

图5-8 中速磨煤机磨盘和磨辊示意图

（1）中速磨煤机的工作过程

① 煤粉制备。磨盘以一定的转速转动，原煤落在磨盘上运动的碾磨部件表面间，在离心力的作用下沿磨盘径向向外沿运动，在磨辊与磨盘间形成煤床，在压紧力作用下受挤压和碾磨而破碎，继续向外溢出磨盘。

② 煤粉的干燥、分离和引出。一次风从下部经磨盘周围风环流入，将煤粉一边干燥一边向上带入粗粉分离器，分离出的合格煤粉进入锅炉燃烧，不合格的粗粉落回磨煤机重磨。

③ 石子煤的处理。煤中夹杂的难以磨碎的石块、铁块、煤矸石等称为石子煤，它在碾磨过程中也被甩到风环处，但由于风环处的风速不足以将其托起，故落到机壳热风室内，然后由石子煤刮板刮入杂物箱中，再由人工定期排出。

（2）HP型磨煤机

HP型中速磨煤机是一种上部带有离心式分离器的浅碗磨煤机，主要由下部磨煤机机体和上部煤粉分离器两部分组成。

① 结构组成。磨煤机机体零部件主要由落煤管、分离器顶盖、内锥体、分离器体、弹簧加载装置、磨碗和磨辊装置、密封空气管、石子煤排出口、减速器等主要部件组成。HP型中速磨煤机结构如图5-9所示。

② 工作原理。电动机通过减速器带动磨碗旋转。原煤从位于磨碗上方的中央落煤管落下，在离心力的作用下，煤粒甩向磨碗四周，当它运动到磨辊与磨碗之间时，被挤压、研磨成粉。热一次风（用来干燥和输送磨煤机内的煤粉）从磨碗下部的侧机体（外壳）进风口进入风室，并围绕磨碗外缘向上穿过磨碗边缘的风环（叶轮装置），旋转的风环（叶轮装置）使气流均匀分布在磨碗边缘并提高了气流的速度，气流携带着煤粉冲击固定在分离器体上的固定折向板。颗粒小且干燥的煤粉被气流携带沿着折向板上升至分离器。风粉气流向上，流经分离器折向门进入内锥体，在离心力的作用下，较粗的煤粉从气流中分离出来，并回落到磨碗进一步磨。煤中的石子煤、铁块等杂物通过风环落到机壳底座（热风室）上，经石子煤刮板排入排渣箱中，再由人工定期排出。

（3）MPS型磨煤机

MPS型磨煤机是一种新型外加压力的辊盘式磨煤机，主要用于燃煤电厂直吹式制粉系

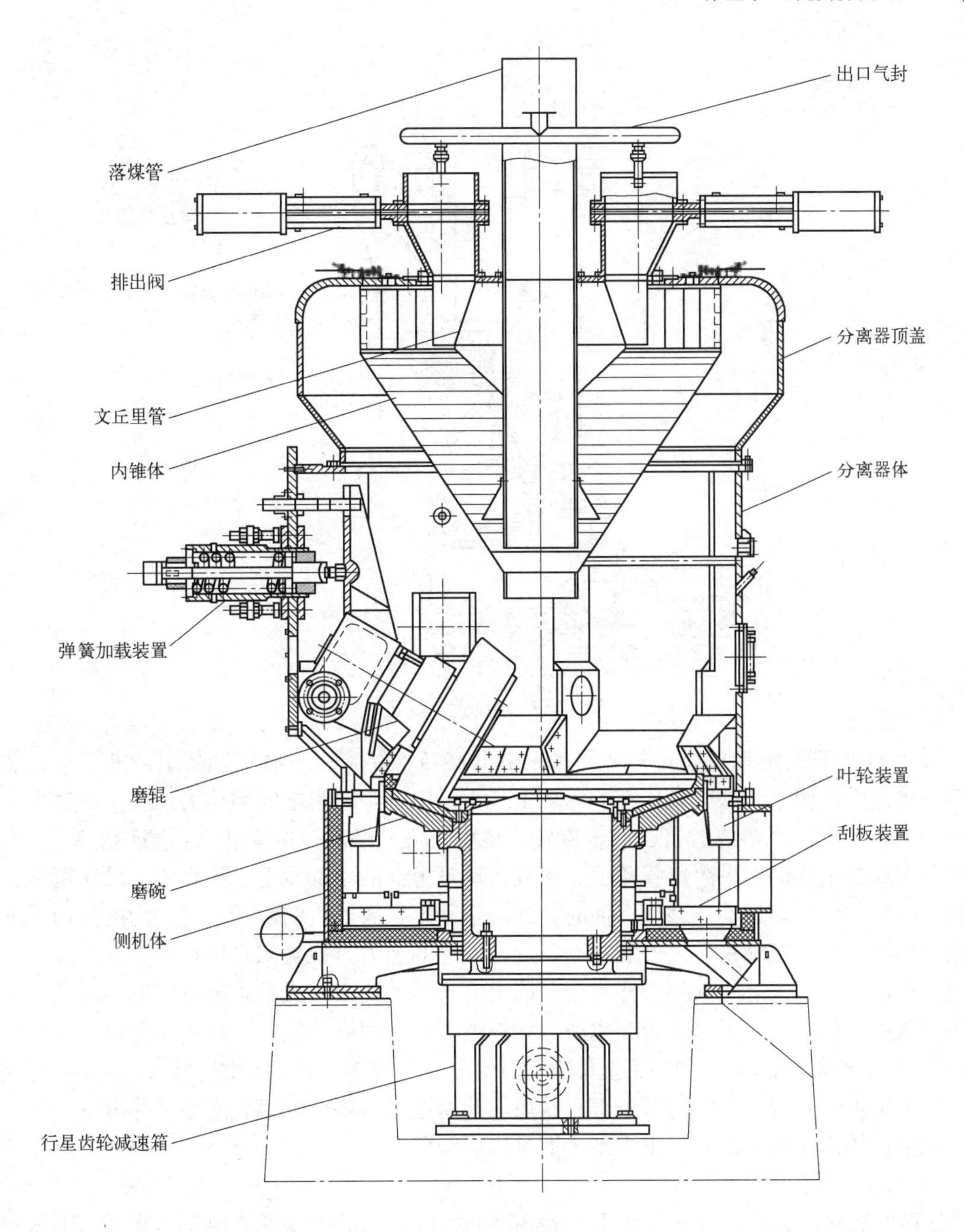

图 5-9 HP 型中速磨煤机结构图

统，应用于碾磨烟煤、高水分的烟煤和褐煤。

① 结构组成。MPS 型磨煤机主要由机体、磨环、磨辊、压架杆、传动盘、风环、减速机、液压缸等组成。磨煤机碾磨件由磨环与磨辊两部分组成，磨盘呈凹槽形，所以一般称磨环，磨辊为圆台形。三个磨辊沿圆周方向相隔 120° 均布于磨环滚道上。每个磨辊有自己的轴，轴安装在轴架上，每个磨辊都可以绕着自己的轴转动。MPS 型磨煤机结构如图 5-10 所示。

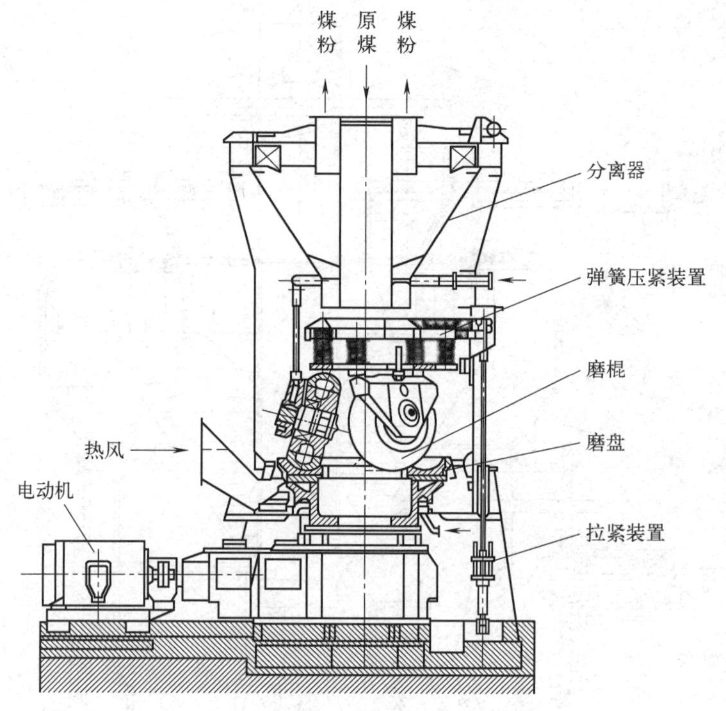

图 5-10 MPS 型中速磨煤机结构图

② 工作原理。电动机通过减速器带动磨环旋转，在施加于磨辊轴架上的液压拉紧装置和自身重量的作用下，磨辊紧压在磨盘环上，于是磨环与磨辊之间因压力产生了摩擦力。在摩擦力的作用下，磨辊绕着自己的轴旋转。也就是说，磨环是主动转动，磨辊是从动转动。原煤从磨煤机上部的中央落煤管落下，落到传动盘上面的伞形罩上。在离心力的作用下，煤粒被甩向四周，当其运动至磨辊下面时，被磨辊碾碎。碾碎后的煤粉在离心力的作用下继续向磨环周围运动。当煤粉通过安装在磨环周围风环的上方时，被来自风环的热一次风送入磨煤机上机体与分离锥之间的环形通道中。因上方边界的约束，煤粉须经分离器折向门，切向进入分离锥内部，并向下运动，在离心力和惯性力的作用下，粗、细粉进行分离。合格的煤粉向上进入煤粉分配器中，继而进入其上面的各一次风管，进入炉膛燃烧；不合格的粗粉返回磨机中重新磨制。煤中的石子煤、铁块等杂物通过风环落到机壳底座（热风室）上，经石子煤刮板排入排渣箱中，再由人工定期排出。

（4）E 型磨煤机

E 型磨煤机的碾磨部件是夹在上下磨环之间自由滚动的大钢球。由于上磨环、钢球和下磨环三者的结构类似英文字母“E”而得名。其下磨环为主动，钢球可以在磨环之间自由滚动，不断地改变旋转轴线位置，可以在整个工作过程中保持其圆度。上磨环能上下垂直移动，通过弹簧或液压 - 气力加载装置使其对钢球施加一定的压力即碾磨力。E 型磨煤机没有磨辊，不需要考虑磨辊轴穿过机壳的密封问题。

（5）优缺点：

中速磨煤机的优点：

① 结构紧凑、金属耗量少、占地面积小、初投资少；

② 运行时耗电量小，特别是低负荷时单位磨煤电耗增加不多；

③ 噪声小，密封性能好；

④ 当配用回转式粗粉分离器时，煤粉均匀性很好。

中速磨煤机的缺点：

① 煤种适应性较球磨机差。碾磨部件易磨损，不适宜磨硬煤和灰分大的煤；

② 由于热风温度不宜太高，也不宜磨水分大的煤。

（6）影响中速磨煤机工作的因素

① 燃料性质。中速磨煤机主要靠碾压方式磨煤，在磨煤机中燃料的扰动和干燥过程并不十分强烈，燃料的水分较大时则容易压成煤饼，造成磨煤出力降低。而燃料的水分较低时则发生滑动，也会造成磨煤出力下降。

② 转动速度。中速磨煤机的转速应以磨煤效果好、磨煤电耗低和研磨部件寿命长为原则。转速过高时，煤的离心力大，煤没有磨碎就通过研磨件、大颗粒煤造成通风阻力、粗粉量以及磨煤通风电耗增加；转速过低时，磨制好的煤粉不能及时被热风带走，细粉量增加，磨煤电耗增加。对于大容量磨煤机，为了降低磨煤电耗，减轻磨煤部件的磨损，磨煤机的转速有降低的趋势。

③ 通风量。磨煤机通风量的大小对磨煤电耗、煤粉细度以及石子煤的排放量等都有影响。因此，中速磨煤机需维持一定的风煤比。

④ 碾磨压力。运行中要求碾磨压力要保持稳定。碾磨压力过大，将加速碾磨件的磨损，过小将使磨煤出力降低、煤粉变粗。

资源30：风扇式高速磨煤机

4. 高速磨煤机

电厂最常用的高速磨煤机是风扇式磨煤机，它的结构类似于风机，主要由工作叶轮和蜗壳组成，如图5-11所示。

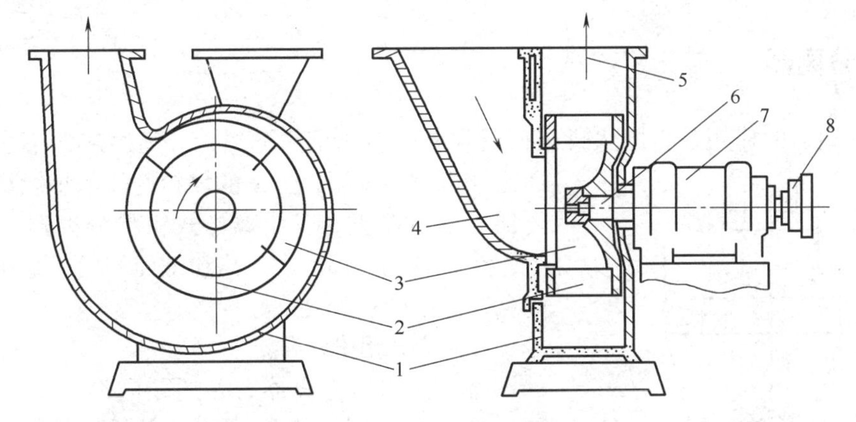

图5-11　风扇式磨煤机

1—张外壳；2—冲击板；3—叶轮；4—风、煤进口；5—气粉混合物出口；6—轴；7—轴承箱；8—联轴器

风扇式磨煤机的工作过程是电动机通过联轴器带动叶轮以500～1500r/min的转速旋转，进而带动从磨煤机入口进入的原煤与被风扇磨煤机吸入的高温干燥介质混合物一起高速旋转，原煤被高速转动的冲击板击碎后抛掷到蜗壳护甲上，煤粒与护甲的撞击以及煤粒的相互撞击，致使煤再次破碎而成为煤粉。煤粉被热空气干燥后，从气粉混合物出口带入到上面的分离器进行粗粉分离，分离下来的煤粉回到风扇磨煤机继续磨制，合格的细煤粉被送入炉内燃烧。

风扇磨煤机可以用热风干燥煤粉，也可以用热风加炉烟作为干燥剂，所以这种磨煤机干燥能力强，可以磨制高水分的煤。风扇磨煤机具有风机的作用，因此可以省去排粉机。风扇磨煤机能同时完成煤的磨制、干燥和煤粉的输送，大大简化了系统。风扇磨煤机具有结构简单，尺寸小，金属耗量少、运行电耗小等优点；它也有缺点，就是叶轮、叶片和护板磨损快，需要及时检修，运行费用大。

四、排粉机

排粉机是制粉系统中气粉混合物流动的动力来源，靠它克服流动过程中的阻力，完成煤粉的气力输送。

按照制粉系统的工作流程，排粉机可以安装在磨煤机之后，也可以安装在磨煤机之前，其两种工作情况各有优缺点：

1. 排粉机安装在磨煤机之后，系统处于负压下工作。

① 排粉机叶片有磨损。排粉机在磨煤机后，因此全部煤粉均通过排粉机，所以排粉机叶片磨损严重，造成增加运行电耗和系统运行可靠性低、维修量大。

② 漏风，无漏粉。磨煤机处于负压运行，会漏风，但不会向外喷粉，工作环境较干净。

2. 排粉机安装在磨煤机之前，系统处于正压下工作。

① 排粉机叶片无磨损。排粉机在磨煤机前，因此通过排粉机的是洁净空气，所以不存在排粉机叶片磨损问题。

② 系统要求排粉机在高温下工作，运行可靠性较低。

③ 无漏风，有漏粉。磨煤机处于正压运行，无漏风，但会向外喷粉，影响环境卫生和设备安全，因此需采取密封措施。

资源 31：粗粉分离器

五、粗粉分离器

粗粉分离器的作用是将磨煤机出口的煤粉进行粗细粉分离，分离出来的不合格粗粉送回磨煤机重新磨制，合格的煤粉送往锅炉燃烧。粗粉分离器有多种类型，其中离心式粗粉分离器使用最为广泛，它具有调节幅度大、出粉细而均匀、适用煤种广等优点，但结构较为复杂。

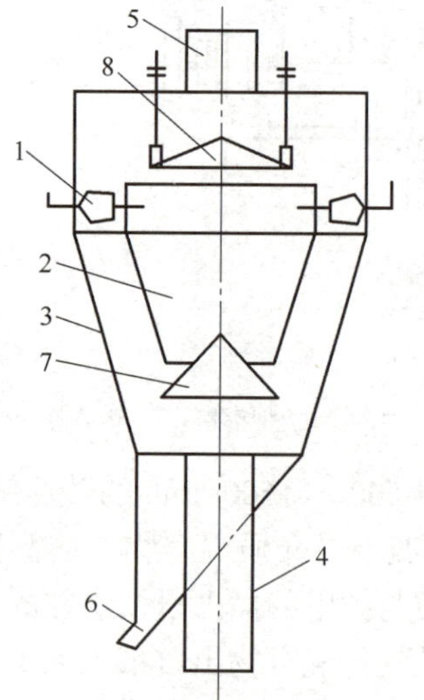

图 5-12　离心式粗粉分离器

1—折向挡板；2—内圆锥体；3—外圆锥体；4—进口管；5—出口管；6—回粉管；7—锁气器；8—圆锥帽

1. 离心式粗粉分离器

离心式粗粉分离器有普通径向型和轴向改进型两种。二者相比，轴向型粗粉分离器结构较复杂、通风阻力大，但是分离效果较好、煤粉均匀、调节幅度宽、回粉中的细粉少，所以广泛采用轴向型粗粉分离器。该分离器由内圆锥体、外圆锥体、调节圆锥帽、可调折向挡板和回粉管等组成，如图 5-12 所示。

从磨煤机出来的气粉混合物自下而上进入分离器锥体，通过内、外圆锥体之间的环形空间时，由于流通截面的扩大，其速度逐渐降低，粗煤粉在重力的作用下从气流中分离出来，经过外圆锥体回粉管返回磨煤机重新磨制，携带细粉的气流则进入分离器上部，经安装在内、外圆柱壳体间环形通道内的折向挡板时产生旋转运动，借撞击和离心力使较粗的煤粉颗粒进一步分离落下，合格的细煤粉被气流从出口管带走。分离下来的粗粉经内圆锥体底部的锁气器，由回粉管返回磨煤机，回粉在下落时与上升的气粉混合物相遇，将其中少量细煤粉带走。这样可以减少回粉中细粉的含量，提高分离效率。在内圆锥体上面装有可上下移动的锥形调节帽，可以调节煤粉细度。

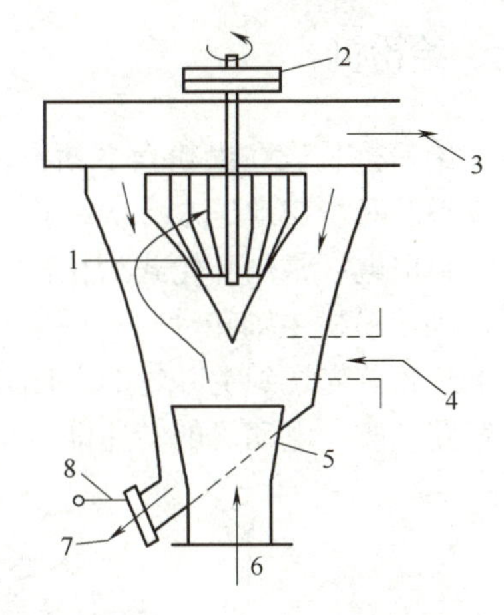

图 5-13　回转式粗粉分离器

1—转子；2—皮带轮；3—合格风粉混合物切向引出口；4—二次风入口；5—进粉管；6—煤粉空气混合物进口；7—粗粉出口；8—锁气器

2. 回转式粗粉分离器

回转式粗粉分离器是一个旋转的分离器，其结构如图 5-13 所示。分离器上部有一个电动机带动的转子，转子上大约有 20 个角钢或扁钢制成的叶片。当煤粉气流自下而上进入分离器时由于通流截面扩大，气流流速降低，部分粗粉在重力作用下分离出来。继续上升的煤粉气进入转子区域，在转子带动下做旋转运动，粗粉在离心力作用下被抛到分离器的筒壁上，沿着筒壁滑落下来，经回粉管返回磨煤机重磨，细粉则由气流携带从上部切向口引出。

改变转子的转速，即可调节煤粉细度。转子转速越高，分离作用越强，气流带出的煤就越细；反之，转速越低，气流带出的煤粉就越粗。

回转式粗粉分离器的特点是：结构紧凑、流动阻力较小、磨煤电耗较低；调节方便，对负荷变化的性能较好；分离出的煤粉较细且均匀性好。但是，这种分离器结构比较复杂，磨损严重，检修工作量大。

资源 32：细粉分离器

六、细粉分离器

细粉分离器也称为旋风分离器，是中间储仓式制粉系统中必不可少的分离设备。它位于粗粉分离器之后，其作用是将煤粉从气粉混合物中分离出来，以便将煤粉储存在煤粉仓中。

该分离器工作原理与离心式粗粉分离器相同，主要是靠旋转运动产生的惯性离心力实现气粉分离的目的，目前电厂常用的小直径旋风细粉分离器如图 5-14 所示。

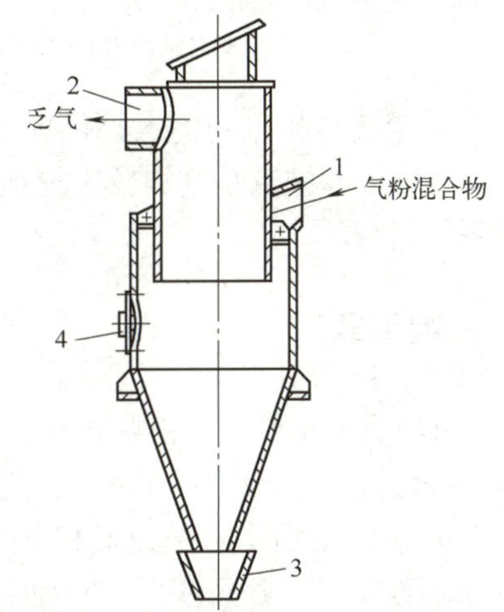

图 5-14　小直径旋风细粉分离器结构图

1—风粉混合物入口；2—被分离后的乏气出口；3—集粉箱；4—人孔

气粉混合物从入口管以 16 ～ 2m/s 的速度，切向送入分离器圆筒的上部，在外圆筒与中心管之间做高速旋转向下的运动，由于离心力的作用，煤粉被抛向筒壁，沿着筒壁下落至筒底的煤粉出口；当气流向下旋转至中心管入口处时，转弯向上进入中心管。此时，煤粉二次分离，被分离出来的煤粉经锁气器进入煤粉仓或螺旋输粉机，气流经中心管引往排粉机。

七、给粉机

资源 33：叶轮式给粉机

给粉机装设在煤粉仓下面，作用是根据锅炉负荷的需要，把煤粉仓中的煤粉及时均匀地送入一次风管中。

目前电厂常用叶轮式给粉机，其结构如图 5-15 所示。当电动机经减速器带动给粉机主轴转动时，固定在轴上的上下叶轮也同时转动，煤粉仓下落的煤粉首先送到上叶轮的右侧，通过固定盘上的落粉孔落入下叶轮右侧的出口，落入一次风管路。改变电动机的转速即可调节给粉机给粉量的大小。

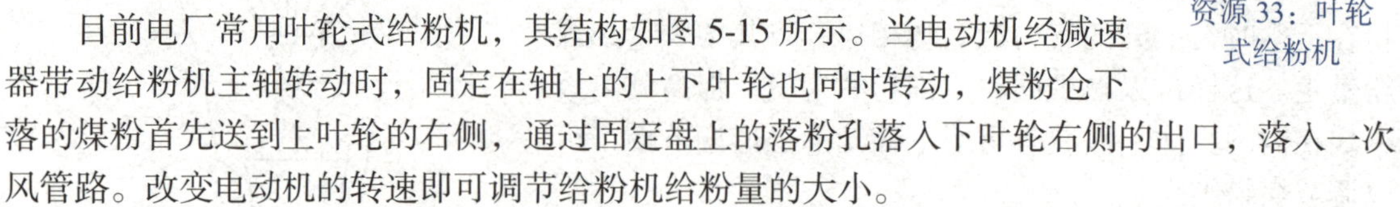

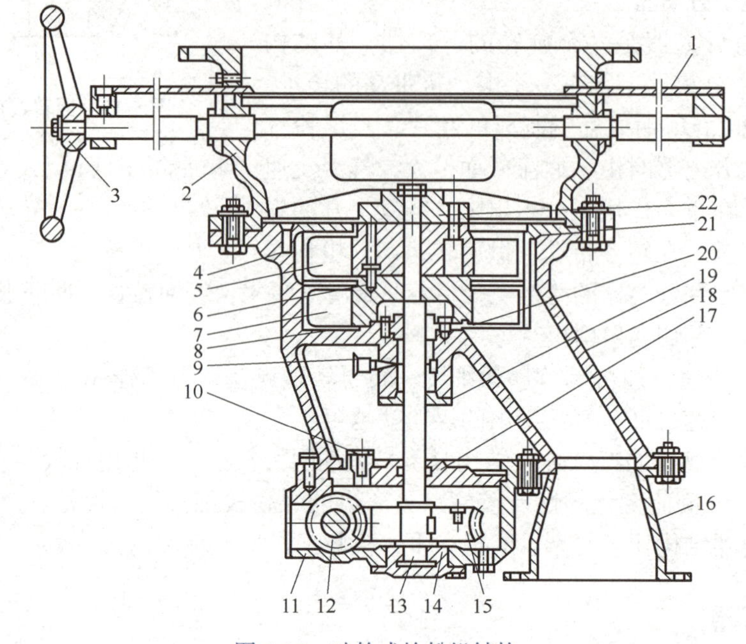

图 5-15 叶轮式给粉机结构

1—闸板；2—上部体；3—手轮；4—供给叶轮壳；5—供给叶轮；6—传动销；7—测量叶轮；8—座；9—黄干油杯；10—放气塞；12—蜗杆；13—主轴；14—圆锥滚子轴承；15—蜗轮；16—出粉管；17—蜗轮减速箱上盖；18—下部体；19—压紧帽；20—油封；21—衬板；22—刮板

叶轮式给粉机的优点是供粉均匀，调节方便，不易发生煤粉自流，又能防止一次风冲入煤粉仓。其缺点是结构较为复杂、电耗较大，而且易被煤粉中的木屑等杂物堵塞，从而影响系统运行。

八、锁气器

资源 34：锁气器

锁气器一般装设在粗粉分离器回粉管和细粉分离器的落粉管等处，它是只允许煤粉通过，而不允许气流通过的设备。锁气器有翻板式和草帽式两种。

如图 5-16 所示，翻板式和草帽式锁气器都是利用杠杆原理，当翻板或活门上的煤粉超过一定数量时，翻板或活门自动打开，煤粉落下；当煤粉减少到一定程度时，翻板或活门又因平衡重锤的作用而关闭。翻板式锁气器可以装在垂直或倾斜的管段上，草帽式锁气器只能装在垂直管段上，翻板式锁气器不易卡住，工作可靠。草帽式锁气器动作灵活，煤粉下落均匀，而且严密性好。

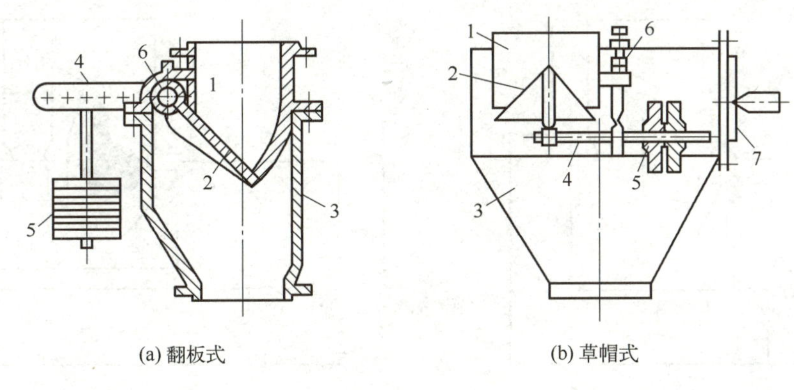

(a) 翻板式　　(b) 草帽式

图 5-16　锁气器

1—煤粉管；2—翻板或活门；3—外壳；4—杠杆；5—平衡重锤；6—支点；7—手孔

第三节 · 制粉系统

制粉系统的任务是将经过破碎、筛分后的原煤进行干燥和磨制，获得规定数量、合格细度和干燥适中的煤粉，供给锅炉燃烧，并根据锅炉的运行情况及时对煤粉量和细度进行调节。

制粉系统可以分为直吹式制粉系统和中间储仓式制粉系统。

一、直吹式制粉系统

资源 35：直吹式制粉系统

直吹式制粉系统是指将磨煤机磨制好的煤粉直接吹入炉膛进行燃烧。每台锅炉所有运行磨煤机制粉量的总和，在任何时候均等于锅炉燃料的消耗量，即制粉量随锅炉负荷变化而变化，因此直吹式制粉系统应与变负荷运行特性较好的中速磨煤机、高速磨煤机或者双进双出球磨机配套使用。

1. 中速磨煤机直吹式制粉系统

中速磨煤机直吹式系统，根据排粉机安装的位置不同，可分为正压和负压两种连接方式，而正压系统又分为冷一次风系统和热一次风系统，如图 5-17 所示。

（1）正压直吹式制粉系统

正压直吹式制粉系统是指将排粉机布置在磨煤机之前，整个系统处于正压下工作，如图 5-17（a）、（b）所示。

图 5-17（a）所示为正压热一次风系统。该系统中，一次风机装在空气预热器和磨煤机之间，一次风机输送的是高温热风。因为空气温度高，所以风机轴承易损坏，运行的可靠性差，风机效率也会因此而下降。

图 5-17（b）所示为正压冷一次风系统，是目前我国大机组普遍采用的制粉系统。该系统中，一次风机布置在空气预热器之前，通过风机的介质为冷空气，使风机的工作条件大为改善，通风电耗也降低，但由于冷一次风机的风压比二次风机的风压高得多，在预热器中需

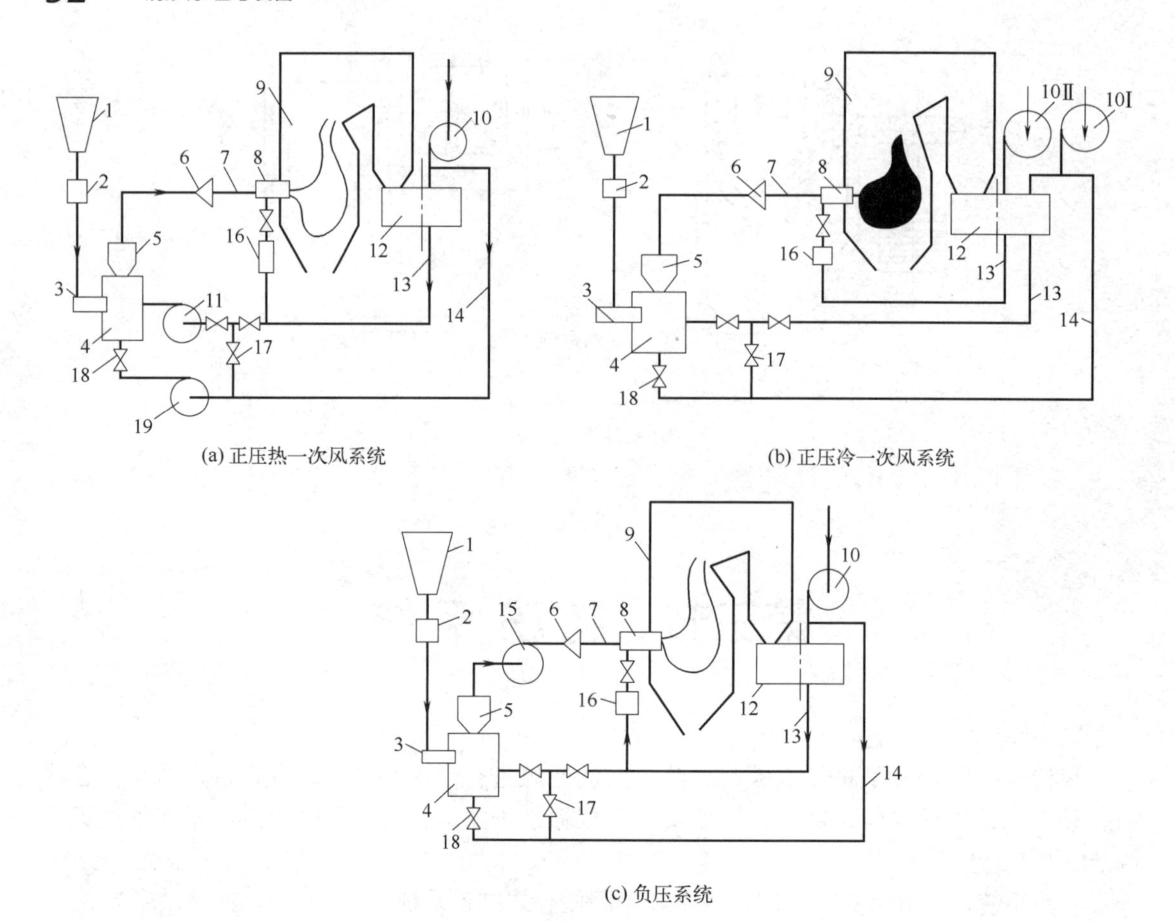

图 5-17 中速磨煤机直吹式制粉系统

1—原煤仓；2—自动磅秤；3—给煤机；4—磨煤机；5—粗粉分离器；6—一次风箱；7—一次风管；8—燃烧器；9—锅炉；10—送风机；10Ⅰ，11—一次风机；10Ⅱ—二次风机；12—空气预热器；13—热风管道；14—冷风管道；15—排粉风机；16—二次风箱；17—冷风门；18—磨煤机密封冷风门；19—密封风机

要有各自不同的通道进行分别加热，这就要求选用三分仓空气预热器。

正压直吹式制粉系统中，一次风机输送的是洁净的空气，不存在叶片磨损问题，冷空气也不会漏入系统，因此，锅炉和制粉系统运行的经济性都比负压系统高。但磨煤机应采取密封措施，否则向外冒粉不仅污染环境，还可能引起煤粉爆炸。

（2）负压直吹式制粉系统

负压直吹式制粉系统是指将排粉机布置在磨煤机之后，整个系统处于负压下工作，如图 5-17（c）所示。

该系统中热空气作干燥剂与原煤一起进入磨煤机，在磨煤机内完成干燥和磨制过程后，随气流进入粗粉分离器，合格煤粉由干燥剂携带送入炉膛燃烧，不合格的煤粉返回磨煤机重新磨制。此外，中速磨煤机下部局部有正压，需要引入一股压力冷风起密封作用，这股冷风称为“密封风”。

负压直吹式制粉系统中，煤粉不会向外喷冒，工作环境比较干净。但是，由于燃烧所需的全部煤粉都通过排粉机，使风机叶片磨损严重，这不仅降低风机效率，增加运行电耗，同时经常更换叶片使运行费用增加，系统的可靠性降低。此外，负压系统漏风量较大，为了维持一定的炉膛过量空气系数，势必减少流经空气预热器的空气量，结果使排烟损失增加，锅炉效率降低。故该系统目前已很少采用。

2. 风扇磨煤机直吹式制粉系统

在风扇磨煤机直吹式制粉系统中，风扇磨煤机代替了排粉机，简化了制粉系统。根据原煤水分不同，国内配风扇磨煤机的直吹式制粉系统磨制烟煤时，大多采用热风作干燥剂；磨制高水分褐煤时，则采用热风掺炉烟作干燥剂，如图 5-18（a）、（b）所示。

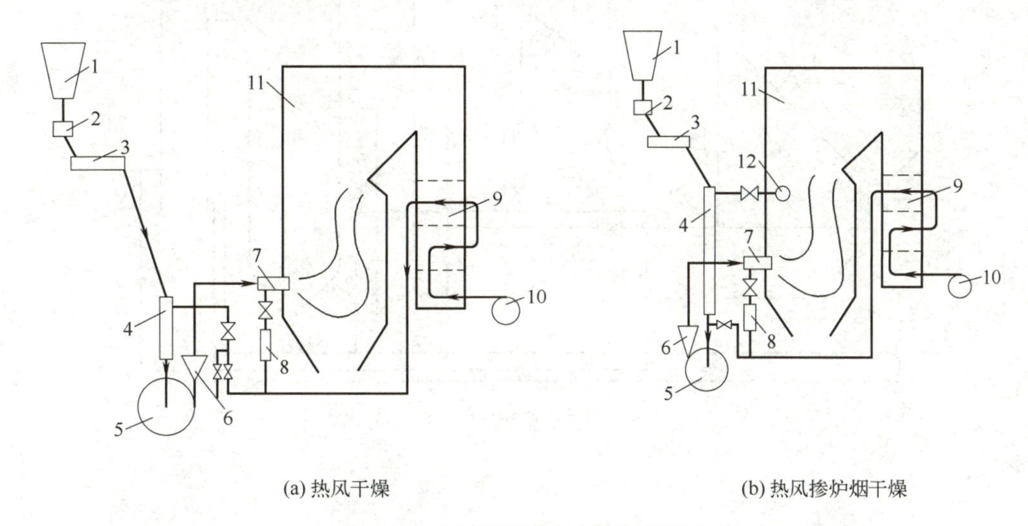

图 5-18　风扇磨煤机直吹式制粉系统

1—原煤仓；2—下煤管；3—给煤机；4—干燥管；5—风扇磨煤机；6—一次风箱；7—燃烧器；8—二次风箱；9—空气预热器；10—送风机；11—锅炉；12—抽烟口

采用热风掺炉烟作干燥剂，不仅增强了制粉系统的干燥能力，而且由于烟气中惰性气体的混入，降低了原干燥剂的氧浓度，大大减少制粉系统自燃爆炸及燃烧器嘴被烧坏的危险性，减少 NO_x 的生成。

二、中间储仓式制粉系统

资源 36：中间储仓制粉系统

中间储仓式制粉系统是将磨制好的煤粉先储存在煤粉仓中，再根据锅炉燃烧的需要通过给粉机将煤粉送入炉膛燃烧。由于气粉分离与煤粉的储存、转运和调节的需要，因此，系统中增加了煤粉仓、细粉分离器、给粉机、排粉机和螺旋输粉机等设备。

1. 中间储仓式制粉系统的工作过程

给煤机将原煤送入磨煤机，热空气和原煤一同进入磨煤机，热空气一边干燥一边将煤粉带出磨煤机进入粗粉分离器，分离器将不合格的粗粉分离出来送回磨煤机重磨，合格煤粉被干燥剂带入细粉分离器进行气粉分离，其中约 90% 的煤粉被分离下来，落入煤粉仓或经螺旋输粉机转送往其他锅炉的煤粉仓中。根据锅炉负荷需要，给粉机将煤粉仓中的煤粉输入一次风管，再送往炉内燃烧。从细粉分离器上部引出的磨煤乏气中，还有约 10% 的细煤粉，为了利用这部分煤粉，一般经排粉机升压后，送入炉内燃烧，以节省燃料并避免其污染环境。

2. 中间储仓式制粉系统的分类

部分约含有 10% 的细煤粉的乏气送入炉内的方式不同，中间储仓式制粉系统还分为热风送粉和乏气送粉，如图 5-19 所示。

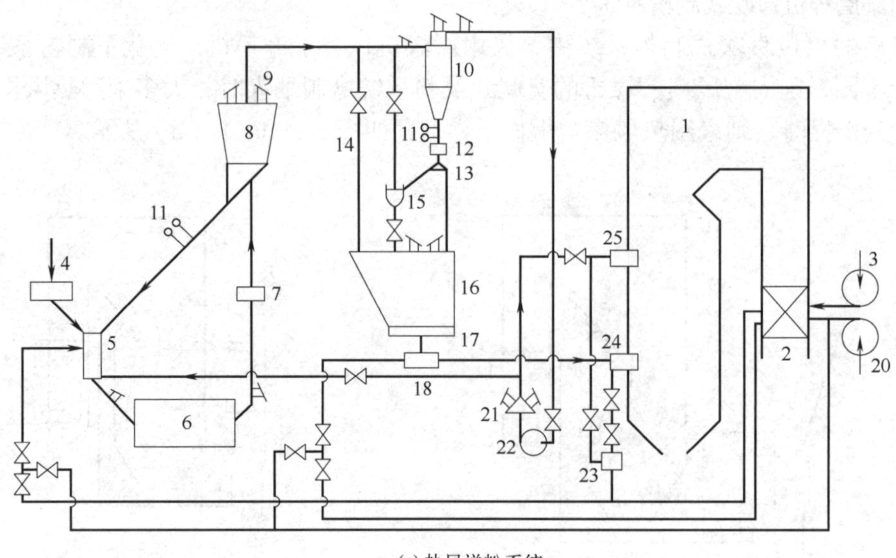

(a) 热风送粉系统

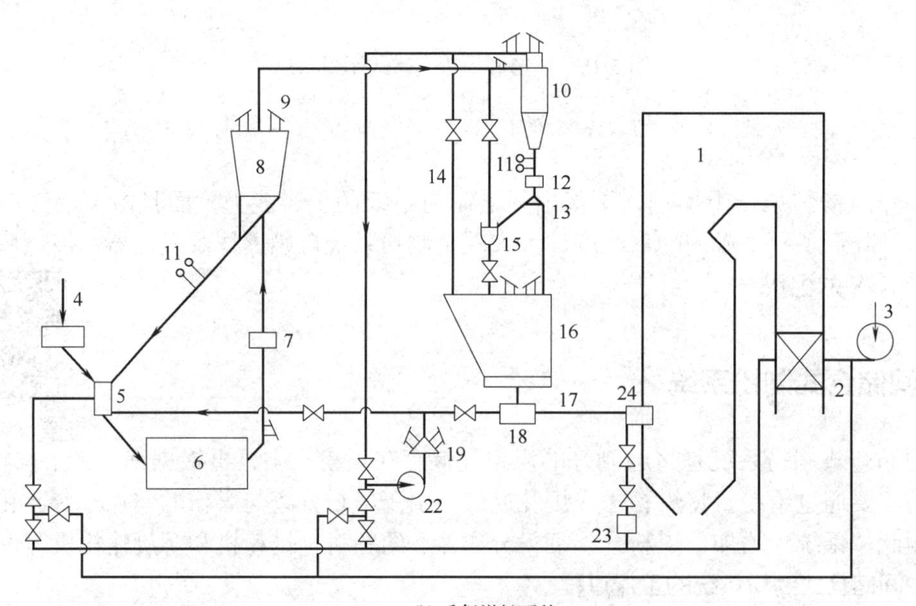

(b) 乏气送粉系统

图 5-19　中间储仓式制粉系统

1—锅炉；2—空气预热器；3—送风机；4—给煤机；5—下降干燥管；6—磨煤机；7—木块分离器；8—粗粉分离器；9—防爆门；10—细粉分离器；11—锁气器；12—木屑分离器；13—换向器；14—吸潮管；15—输粉机；16—煤粉仓；17—给粉机；18—风粉混合器；19—一次风箱；20—一次风机；21—乏气风箱；22—排粉机；23—二次风箱；24—燃烧器；25—乏气喷嘴

（1）热风送粉

热风送粉是将部分约含有 10% 的细煤粉的乏气不作为一次风，而是作为三次风由排粉机直接送入燃烧器的三次风喷口进入炉内燃烧，而用热空气作为一次风把煤粉送入炉内燃烧，这种系统称为热风送粉系统，如图 5-19（a）。热风送粉的特点是一次风的温度较高，所以这对于燃用难着火的无烟煤、贫煤及劣质煤时稳定着火和燃烧具有现实意义。

（2）乏气送粉

乏气送粉是将部分约含有10%的细煤粉的乏气代替热风，然后作为一次风输送煤粉进入炉膛，也称为干燥剂送粉系统，如图5-19（b）所示。它适用于原煤水分M较低、挥发分V较高、易于着火燃烧的烟煤。

三、直吹式制粉系统与中间储仓式制粉系统的比较

（1）直吹式制粉系统的特点

① 系统简单、设备少、布置紧凑、钢材耗量小、投资省、运行电耗低。

② 制粉系统设备的工作直接影响锅炉的运行工况，运行可靠性较差，系统需设置备用磨煤机。

③ 直吹式负压系统的排粉风机磨损严重，对制粉系统工作安全影响较大。

④ 锅炉负荷变化时，燃煤量通过给煤机调节，时滞较大，灵活性较差。

⑤ 由于燃煤与空气的调节均在磨煤机之前，运行中调节各并列一次风管中煤粉和空气的分配比较困难，容易出现风粉不均现象。

（2）中间储仓式制粉系统的特点

① 系统复杂、钢材耗量大、初投资大、运行费用高、煤粉自燃爆炸的可能性比直吹式系统大。

② 由煤粉仓储存煤粉，并可通过螺旋输粉机在相邻制粉系统间调剂煤粉，供粉的可靠性较高。磨煤机可经常在经济负荷下运行，当储粉量足够时可停止磨煤机工作而不影响锅炉正常运行。

③ 锅炉负荷变化时，燃煤量通过给粉机调节，中间环节少，调节方便灵活。

④ 中间储仓式制粉系统还可采用热风送粉，从而大大改善燃用无烟煤、贫煤及劣质煤时的着火条件。

⑤ 排粉机的磨损比直吹式负压系统轻得多。虽然中间储仓式制粉系统也是在负压下工作，但与直吹式负压系统相比，通过排粉机的煤粉量多是经细粉分离器分离后剩余的少量细粉。

复习思考题

1. 锅炉制粉系统生产运行过程中，引起煤粉发生爆炸的因素都有哪些？防止煤粉爆炸的措施有哪些？

2. 什么是煤粉细度？什么是煤粉的经济细度？且怎样确定煤粉的经济细度？

3. 有甲、乙两种煤粉，其R_{90}值相等，但甲种煤粉留在筛面上的煤粉中较粗的颗粒比乙种煤粉要多，而通过标准筛孔的煤粉中较细的颗粒也比乙种煤粉多，问哪种煤粉更均匀些？煤粉不均匀有哪些影响？

4. 什么是煤的可磨性系数？怎样用可磨性系数区分煤种是难磨制的还是易磨制的？

5. 磨煤机根据主研磨部件的转速分为哪三类？对应的转速是多少？

6. 请说出低速球磨机的结构和工作原理。

7. 影响低速球磨机出力的因素有哪些？双进双出球磨机有哪些特点？

8. 说说省煤器、空气预热器、汽包、水冷壁、过热器的作用。

9. 请说出中速磨煤机的结构和工作原理。

10. 中速磨煤机主要有哪几种形式？影响中速磨煤机出力的因素有哪些？

11. 制粉系统的设备组成有哪些？并说出各设备的作用和工作原理。主要有哪几种制粉系统？

12. 什么是直吹式制粉系统和中间储仓式制粉系统？试比较二者之间的区别和特点。

13. 中间储仓式制粉系统主要有哪两种形式？二者之间有何区别？

14. 请绘制中速磨煤机直吹式制粉系统的一次风机系统，并说出其工作原理。

15. 请绘制直吹式制粉系统的负压系统，并说出其工作过程。

16. 请说出粗粉分离器的安装位置、结构组成及工作原理。

17. 请绘制中间储存仓式制粉系统的热风送粉系统流程图，在图上标出各主要部件的名称并说出其工作过程。

燃烧原理及设备

知识目标

① 熟悉煤粉气流的燃烧过程，理解影响煤粉气流着火和燃烧的因素及强化措施。

② 掌握燃烧器的种类及结构、工作原理、布置等。

③ 了解煤粉炉炉膛结构布置和结渣问题。

能力目标

① 能够分清三种燃烧区域的区别；能够正确叙述强化燃烧的基本条件。

② 能根据燃烧器的外形结构区分燃烧器的类型，并能够正确叙述各种燃烧器的工作原理、结构组成和煤种的适应性。

③ 能够正确分析影响煤粉结渣的因素，并能正确提出防止结渣的有效措施。

第一节 · 煤粉燃烧的基本原理

燃烧过程是一个复杂的物理、化学的综合过程。燃料的燃烧一般是指燃料中的可燃物质与空气中的氧化剂之间进行的发热与发光的高速化学反应，反应所生成的物质称为燃烧产物。燃料与氧化剂若是同一物态，如气体燃料在空气中的燃烧称为均相燃烧；若不是同一物态，如固体燃料在空气中的燃烧，则称为多相燃烧。电厂锅炉中煤粉的燃烧属于多相燃烧，反应是在燃料固体表面进行的。

一、燃烧速度和燃烧区域

资源 37：燃烧的基本原理

1. 燃烧速度

燃烧速度是指单位时间内消耗的燃料量。煤粉的燃烧速度关键是碳粒的燃烧速度。它取决于两方面因素：碳和氧的化学反应速度和氧的扩散速度。最终的燃烧速度决定于两个速度中较慢者。

实际上，在炉内燃烧过程中，反应物的浓度、炉膛压力变化较小，可以忽略不计，因此煤粉的燃烧速度主要与温度和氧的扩散速度有关。

2. 燃烧区域

在不同的温度下，由于化学反应条件与气体扩散条件的影响是不同的，燃烧过程可能处于以下三个不同的区域：

（1）动力燃烧区

当温度较低时（< 1000℃），碳粒表面的化学反应速度较慢，化学反应的耗氧量远远小于供应到碳粒表面的氧量，燃烧速度主要取决于化学反应动力因素（温度和燃料反应特性），而氧的扩散过程对燃烧速度影响很小，因而将这个反应温度区称为动力燃烧区。在该区域内，温度对燃烧过程起着决定性的作用，提高燃烧速度的有效措施应该是提高反应系统的温度。

（2）过渡燃烧区

当温度在 1000 ～ 1400℃之间时，碳粒表面的化学反应速度与氧的扩散速度相差不多，化学反应速度和氧的扩散速度都对燃烧速度有影响，将这个反应温度区称为过渡（中间）燃烧区。在该区域内，提高反应系统温度和改善碳粒与氧的扩散混合条件，都可使燃烧速度增大。

在煤粉炉中，只有那些粗煤粉在炉膛的高温区才有可能接近扩散燃烧。在炉膛燃烧中心以外，煤粉是处于过渡区甚至动力区燃烧的。因此，提高炉膛温度和改善氧的扩散速度都可以强化煤粉的燃烧过程。

（3）扩散燃烧区

当温度很高时（> 1400℃），化学反应速度随温度升高而急剧增大，碳粒表面化学反应的耗氧量远远超过氧的供应量，扩散到碳粒表面的氧不能满足化学反应的需要，氧的扩散速度已成为制约燃烧速度的主要因素，将这个反应温度区域称为扩散燃烧区。在该区域内，提高燃烧速度的有效措施应该是增大气流与碳粒的相对速度或减小碳粒直径。

二、煤粉的燃烧过程

资源 38：煤粉的燃烧过程、条件和强化

煤粉随同空气以射流的形式经燃烧器喷入炉膛，在悬浮状态下燃烧形成煤粉火炬，从燃烧器出口至炉膛出口，煤粉的燃烧过程大致分为三个阶段。

1. 着火前的准备阶段

着火前准备阶段是吸热阶段，是指煤粉气流喷入炉内至着火这一阶段。在此阶段内，煤粉气流被炉膛中的烟气不断加热，温度逐渐升高。煤粒受热后，首先水分蒸发，接着干燥的煤粉进行热分解析出挥发分。挥发分析出的数量和成分决定于煤的特性、加热温度与速度。一般认为，从煤粉中析出的挥发分先着火燃烧。挥发分燃烧放出的热量又加热碳粒，碳粒温度迅速升高，当碳粒加热至一定温度并有氧补充到碳粒表面时，碳粒着火燃烧。

2. 燃烧阶段

煤粉气流着火以后进入燃烧阶段，它是放热阶段，主要是挥发分和焦碳的燃烧。当温度升高到一定值时，煤粒表面的挥发分首先着火燃烧，放出的热量对煤粒直接加热。煤粒被加热到一定温度并有氧补充到其表面时，煤粒首先局部着火，然后扩展到整个表面。

3. 燃烬阶段

燃烬阶段是燃烧阶段的继续。煤粉经过燃烧后，碳粒变小，表面形成灰壳，大部分可燃质已燃尽，只剩少量残余碳粒继续燃烧，成为灰渣。由于残余碳粒常被灰分和烟气所包围，空气很难与之接触，另一方面在燃烬阶段中，氧浓度相应减少，气流的扰动减弱，燃烧速度明显下降，燃烧放热量小于水冷壁的吸热量，烟温逐渐降低，故燃烬阶段的燃烧反应进行得十分缓慢，用时最长。

据有关资料表明，97% 的可燃质是在 1/4 的燃烧时间内燃尽的，3% 的可燃质的燃尽却用了 3/4 的燃烧时间。

三、煤粉迅速完全燃烧的条件

（1）相当高的炉膛温度

温度是燃烧化学反应的基本条件，对燃料的稳定着火、迅速燃烧、快速燃尽均有重大的影响，维持炉内适当高的炉温是至关重要的。但炉内温度过高时，需要考虑锅炉结渣问题。

（2）适量的空气供应

适量的空气供应是为燃料提供足够的空气，它是燃烧反应的初始条件。空气供应不足，可燃物得不到足够的氧气，也就不能达到完全燃烧。但空气量太大，又会导致炉温下降及排烟损失增大。

（3）煤粉与空气的良好扰动和混合

煤粉与空气的良好混合是燃烧反应的重要物理条件。混合使炉内热烟气回流对煤粉气流进行加热，以使其迅速着火。混合使炉内气流强烈扰动，对煤粉在燃烧阶段向碳粒表面提供氧气，向外扩散 CO_2，以及燃烧后期促使燃料燃尽，都是必不可少的条件。

（4）足够的炉内停留时间

燃料在炉内停留足够的时间，才能达到可燃物的高度燃尽，这就要求有足够大的炉膛容积。炉膛容积与锅炉容量成正比。当然，炉膛容积也与燃料燃烧特性有关，易于燃烧的燃料，炉膛容积可相对小些。如相同容量的锅炉，烧无烟煤的炉膛容积要比烧烟煤的炉膛容积稍大些。

四、煤粉气流着火的强化

影响煤粉气流着火的主要因素概括起来主要有燃料因素、设备结构因素、运行因素。

（1）燃煤性质

燃煤中的挥发分、灰分、水分对煤粉着火均有一定影响。

挥发分是判别煤粉着火特性的主要指标。挥发分高的煤，着火温度低，所需着火热少，着火容易。而且挥发分高的煤，其火焰传播速度快，燃烧速度也较快。

原煤灰分在燃烧过程中不但不能放热，而且还要吸热。特别是当燃用高灰分的劣质煤时，由于燃料本身发热量低，燃料的消耗量增大，大量灰分在着火和燃烧过程中要吸收更多热量，因而使得炉内烟气温度降低，同样使煤粉气流的着火推迟，也影响了着火的稳定性，而且灰壳对焦炭核的燃烬起阻碍作用，所以煤粉不易烧透。

水分多的煤，着火需要的热量就多。同时由于一部分燃烧热消耗在加热水分并使其蒸发、气化和过热上，导致炉内烟温水平降低，从而使煤粉气流卷吸的烟气温度以及火焰对煤粉气流的辐射热都降低，这对着火显然是不利的。

（2）煤粉细度

煤粉越细，进行燃烧反应的表面积越大，加热升温快，单位时间内煤粉吸热量越多，着火越快。由此可见，对于难着火的低挥发分煤，将煤粉磨得更加细一些，无疑会加速它的着火过程。煤粉越细，燃烧越完全。

（3）一次风温

提高一次风温可以减少着火热，从而加快着火。因此对于难着火的无烟煤、劣质煤或某些贫煤，应适当提高空气预热器出口的热风温度，并采用热风送粉制粉系统。

（4）一次风和二次风的配合

一次风量以能满足挥发分的燃烧为原则。一次风量和一次风速提高都对着火不利。一次风量增加，煤粉气流加热到着火温度所需热量增加，着火点推迟。一次风速高，着火点靠后；一次风速低，会造成一次风管堵塞，还可能烧坏燃烧器。一次风温高，煤粉气流达到着火点所需的热量少，着火点提前。

二次风混入一次风的时间应合适。如果在着火前提前混入，着火推迟；如果混入过迟，着火后的燃烧缺氧。二次风一下子全部混入一次风对燃烧也是不利的，因为二次风的温度远低于火焰温度，大量低温的二次风混入会降低火焰温度，燃烧速度减慢，甚至造成熄火。

二次风速一般应大于一次风速。二次风速比较高，才能使空气与煤粉充分混合；二次风速又不能比一次风速大太多，否则会迅速吸引一次风，使混合提前影响着火。

总之，二次风混入应及时而强烈，才能使混合充分，燃烧迅速完全。

燃用低挥发分煤时，应提高一次风温，适当降低一次风速，选用较小的一次风率，对煤粉的着火燃烧有利。

燃用高挥发分煤时，一次风温应低些，一次风速高些，一次风率大些。有时，有意使二次风混入一次风的时间早些，将着火点推后，以免结渣或烧坏燃烧器。

（5）着火区的炉温

煤粉气流在着火阶段温度较低，燃烧处于动力燃烧区，迅速提高着火区的炉温可加速着火。影响着火区炉温的因素较多，如炉膛热负荷、炉内散热条件、锅炉运行负荷等。

五、煤粉气流的燃烧与强化

煤粉气流着火后就进入燃烧中心区，强化燃烧既要加强氧的扩散混合，又不得降低炉温。

（1）及时送入二次风

一次风中的氧气很快耗尽，碳粒表面缺氧限制了燃烧过程的发展，及时供应二次风并加强一、二次风的混合，是强化燃烧的基本途径。所谓及时是指二次风应在煤粉气流着火后立即混入。混入过晚，氧气量供应不足，将会使燃烧速度减慢，不完全燃烧损失增加；混入过早，相当于增加了一次风量，增加了着火热，使着火推迟。

（2）较高的炉温

炉膛温度高，有利于对煤粉的加热，着火时间可提前，燃烧迅速，也容易达到燃烧完全。但炉膛温度也不能太高，要注意防止炉膛结渣和过多的氮氧化物形成等问题。

（3）二次风温和风速

一般来说，二次风温越高，越有助于燃烧，并能在低负荷运行时增强着火的稳定性。但是二次风温的提高受到空气预热器传热面积的限制，传热面积越大，金属耗量就越多，不但增加投资，而且将使预热器结构庞大，不便布置。

二次风速除了补充燃烧所需的空气外，还通过紊流扩散加强一、二次风的混合，二次风以较高的速度喷入，一般都大于一次风速，其最佳值取决于煤种和燃烧器形式。

六、煤粉气流的燃烬与强化

大部分煤粉都在燃烧区燃尽，只剩少量粗碳粒在燃烬区继续燃烧。燃烬区的燃烧条件较差，燃烧速度非常缓慢，燃烬过程时间很长。为了提高燃烧过程的完全程度，减少未完全燃烧热损失，强化燃烬过程是非常重要的。燃烬区的强化主要靠延长煤粉气流在炉内的停留时间来保证。具体措施如下：

① 选择适当的炉膛容积和高度，保证煤粉在炉内停留时间。

② 改善火焰在炉内的充满程度。火焰所占容积与炉膛的几何容积之比称为火焰充满程度。充满程度愈高，炉膛有效容积愈大，可燃物在炉内的实际停留时间愈长。

③ 强化着火与燃烧区的燃烧，使着火与燃烧区火炬行程缩短，在一定炉膛容积内等于增加了燃烬区的行程，延长了煤粉在炉内的燃烧时间。

④ 选择合适的炉膛出口过量空气系数。空气系数过小会造成燃烬困难，过大会造成炉内温度低和热损失增加，所以应依据不同的燃料和燃烧设备选择最佳空气系数。

⑤ 保证煤粉细度，提高煤粉均匀度。煤粉越细，燃烧速度越快，煤粉完全燃烧所需的时间就越短。

第二节 · 煤粉燃烧器

煤粉燃烧器是燃煤锅炉燃烧设备的主要部件。它的主要任务是：

① 输送煤粉和空气。

② 组织煤粉和空气及时充分混合。

③ 保证燃料快速稳定着火，完全燃烧。

煤粉燃烧器根据气体流动情况可分为直流煤粉燃烧器和旋流粉煤燃烧器，其中出口气流为直流射流的燃烧器为直流煤粉燃烧器；出口气流包含有旋转射流的燃烧器为旋流粉煤燃烧器。

一、直流煤粉燃烧器

资源 39：直流煤粉燃烧器

直流煤粉燃烧器的出口是由一组矩形、圆形或多边形喷口组成。燃烧用空气和煤粉气流分别从不同喷口以直流射流的形式喷入炉膛。根据流过介质的不同，喷口可分为一次风口、二次风口和三次风口。直流煤粉燃烧器各层风的作用如下：

① 一次风的作用。将煤粉送入炉膛，并供给煤粉初始着火阶段中挥发分燃烧所需的氧量。

② 二次风的作用。二次风在煤粉气流着火后混入，供给煤中焦炭和残留挥发分燃尽所需的氧量，保证煤粉完全燃烧。

③ 三次风的作用。在中间储仓式制粉系统中，由于细粉分离器分离出来的乏气中带有约 10% 的细煤粉，当这部分乏气由单独的喷口回收送入炉膛内燃烧时，形成三次风。三次风含有少量煤粉，风速高，对煤粉燃烧过程有强烈的混合作用，并补充燃烬阶段所需要的氧气。三次风的特点是温度低、水分大、煤粉细。

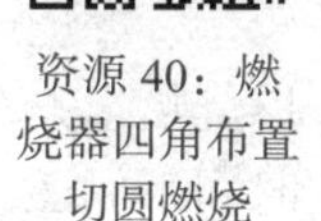
资源 40：燃烧器四角布置切圆燃烧

1. 直流煤粉燃烧器的布置及燃烧方式

直流煤粉燃烧器一般布置在炉膛四角上，如图 6-1 所示。由于四个角上的燃烧器的几何轴线与炉膛中央的一个假想圆相切，就形成了切圆燃烧方式。

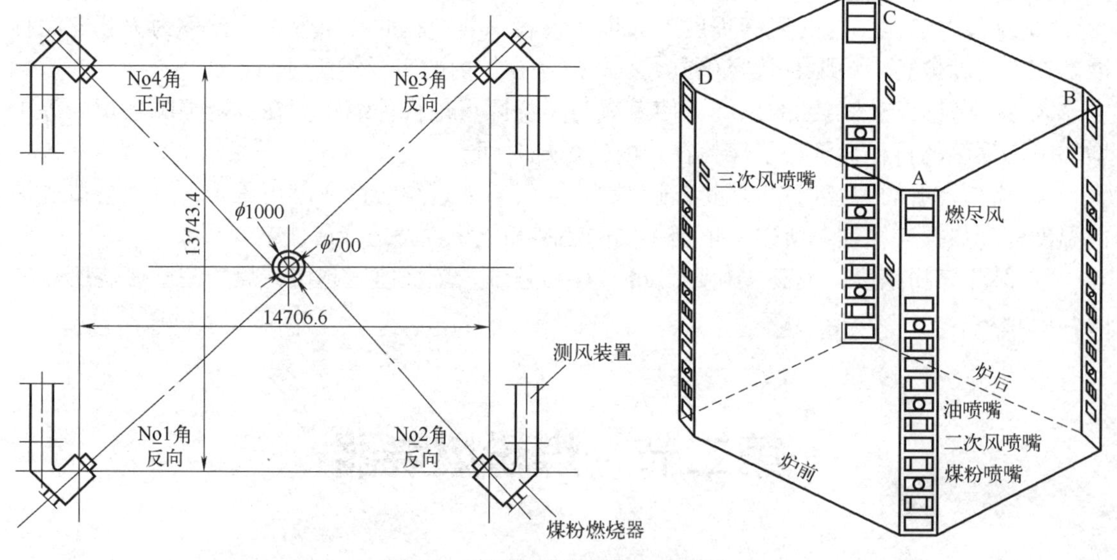

图 6-1　直流煤粉燃烧器四角布置

所谓四角切圆燃烧就是煤粉气流在射出喷口时，是直流射流，但当四股气流到达炉膛中心部位时，以切圆形式汇合，形成旋转燃烧火焰，同时在炉膛内形成一个自下而上的旋涡状气流，如图 6-2 所示。

切圆燃烧的炉内空气动力工况对煤粉的燃烧有很大的影响。

① 着火快。

② 炉膛中心温度高，气流射程长，加强了煤粉气流、空气和烟气的混合，加速了煤粉气流的燃烧。

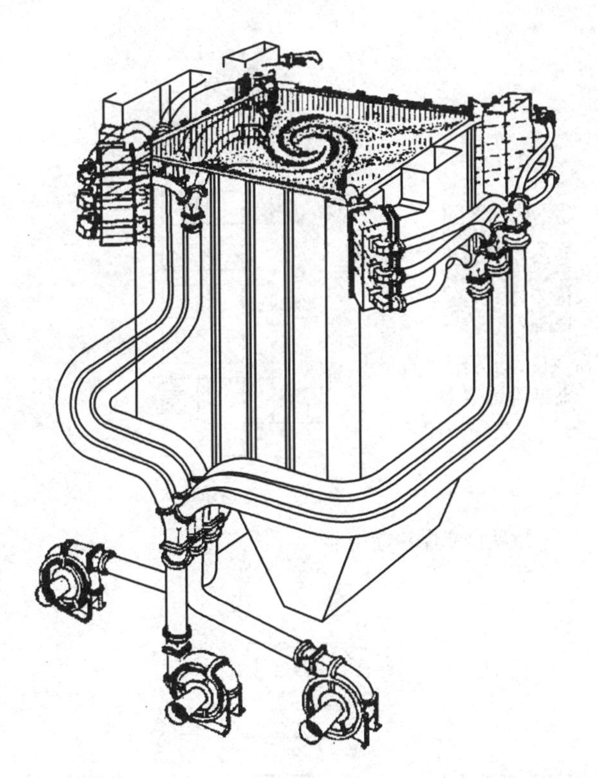

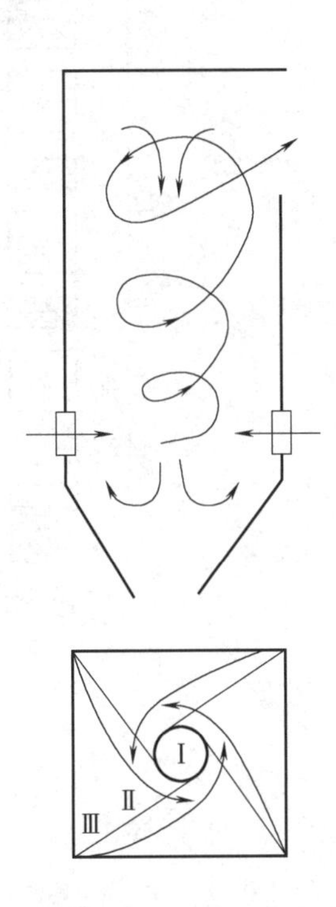

图 6-2 四角切圆燃烧

③ 气流旋转螺旋上升，加强了火焰在炉内的充满程度，同时也延长了可燃物在炉内的停留时间。

2. 直流煤粉燃烧器的分类

根据煤种不同，直流煤粉燃烧器的一次、二次风口有不同的排列方式，大致可分为两种，即均等配风直流煤粉燃烧器和分级配风直流煤粉燃烧器。

（1）均等配风直流煤粉燃烧器

均等配风方式是指一、二次风喷口相间布置或并排布置，即在两个一次风喷口之间布置一个或两个二次风喷口，或在每个一次风喷口的背火侧布置二次风喷口。

在均等配风方式中，由于一、二次风喷口间距较近，一、二次风自喷口流出后能很快混合，使煤粉气流着火后能及时获得空气而不致影响燃烧，故一般适用于挥发分含量较高的烟煤和褐煤，所以又叫烟煤 - 褐煤型直流燃烧器，如图 6-3（a）和（b）所示。

（2）分级配风直流煤粉燃烧器

分级配风方式是指把燃烧用的二次风分级分阶段地送入煤粉气流中，即将一次风喷口较集中地布置在一起，二次风喷口分层布置，且一、二次风喷口之间保持较大的距离，便于控制一、二次风混合时间，使二次风不会过早过多地全部混入一次风中，而是根据燃烧需要分批送入，提高一次风着火的稳定性，为煤粉的完全燃烧和燃尽提供充足的氧气，这种燃烧器适用于挥发分含量较低的贫煤、无烟煤和劣质烟煤，所以又叫作无烟煤型直流燃烧器，如图 6-4 所示。

(a) 适用烟煤　(b) 适用褐煤

图 6-3　均等配风直流煤粉燃烧器

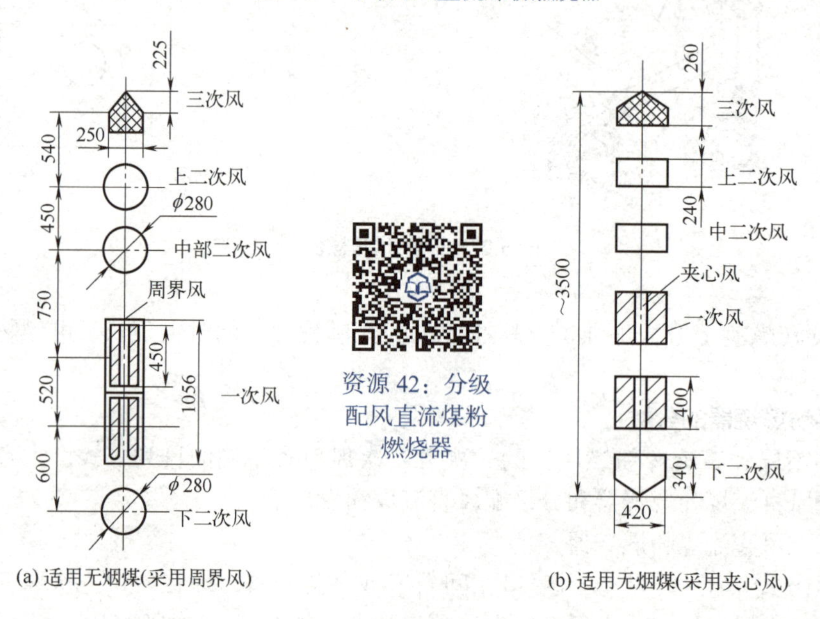

(a) 适用无烟煤(采用周界风)　(b) 适用无烟煤(采用夹心风)

图 6-4　分级配风直流煤粉燃烧器

二、旋流煤粉燃烧器

资源 43：旋流煤粉燃烧器

旋流煤粉燃烧器是利用旋流器使气流产生旋转运动，其喷口截面均为圆形，故又称圆形燃烧器。

1. 旋流煤粉燃烧器布置及炉内工况

旋流煤粉燃烧器一般采用前墙和两面墙的布置方式。

（1）前墙布置

燃烧器沿炉膛高度方向布置成一排或几排，这样可以得到较长的火炬，各燃烧器煤粉均匀。但炉内气流扰动不强烈，燃烧后期混合较差，炉内火焰充满程度不佳，如果调节不当，火焰喷射到后墙容易结渣，如图 6-5（a）所示。

（2）两面墙布置

燃烧器可采用前后墙和两侧墙交叉或对冲布置，如图 6-5（b）所示。

两面墙交叉布置时，两方炽热火炬互相穿插，改善了炉内火焰充满程度，如图 6-5(b-1）所示；两面墙对冲布置时，两方火炬在炉室中央对撞，可加强煤粉和高温烟气的混合，如图 6-5（b-2）所示。

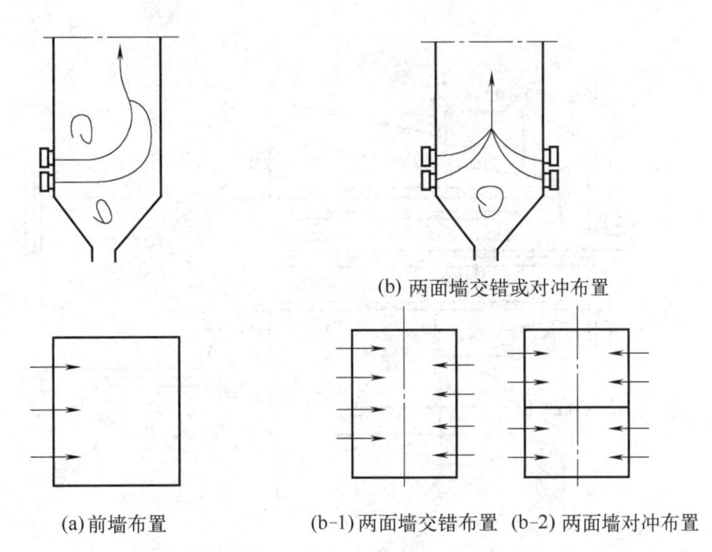

图 6-5　旋流煤粉燃烧器布置

2. 旋流射流的特性

旋流煤粉燃烧器喷射出的气流是旋转运动，既有向前运动的轴向速度和向四周扩散的径向速度，又有使射流旋转的切向速度。与直流射流相比，旋转射流有许多不同的特点。

① 射流速度衰减快。切向速度比轴向速度的衰减要快，切向速度的衰减造成气流旋转效应会消失，混合较差；轴向速度的衰减造成气流的射程较短。

② 具有内外两个回流区，卷吸周围介质的能力较强，依靠回流区稳定着火。旋转射流有强烈的卷吸作用，能将中心和外缘的气体带走，造成负压区，形成内外两个周界面，在射流中心产生负压，吸引高温烟气反向流到射流根部，形成内回流区，是煤粉气流着火的主要热源；射流外边界靠紊流扩散卷吸烟气，形成外回流区。

③ 旋转强度。随着旋转强度的增加，扩展角增大，回流区和回流量也随之增大，而射流衰减却越快，射程也越短。初期混合强烈，后期混合弱。

3. 旋流燃烧器形式

旋流燃烧器是利用旋流器使气流产生旋转运动的，常用的旋流器有蜗壳、切向叶片及轴向叶片三种形式。

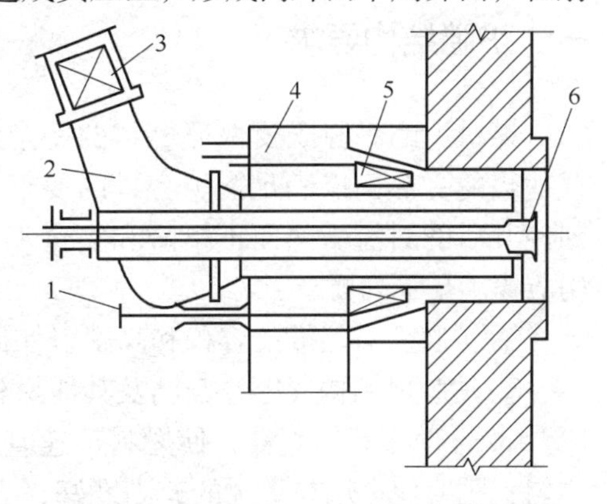

图 6-6　轴向叶轮式旋流燃烧器结构

1—拉杆；2—一次风管；3—一次风舌形挡板；4—二次风管；5—二次风叶轮；6—油喷嘴

① 轴向叶轮式旋流燃烧器，其结构如图 6-6 所示。该燃烧器一次风气流为直流或靠舌形挡板

产生弱旋射流。二次风气流则通过叶片旋流器产生旋转。叶轮可在轴向移动，在运行中可通过调节叶轮的位置来改变二次风的旋转强度，从而达到调整燃烧的目的。目前这种燃烧器主要用于燃用烟煤和褐煤的大、中型锅炉上。

② 切向叶片型旋流燃烧器，其结构如图 6-7 所示。一次风气流为直流或弱旋射流，二次风通过切向叶片旋流器产生旋转。一般切向叶片做成可调式，改变叶片的倾斜角即可调节气流的旋转强度。

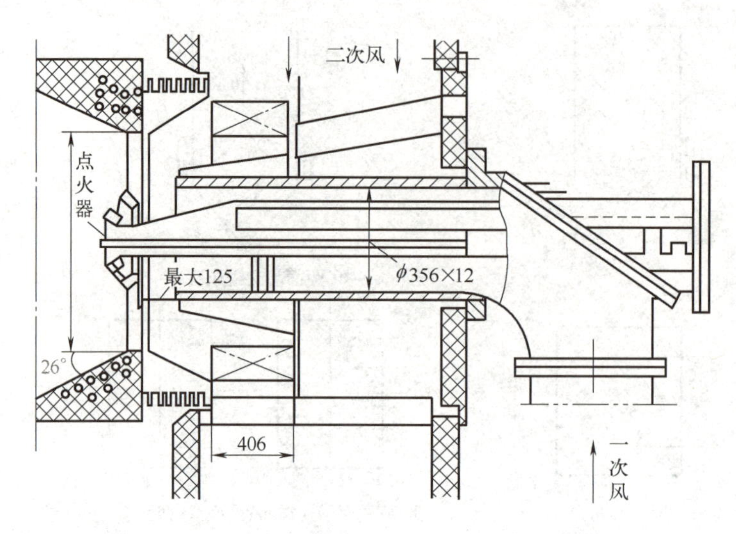

图 6-7 切向叶片型旋流燃烧器结构

第三节 · 煤粉炉炉膛

煤粉炉是以煤粉为燃料进行燃烧的，供煤粉燃烧的地方就是炉膛，也称为燃烧室。

一、炉膛结构要求

资源 44：煤粉炉炉膛

煤粉炉的炉膛既要保证燃料的完全燃烧，又要合理组织炉内换热、布置适当的受热面以满足锅炉容量的要求，并使烟气到达炉膛出口时被冷却到使其后的对流受热面不结渣和安全工作所允许的温度。因此，炉膛的结构应当满足下列要求：

① 炉膛要有足够的容积和高度以保证燃料在炉内的停留时间并完全燃烧。

② 炉膛要结构紧凑，金属及其他材料用量少。

③ 合理布置燃烧器，使燃料迅速着火；有良好的炉内空气动力场，使各壁面的热负荷均匀；既要使火焰在炉膛的充满度好、减少气流的死滞区，又要避免火焰冲墙、避免结渣。

④ 能够布置适当的蒸发受热面，满足锅炉容量的要求；炉膛出口烟气温度适当以确保炉膛出口及以后受热面不结渣。

二、炉膛热负荷指标

炉膛的截面形状一般为矩形。炉膛的几何特性是它的宽度、深度和高度，这些几何尺寸是保证燃料完全燃烧的重要因素之一，它们会影响到炉膛热负荷，即燃料每小时输入炉膛的平均热量（炉膛热功率）。最常用的炉膛热负荷指标有容积热负荷和截面热负荷。

1. 炉膛容积热负荷 q_V

炉膛容积热负荷 q_v 是指单位时间送入炉膛单位容积的平均热量，以燃料收到基低位发热量计算，可以表示为：

$$q_v = \frac{BQ_{\mathrm{ar,net}}}{V_1}$$

式中　V_1——炉膛容积，$\mathrm{m^3}$；

B——燃料消耗量，kg/h；

$Q_{\mathrm{ar,net}}$——燃料收到基低位发热量，kJ/kg。

q_v 越大，炉膛容积越小，炉膛越紧凑，投资越小。但 q_v 过大，则单位炉膛容积在单位时间内的燃料量过大，炉内烟气流量增加，烟气流速加快，煤粉在炉内停留时间短，燃烧不完全，同时炉膛容积相对较小，布置足够的水冷壁有困难，不但难以满足锅炉容量的要求，而且会使燃烧区域及炉膛出口的烟气温度升高，从而导致炉内及炉膛出口后的对流受热面结渣。q_v 过小，则会使炉膛容积过大，不但造价高，同时会使炉内温度水平降低，燃烧不完全，着火也困难，甚至可能熄火。

2. 炉膛截面热负荷 q_A

炉膛截面热负荷 q_A 是指热负荷按炉膛截面积计算，单位时间送入炉膛的平均热量，以燃料收到基低位发热量计算，可表示为：

$$q_A = \frac{BQ_{\mathrm{ar,net}}}{A_1}$$

式中　A_1——燃烧区域炉膛截面积，$\mathrm{m^2}$。

如果 q_A 值过高，说明炉膛截面积小，炉膛横截面周界也小，炉膛呈瘦高形，燃料在燃烧区域放出的热量，周围没有足够的水冷壁受热面去吸收它，使温度过高，当然对着火有利，但却容易引起燃烧器附近受热面结渣。反之，如果 q_A 过低，炉膛呈矮胖形，烟气不能充分利用炉膛容积，在离开炉膛时还未得到充分的冷却，会使炉膛出口以后的受热面结渣；同时 q_A 过低，燃烧器区域的温度降低，虽然不会结渣，但对着火是不利的。因此，必须选择合适的炉膛容积热负荷和截面热负荷。

三、固态排渣煤粉炉结渣

煤粉炉的结渣在固态排渣煤粉炉中，熔融的灰黏结并积聚在受热面或炉壁上的现象，叫作结渣或结焦。

1. 结渣的过程和原因

（1）结渣的过程

在炉膛高温区域内，燃料中的灰分一般为液态或呈软化状态。随着烟气的流动，烟温会因水冷壁吸热而不断降低。当接触到受热面或炉墙时，如果烟中的灰粒已冷却到固体状态，就不会造成结渣，如果烟中的灰粒仍保持软化状态或熔化状态，就会黏结在壁面上，形成结渣。结渣通常发生在炉内和炉膛出口的受热面上。

（2）结渣的原因

形成结渣的主要原因是炉膛温度过高或灰的熔点过低。

造成炉膛温度过高的原因有：

① 炉膛设计的容积热强度过大或锅炉超负荷运行，使温度过高；

② 火焰偏斜，使高温火焰靠近水冷壁；

③ 炉底漏风等使火焰中心上移，以至炉膛出口烟温增高，都容易引起结渣。

造成灰熔点过低的原因有：炉内空气供应不足，燃料与空气混合不充分等都会在炉内产生较多的还原性气体，以致灰的熔点降低，引起或加剧了结渣。

吹灰、除渣不及时也会加剧结渣，这是因为积灰、结渣的壁面粗糙，容易结渣，而且随着渣面温度的升高，结渣将越来越严重。

2. 结渣的危害

结渣会严重危害及影响锅炉运行的安全性和经济性，并造成以下不良后果。

① 受热面上结渣时，会使传热减弱，工质吸热量减少，排烟温度升高，排烟热损失增加，锅炉效率降低。

② 炉内结渣时，炉膛出口烟温升高，导致过热汽温升高，加上结渣不均匀造成的热偏差，很容易引起过热器超温损坏。此时，为了不使过热器超温，也需要限制锅炉蒸发量。

③ 受热面结渣时，为了保持蒸发量，就必须增加风量，如果通风设备容量有限，加上结渣容易使烟气通道局部堵住，而使风量增加不上去，锅炉只好降低蒸发量运行。

④ 水冷壁结渣，会使自身各部分受热不均，以致膨胀不均或水循环不良，引起水冷壁管损坏。

⑤ 炉膛上部结渣掉落时，可能会砸坏冷灰斗的水冷壁管。

⑥ 燃烧器喷口结渣，会使炉内空气动力工况受破坏，从而影响燃烧过程的进行，喷口结渣严重而堵住时，锅炉只好降低蒸发量运行，甚至停炉。

⑦ 冷灰斗处结渣严重时，会使冷灰斗出口逐渐堵住，使锅炉无法继续运行。

总之，结渣不但严重危及锅炉安全运行，还可能使锅炉降低蒸发量运行，甚至停炉，而且增加了锅炉运行和检修工作量，所以应尽最大努力来减轻和防止锅炉结渣。

3. 防止结渣的措施

预防结渣主要从防止炉温过高和防止灰熔点降低着手。主要措施如下。

① 防止壁面及受热面附近温度过高。炉膛容积热强度、炉膛断面热强度要设计合理；避免锅炉超负荷运行，控制炉内温度水平，防止结渣；堵塞炉底漏风，降低炉膛负压，不使漏入空气量过大；直流燃烧器尽量利用下排燃烧器，旋流燃烧器适当加强二次风旋流强度等都能防止火焰中心上移，以免炉膛出口结渣。

② 防止炉内生成过多还原性气体。保持合适的空气动力场，不使空气量过小，能使炉内减少还原性气体，防止结渣。

③ 加强运行监视，及时吹灰除渣。运行中应根据仪表指示和实际观察来判断是否有结渣。一旦发现结渣，应及时清除。此外，吹灰器也可对受热面进行定期的吹灰。

④ 做好燃料管理，制造出合格的细度和均匀度煤粉等。尽量避免燃料多变，清除煤中的石块，均可使炉膛结渣的可能性减小，或者因煤粉落入冷灰斗又燃烧而形成结渣。

复习思考题

1. 什么是均相燃烧和多相燃烧?

2. 什么是燃烧速度?影响燃烧速度的因素有哪些?

3. 碳粒燃烧的动力区、扩散区和过渡区分别有何特点?可采取什么措施强化这三区的燃烧?

4. 煤粉迅速完全燃烧的条件有哪些?

5. 煤粉气流在炉内燃烧过程分哪几个阶段?各阶段的特点和要求是什么?

6. 请简要分析一下影响煤粉气流着火的主要因素及强化着火的措施。

7. 什么是四角切圆燃烧?直流燃烧器四角布置、切圆燃烧方式有什么特点?

8. 请叙述燃烧器的作用、要求及分类。

9. 直流煤粉燃烧器主要有哪些类型以及它们的特点、适合的煤种有哪些?

10. 旋流燃烧器有哪些主要类型?旋流射流的特性是什么?

11. 煤粉炉膛的作用和要求是什么?影响结渣的因素有哪些?如何防止结渣?

第七章 汽水系统

知识目标

① 掌握自然循环的工作原理、蒸发设备的组成及作用。
② 了解省煤器的作用和种类；掌握省煤器的结构和工作原理。
③ 掌握过热器的作用、结构及工作过程。
④ 掌握再热器的作用、结构及工作过程。
⑤ 了解过热器和再热器的积灰和高温腐蚀。

能力目标

① 能熟练正确地叙述自然循环的工作原理；能正确认识汽包锅炉蒸发设备的组成及各部件的作用。
② 能正确说明省煤器的作用、基本类型、结构特点及工作过程。
③ 能正确说明汽包、水冷壁等设备的作用、结构及工作过程。
④ 能清楚说明采用过热器和再热器的意义，以及过热器和再热器的类型及布置位置；能正确叙述过热器和再热器的作用、工作和结构特点。
⑤ 能说出积灰和高温腐蚀的定义、产生原因及防止的措施。

第一节・自然循环原理与系统

按工质在蒸发受热面中的流动方式，将锅炉分为自然循环锅炉和强制流动锅炉两大类。自然循环锅炉蒸发受热面内工质流动是靠下降管中的水和水冷壁中的汽水混合物的密度差推动的；而强制流动锅炉蒸发受热面内工质流动主要是借助水泵的压头推动的。强制流动锅炉有直流锅炉、控制循环锅炉和复合循环锅炉三种类型。

一、自然循环的工作原理

资源 45：自然循环原理与设备组成

炉膛四周的水冷壁吸收炉膛内火焰和烟气的辐射热，会使水冷壁内的水蒸发形成汽水混合物，而下降管中的水的密度大于水冷壁中的汽水混合物的密度，在下联箱两侧就会因工质的密度差产生重位差，此压差将推动工质在水冷壁中向上流动，在下降管中向下流动，因此形成自然循环。

二、自然循环蒸发系统组成

自然循环锅炉蒸发系统主要包括汽包、下降管、联箱、水冷壁及连接管道等，其中，汽包、下降管、联箱等部件布置在炉外不受热，水冷壁布置在炉内，接受火焰和烟气的辐射热。

其工作流程如图 7-1 所示：从省煤器来的给水先进入汽包，经下降管、下联箱输送到水冷壁，水在水冷壁内吸收高温烟气的热量，部分水蒸发并形成汽水混合物，进入上联箱汇合后，经引出管回到汽包进行汽水分离。分离出来的饱和蒸汽从饱和蒸汽引出管送到过热器，分离下来的水则进入下降管再次循环。这样由汽包、下降管、水冷壁、联箱及连接管道所组成的闭合回路，称为循环回路。

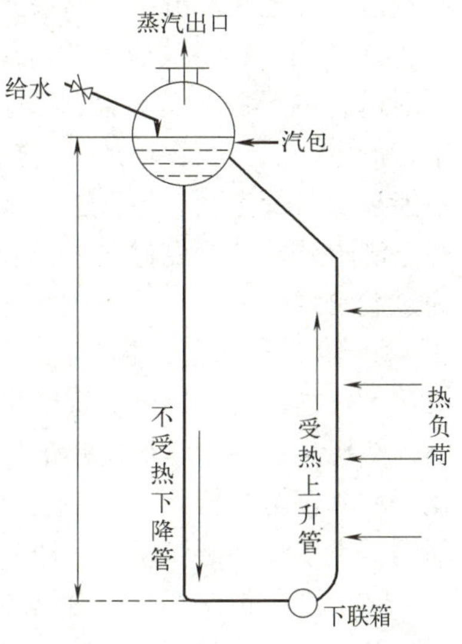

图 7-1 自然循环工作流程

三、自然循环常见故障及措施

自然循环锅炉在实际运行中，可能会发生一些使循环不正常或不安全的情况，常见的故障有循环停滞和倒流、水冷壁的沸腾传热恶化等。

1. 循环停滞和倒流

并列水冷壁管的受热不均匀是造成循环停滞和倒流的基本原因。

（1）循环停滞和倒流现象

当并列工作的水冷壁管受热不均匀时，受热弱的管子产汽量少，造成汽水混合物的密度大，因此水冷壁和下降管内工质的密度差就会减小，运动压头下降，循环推动力也就减小，因而管内的工质流速降低。当管子受热少到一定程度，工质流速接近或等于零时称为循环停滞。这时管内工质几乎不流动，热量的传递主要依靠导热，虽然管子热负荷较低，但因热量不能及时带走，管壁仍可能超温。此外，由于停滞管的不断蒸发而进水量很少，长期停滞时锅水含盐浓度增大，将造成管壁结垢和腐蚀。

循环倒流是由于水冷壁受热不均，各水冷壁管工质的重力压头不一样，就会使具有上下联箱的并列水冷壁管中受热最弱的管子里发生循环倒流，使原来工质向上流动的水冷壁变成了工质自上而下流动的受热下降管，这类管子称为“倒流管”，该管就变成了一根受热的下降管。倒流一般没有危害，只有当蒸汽向上的速度与倒流水速相近时，会使汽泡集聚、长大，形成汽塞。汽塞处的管壁可能造成管子过热或疲劳损坏。

（2）循环停滞和倒流应对措施

减小并列水冷壁管的受热不均匀和流动阻力，可有效地防止循环停滞和倒流。为此，电厂锅炉在结构和布置上采取的措施如下。

① 减小并列水冷壁管的受热不均。按受热情况划分循环回路、改善炉角边管的受热情况，可以采用平炉顶结构等。

② 降低循环回路的流动阻力。采用大直径集中下降管等。

2. 水冷壁的沸腾传热恶化

（1）沸腾传热恶化现象

沸腾传热恶化是一种不良的传热现象，主要表现是管壁对沸腾工质的放热系数急剧下降，管壁温度随之迅速升高。沸腾传热恶化可分为第一类沸腾传热恶化和第二类沸腾传热恶化。

① 第一类沸腾传热恶化。当水冷壁管受热时，水在管子内壁面上开始蒸发，形成许多小汽泡，分散在液流中，如果此时管外的热负荷不大，小汽泡可以及时地被管子中心水流带走，并受到"趋中效应"的作用力，向管子中心转移，而管子中心的水不断地向壁内补充，这时的管内沸腾称为核态沸腾。如果管外的热负荷很高，汽泡就会在管子内壁面上聚集起来，产生一层汽膜，增加了传热热阻，此时管子壁面与管中的水换热差，就会导致管壁热量不能被及时带走而超温，这种现象就称为膜态沸腾，也称为第一类传热恶化。由核态沸腾向膜态沸腾开始转变的过程中，管子壁面部分被汽膜覆盖，部分仍处于汽泡沸腾，这种现象称为过渡沸腾。

② 第二类沸腾传热恶化。因水冷壁质量含汽率较高，使管子内的水膜被蒸干，也可能被速度较高的气流撕破，管壁得不到水冷却，其放热系数明显下降，这种现象就是第二类沸腾传热恶化。在自然循环锅炉的水冷壁中，在正常运行状态下不出现"蒸干"导致的传热恶化。在非正常运行状态下一旦出现第二类传热恶化，虽然开始时壁温并不太高，但含盐量较高的锅水水滴润湿管壁时，盐分沉积在管壁上，也会造成传热恶化。

（2）沸腾传热恶化应对措施

防止沸腾传热恶化的途径主要有：一是防止沸腾传热恶化的发生；二是把沸腾传热恶化发生位置推移至热负荷较低处，使其管壁温度不超过许用值。一般采取的措施有以下几点：

① 降低受热面的局部热负荷，可使传热恶化区管壁温度下降。

② 保证较高的质量流速。提高质量流速，可以大幅度地降低传热恶化时的管壁温度，还可提高临界含汽率，使传热恶化的位置向低热负荷区移动或移出水冷壁工作范围而不发生传热恶化。

③ 采用特殊的水冷壁管内结构措施。可以采用扰流子管、内螺纹管等，使流体在管内产生旋转扰动，增加边界层的水量，以增大临界含汽率，传热恶化位置向后推移。

第二节 · 蒸发设备

蒸发设备是锅炉的重要组成部分，其作用是吸收炉膛内火焰和烟气的辐射热，使水蒸发变成饱和蒸汽。

一、汽包

资源 46：汽包的结构

汽包又称为锅筒，是锅炉重要部件之一。

1. 汽包的结构

锅筒是由钢板焊接而成的长圆筒形容器，由筒体和两端的封头组成。锅筒两端的封头焊接在筒体上。在封头中部上开有椭圆形或圆形人孔。筒体上有很多管孔，并焊上短管，称管座，用以连接各种管子，如图 7-2 所示。

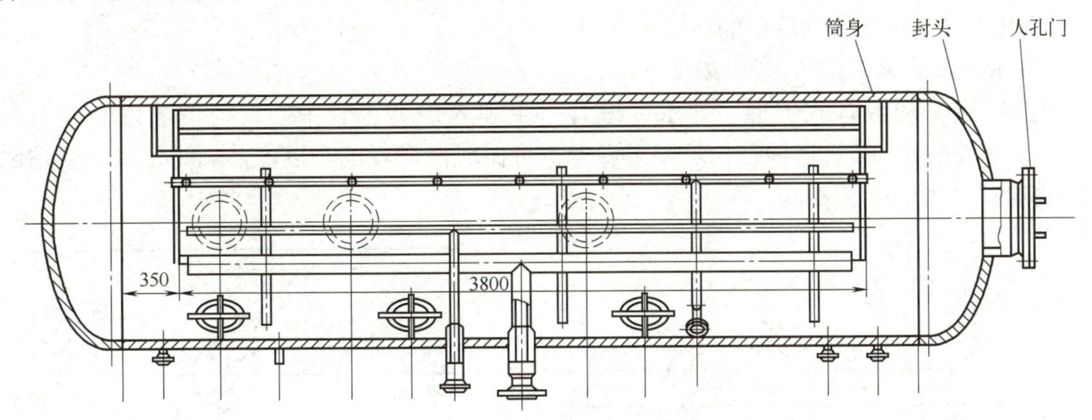

图 7-2　汽包的结构

2. 汽包的作用

汽包是锅炉最重要的受压元件，其作用主要有以下几种。

① 是工质加热、蒸发与过热三个过程的连接枢纽。接受锅炉给水，同时向蒸汽过热器输送饱和蒸汽，连接上升管和下降管构成循环回路。

② 增加了锅炉的蓄热量。锅炉蓄热量的变化是依靠汽压的变化来实现的。汽包中储存一定量的饱和水，具有一定的蒸发能力，储存的水量愈多，适应负荷变化的能力就愈大。

③ 汽包内装有各种净化装置。如汽水分离装置、蒸汽清洗装置、排污及加药装置等，从而改善蒸汽品质。

④ 汽包上装有压力表、水位计和安全门等附件，保证了锅炉安全工作。

二、水冷壁

水冷壁一般布置在炉膛内壁四周，它是由连续排列的管子组成，若干根并列的管子与其进、出口联箱构成一个水冷壁管屏，而若干组水冷壁管屏并列围成的立体空间便是炉膛。

资源 47：水冷壁

1. 水冷壁的作用

水冷壁是锅炉蒸发设备中唯一的受热面，其主要作用有以下几种。

① 吸收辐射热。水冷壁内的工质吸收炉膛内烟气的辐射热量，使部分水蒸发成饱和蒸汽。

② 保护炉墙。冷却炉墙使其温度下降，便于采用轻型炉墙。

③ 降低炉膛附近和炉膛出口的烟气温度，使炉膛出口烟温冷却到灰的软化温度以下，防止结焦。

2. 水冷壁的分类

水冷壁可分为光管水冷壁和膜式水冷壁两种类型。

（1）光管水冷壁

光管水冷壁是用外形光滑的管子连续排列而成的。光管水冷壁的结构要素有管子外径 d、管壁厚度 δ、管中心节距 s、管中心与炉墙内表面之间的距离 e，如图 7-3 所示。

水冷壁管子排列的紧密程度一般用相对管中心节距 s/d 表示。s/d 越小，管子排列越紧密，对炉墙保护越好。

现代大型锅炉光管水冷壁的结构特点如下：

① 水冷壁管紧密排列，其 s/d=1 ～ 1.1。

② 广泛采用敷管式炉墙，即水冷壁管一半埋入炉墙至管中心线与炉墙内表面重合（e=0），并使 s/d=1.05。这种结构炉墙温度低，可做成薄而轻的炉墙，并能简化水冷壁炉墙悬吊结构，如图 7-4 所示。

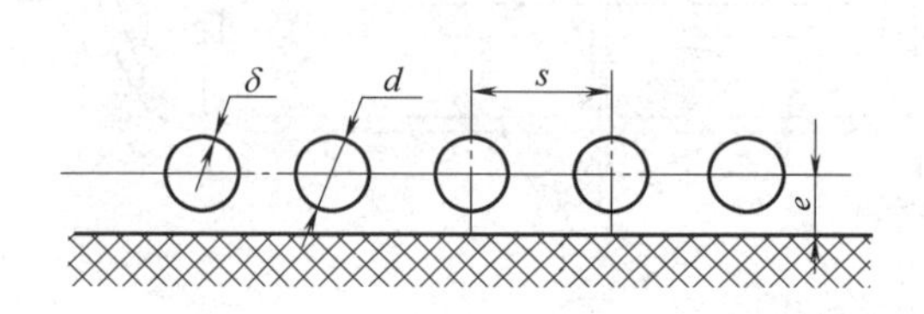

图 7-3　水冷壁结构要素

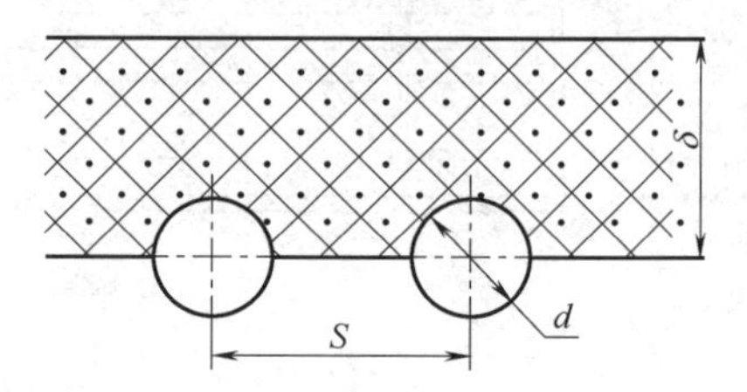

图 7-4　敷管式炉墙结构

（2）膜式水冷壁

膜式水冷壁由鳍片管连接而成，如图 7-5 所示。主要有两种类型：一种是在光管之间焊接扁钢制成，称焊接鳍片管［图 7-5（a）］工艺简单，但焊接量较大；一种是由轧制的鳍片管拼焊制成，称轧制鳍片管［图 7-5（b）］，水冷壁热应力小，但工艺复杂，成本较高。

资源 48：膜式水冷壁

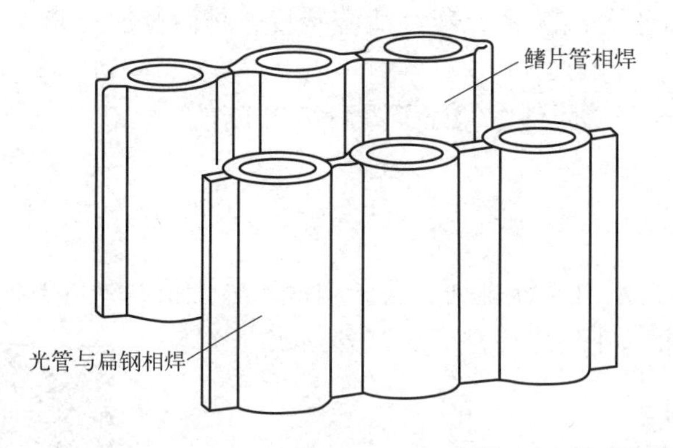

(a) 焊接鳍片管(光管与扁钢焊)

(b) 轧制鳍片管(鳍片管相焊)

图 7-5　膜式水冷壁

现代大型锅炉广泛采用膜式水冷壁，其优点如下：

① 炉膛气密性良好，漏风小；

② 全部面积吸收炉膛辐射热，节省金属材料；

③ 对炉墙的保护最彻底，使炉墙厚度减轻，简化了炉墙的悬吊结构；

④ 能承受较大的侧向力，增加了抗爆能力；

⑤安装工作量减少。

膜式水冷壁缺点如下：

制造、检修工艺复杂；运行中为防止管间产生过大的热引力，一般相邻管间温差不大于 50℃。

三、下降管

下降管布置在炉外，不受热。

（1）下降管的作用

下降管的作用是把汽包内的水连续不断地通过下联箱供给水冷壁，保证水冷壁中有连续流动的工质，确保水冷壁的安全运行，同时维持正常的水循环。

（2）下降管的类型

下降管上接汽包，垂直引至炉底，有小直径分散型和大直径集中型。小直径分散型下降管直接与各下联箱连接，大直径下降管通过小直径分配支管引出接至各下联箱，以达到均匀向水冷壁配水的目的。

现代大型锅炉都采用大直径集中下降管，一般采用 4 ～ 6 根大直径集中型下降管，以减少下降管的流动阻力，利于自然循环，并节约钢材，简化布置。

四、联箱

联箱一般布置在炉外，不受热。

（1）联箱的作用

联箱的作用是将进入其中的工质集中混合并均匀分配出去，简单地说就是汇集、混合、分配。

（2）联箱的结构

联箱是两端封闭的大直径直管，外面有许多管座，在联箱上有若干管头与管子焊接相连。水冷壁下联箱底部还设有定期排污装置、炉底蒸汽加热装置等。

第三节 · 省 煤 器

锅炉内的燃料燃烧以后，会产生高温废气从烟囱里排出去，此时烟道气的温度还很高，就让它在离开锅炉的燃烧室、进入烟囱之前流过一个换热器，利用它的余热把换热器内流过的水加热，此水随即进入锅炉进一步被炉膛内的炉火加热成蒸汽，因为此水进入锅炉前被烟道气体初步加热了，起到节省煤炭的作用，所以那个换热器就叫省煤器。

资源 49：
省煤器

简言之，省煤器就是利用锅炉尾部烟道中烟气的热量来加热锅炉给水的一种热交换器，一般布置在对流烟道内。

一、省煤器的作用

① 节省燃料。锅炉中燃料燃烧的高温烟气，将热量传给水冷壁、过热器和再热器后，烟气温度还很高，如不利用，将造成很大的热损失。在锅炉尾部装设省煤器，可降低烟气温度，减少排烟热损失，节省燃料。

② 改善汽包的工作环境。采用了省煤器，提高了进入汽包的给水温度，减少汽包壁和给水间的温差而引起的热应力，改善了工作环境。

③ 降低锅炉造价。由于水的加热是在省煤器中进行的，用省煤器这样的低温材料代替价格昂贵的高温材料，从而可降低锅炉造价。

二、省煤器的类型

1. 按省煤器出口工质水温分

省煤器按出口工质水温分为非沸腾式和沸腾式两类。若省煤器出口水温低于该压力下的饱和温度，至少低于饱和温度30℃，则称为非沸腾式省煤器，现代高压（现代化高压锅炉）及以上锅炉均采用非沸腾式省煤器；若省煤器出口水温达饱和温度，并有部分水蒸气汽化，汽化水量不大于给水量的20%，则称为沸腾式省煤器，中低压锅炉多采用沸腾式省煤器。

2. 按省煤器所用材料分

省煤器按所用材料不同分为铸铁管式和钢管式两类。

资源 50：铸铁省煤器的结构

（1）铸铁管式省煤器

小容量的中低压锅炉使用最普遍的是铸铁式省煤器，其特点是：

① 耐腐蚀、耐磨损；

② 铸铁脆，承受冲击能力差而只能用作非沸腾式省煤器；

③ 体积和重量大；

④ 易积灰和堵灰。

（2）钢管式省煤器

目前电厂大型锅炉广泛采用钢管式省煤器，其特点是：

① 强度高，能承受冲击，工作可靠，传热性能好，重量轻，体积小，价格低廉；

② 钢管耐腐蚀性差，但现代锅炉给水都经严格处理，管内腐蚀问题已解决。

三、钢管式省煤器的结构和工作原理

1. 钢管式省煤器的结构

钢管式省煤器的结构如图7-6所示。它是由许多并列的蛇形管和进、出口联箱组成。蛇形管多用焊接的方法与联箱连接在一起。蛇形管一般用管径为28～51mm、壁厚为3～5mm的无缝钢管弯制而成。

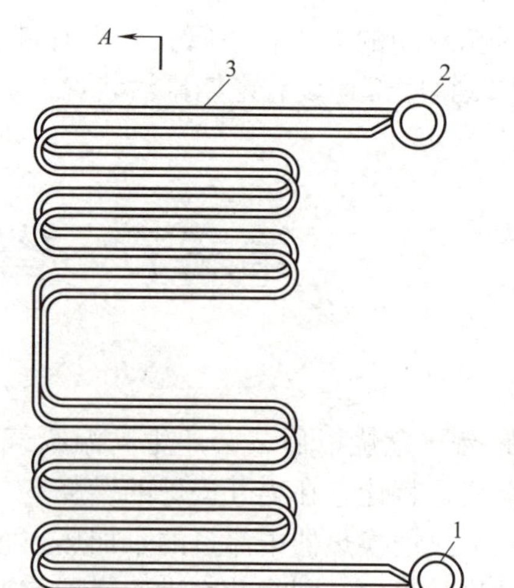

图 7-6 钢管式省煤器结构

1—进口联箱；2—出口联箱；3—蛇形管

资源 51：钢管省煤器的结构

钢管省煤器一般采用光管，有时为了增强传热并提高结构的紧凑性，也在管外加鳍片和肋片，如图 7-7 所示。

资源 52：鳍片管省煤器结构

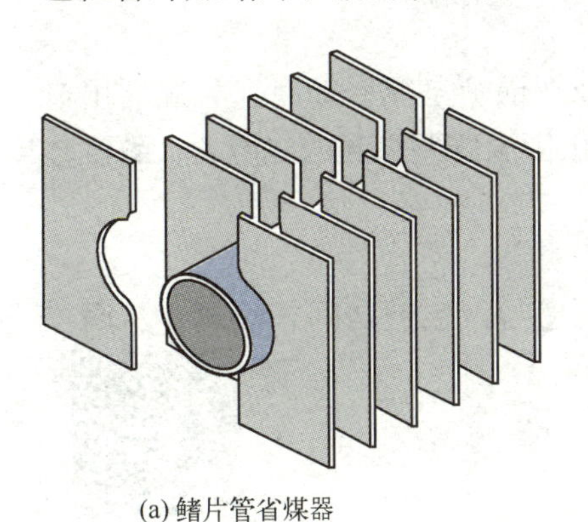
(a) 鳍片管省煤器

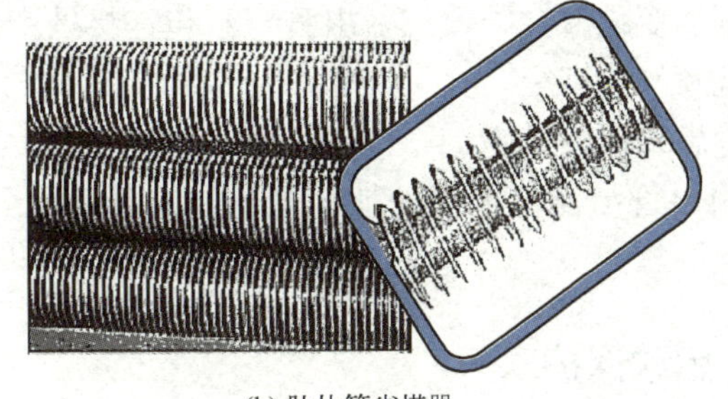
(b) 肋片管省煤器

图 7-7　钢管省煤器

鳍片管式省煤器在金属用量、通风电耗相同的情况下，其体积要比光管受热面的体积小 30% ~ 50% 左右，且传热量有所增加。

肋片式省煤器是用带横向肋片（环状或螺旋状）的管子制成。其优点是增大了热交换面积，因此同等条件下体积要比光管省煤器体积缩小，节省金属；其缺点就是积灰较严重，且不易清除。

2. 钢管式省煤器的工作原理

利用水在蛇形管内自下而上流动，便于排除空气，从而避免氧腐蚀。烟气在管外自上而下横向冲刷管壁，有助于吹灰，还使烟气与水呈逆向流动，从而增大传热温差，进而实现提高烟气与给水之间的热量交换。

3. 省煤器的布置

省煤器按照蛇形管在烟道中的放置方式可分为横向布置和纵向布置两种。当蛇形管的放置方向平行于炉膛后墙时称为横向布置，如图 7-8（a）、（b）所示；当蛇形管的放置方向垂直于炉膛后墙时称为纵向布置，如图 7-8（c）所示。

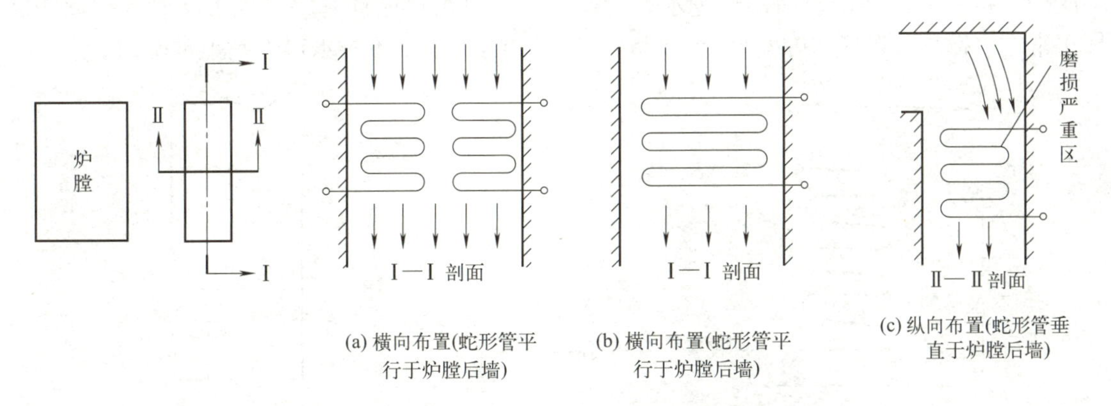

(a) 横向布置(蛇形管平行于炉膛后墙)　(b) 横向布置(蛇形管平行于炉膛后墙)　(c) 纵向布置(蛇形管垂直于炉膛后墙)

图 7-8　省煤器蛇形管在烟道中的布置方式

横向布置方式平行工作的管子少，水的流速高，流动阻力大。但磨损较轻，便于维修和防护。

纵向布置方式管子较短，平行工作的管子多，支吊简单，水的流速较低，流动阻力小，但所有管子都要穿过烟道后墙，吹灰较困难，局部磨损，检修工作量大。

4. 省煤器的出水管与汽包的连接

（1）省煤器的出水管与汽包的连接存在的安全隐患

省煤器的出水温度可能低于汽包中的饱和温度，以及在锅炉工况变动时，省煤器出口水温可能发生剧烈变化，会导致在引出管与汽包连接处产生因温度差引起的热应力，致汽包壁产生裂纹，危及汽包安全。

（2）排除隐患采取的措施

在省煤器引出管与汽包连接处加装套管。这样使水管壁与汽包壁之间相隔离，从而改善汽包的工作条件。

四、省煤器的启动保护

资源 53：省煤器的启动保护

1. 省煤器的启动保护原因

锅炉启动时，即从锅炉点火到送出蒸汽这段时间内，常常是间断给水。当停止给水时，省煤器中的水处于不流动状态，水不流动会造成管壁冷却能力很差，又加之高温烟气的不断加热，造成管壁超温而损坏，因此锅炉启动时应该对省煤器进行保护。

2. 省煤器的启动保护方法

省煤器的启动保护方法有：方法 1 是在省煤器进口与汽包下部之间装有不受热的再循环管；方法 2 是在省煤器出口与除氧器间装一根带阀门的再循环管；方法 3 是采用不间断的连续小流量进水，主要应用在现代大容量锅炉启动过程中。

（1）方法 1：在省煤器进口与汽包下部之间装有不受热的再循环管

如图 7-9 所示，在省煤器进口与汽包下部之间装有不受热的再循环管，使汽包、再循环管、省煤器和汽包间形成自然循环。正常运行时，则应关闭再循环阀门 4，避免给水将由再循环管短路进入汽包，省煤器又会因失水得不到冷却而烧坏。

存在问题：循环压头低，不易建立良好的流动状况。

① 自然循环锅炉的省煤器再循环管。如图 7-10 所示，锅炉需要上水时，应先关闭再循环阀门，再打开进水阀门向锅炉进水；否则，给水将由再循环管路进入下降管或锅筒，破坏正常的水循环，造成水冷壁事故。同时，省煤器也可能由于失水得不到正常冷却。

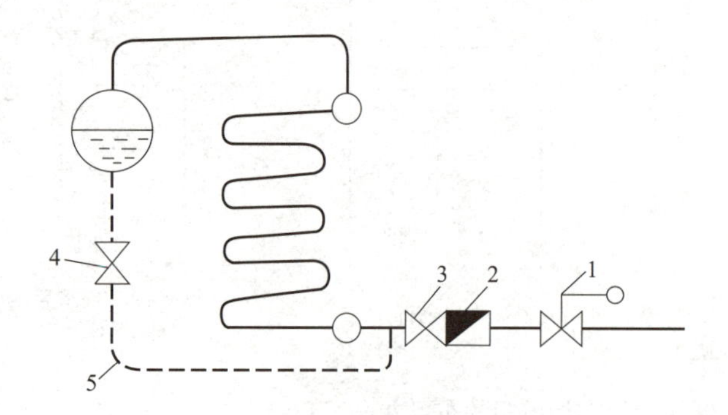

图 7-9　方法 1：省煤器进口与汽包下部之间装有不受热的再循环管

1—自动调节阀；2—逆止阀；3—进口阀；4—再循环阀门；5—再循环管

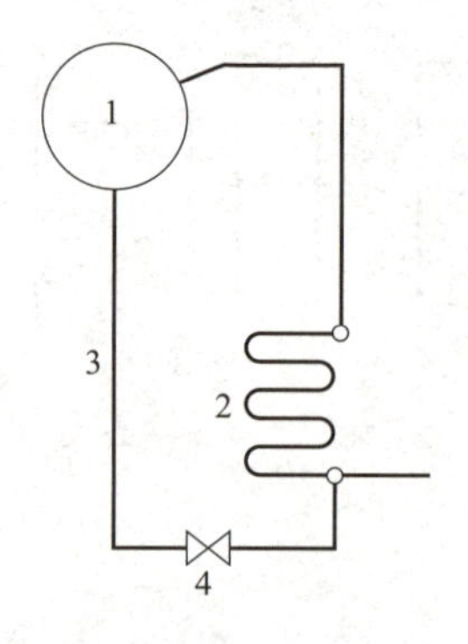

图 7-10　自然循环锅炉的省煤器再循环管

1—锅筒；2—省煤器；3—再循环管；4—再循环阀门

上水完毕，应先关闭进水阀后才能打开再循环阀门。

当锅炉进入连续进水后，再循环阀门关闭，再循环管工作结束。

② 控制循环锅炉的省煤器再循环管。如图 7-11 所示，当锅炉停止进水，进水阀门关闭后，打开再循环阀门。在再循环系统中，由于受到再循环泵压力和汽水密度差产生的循环推动力两种力的作用，省煤器管中水流速比较高。

当停止向锅炉进水时，先关闭进水阀门，再打开再循环阀门。否则，给水将进入下降管系统，破坏水冷壁正常的水循环。若给水进入再循环泵，将对水泵造成损坏，而且省煤器也可能因无水而烧坏。

（2）方法 2：在省煤器出口与除氧器间装一根带阀门的再循环管

如图 7-12 所示，当汽包不进水时，用阀门切换，使流经省煤器的水回到除氧器，这样在启动过程中可保持省煤器不断进水，达到启动过程中保护省煤器的目的。

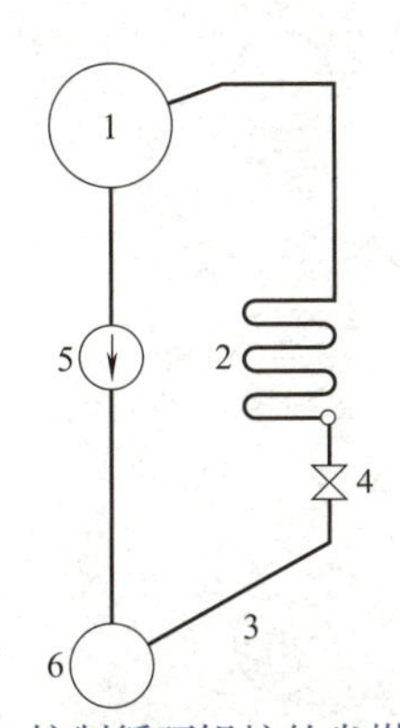

图 7-11　控制循环锅炉的省煤器再循环管

1—锅筒；2—省煤器；3—再循环管；4—再循环阀；5—锅水循环泵；6—水包

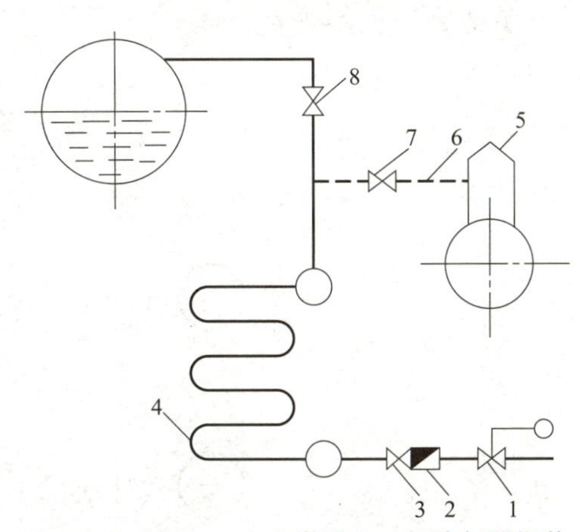

图 7-12　方法 2：在省煤器出口与除氧器间装一根带阀门的再循环管

1—自动调节阀；2—逆止阀；3—进口阀；4，7—再循环阀门；5—除氧器；6—再循环管；8—出口阀

铸铁式省煤器因为不耐水击，不允许产生蒸汽，故不能采用设置再循环管的方法来解决点火过程中省煤器的冷却问题。安装铸铁式省煤器的锅炉通常设置旁路烟道来解决省煤器在点火过程中的冷却问题。

第四节・过　热　器

过热器由联箱和多根管子构成，蒸汽在管内流动，烟气在管外流动。其作用是把饱和蒸汽加热成为具有一定过热度的过热蒸汽。

资源 54：过热器的作用和结构型式

一、过热器的分类

按传热方式不同，过热器可分为对流式、半辐射式与辐射式三种基本形式。

1. 对流式过热器

资源 55：对流式过热器

对流式过热器布置在锅炉对流烟道中，主要以对流传热方式吸收烟气热量，它一般由进出口联箱连接许多并列蛇形管构成。

根据管组的放置方式，对流式过热器有立式与卧式两种布置形式。立式过热器的每根管子都和水平面垂直，其支吊比较方便，但停炉时管内积水寄存在弯头处，不易排出，升火时由于通汽不畅易使管子过热。卧式过热器都和水平面平行，其疏水排汽比较方便，但支吊结构比较复杂。水平烟道中的过热器适合采用立式布置，尾部烟道的受热面适合采用卧式布置。

对流式过热器的管子有顺列和错列两种排列方式，如图 7-13 所示。在烟气流速和管子排列特性等一样的情况下，错列布置比顺列的传热系数大，但错列布置管束比顺列的吹灰通道小，外表积灰不容易吹扫干净。目前，大型锅炉的对流管束全部采用顺列布置，以便于支吊，避免结渣积灰和减少磨损。

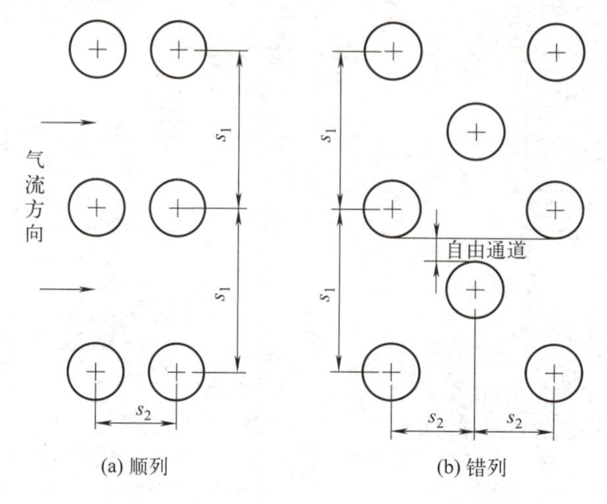

图 7-13　错列与顺列管束

过热器横向节距是指沿烟道宽度方向相邻管子中心线之间的距离，纵向节距是指沿烟气流动方向相邻管子中心线之间的距离。

当烟道宽度一定时，横向节距选定了，过热器并联的蛇形管根数不变。若蒸汽的质量流速不在范围内，则可以改变重叠的管圈数进行调节。根据锅炉容量的不同，可以做成单管圈、双管圈和多管圈，如图 7-14 所示。

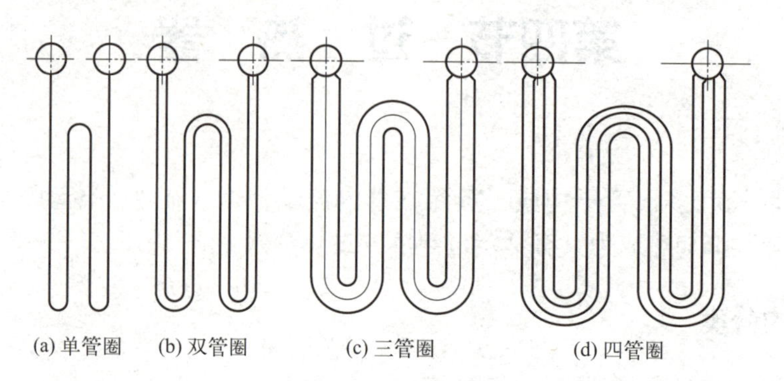

图 7-14　蛇形管的管圈数

根据烟气与管内蒸汽的相互流向，对流式过热器又可分为逆流、顺流和混流三种基本流动方式，如图 7-15 所示。逆流布置传热温差大、传热效果好、节省金属消耗，但蒸汽的高温段与烟气的高温区域重叠在一起，管壁金属温度高，工作条件最差。顺流布置则正好相反。混流布置的过热器，综合了逆流与顺流布置的优点。蒸汽的低温段采用逆流布置，高温段采用顺流布置，既保证了管壁的安全工作，又可获得了较大的传热温差。

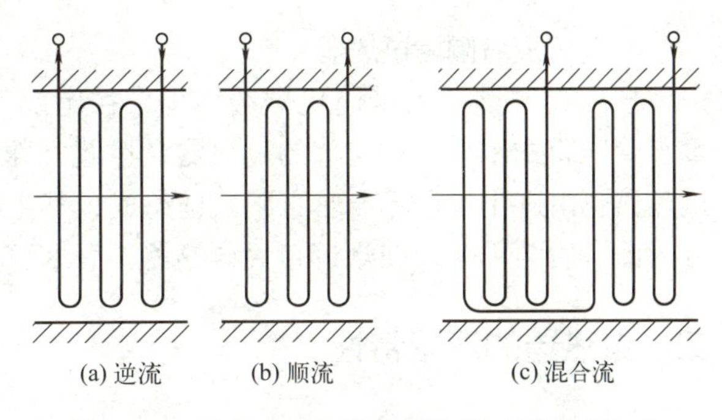

图 7-15　对流式过热器和再热器工质流动方式

2. 半辐射式过热器

既接受炉膛火焰的辐射热，又吸收烟气对流热的过热器称为半辐射式过热器。它一般布置在炉膛出口处，所以又称为后屏式过热器，如图 7-16（c）所示。后屏过热器的横向节距比前屏（又称分隔屏）的要小很多。

3. 辐射式过热器

在炉膛内，以吸收炉膛辐射热为主的过热器称为辐射式过热器。辐射式过热器多布置在炉内热负荷较低的炉膛上部，如顶棚过热器中的炉顶管和挂在炉膛前上方的前屏（又称分隔屏）过热器，如图 7-16（a）所示。

前屏过热器布置在炉膛前上方，是由几片挂屏沿炉宽方向排列而成，每片屏都由进出口联箱与几根并列 U 形管组成，如图 7-17 所示。分隔屏的主要作用是沿炉宽方向分隔烟道，所以它的横向节距非常大，以便使从炉膛上来的烟气在向水平烟道后方流动时，流速沿锅炉宽度方向更均匀一些，从而减小两侧烟温差。

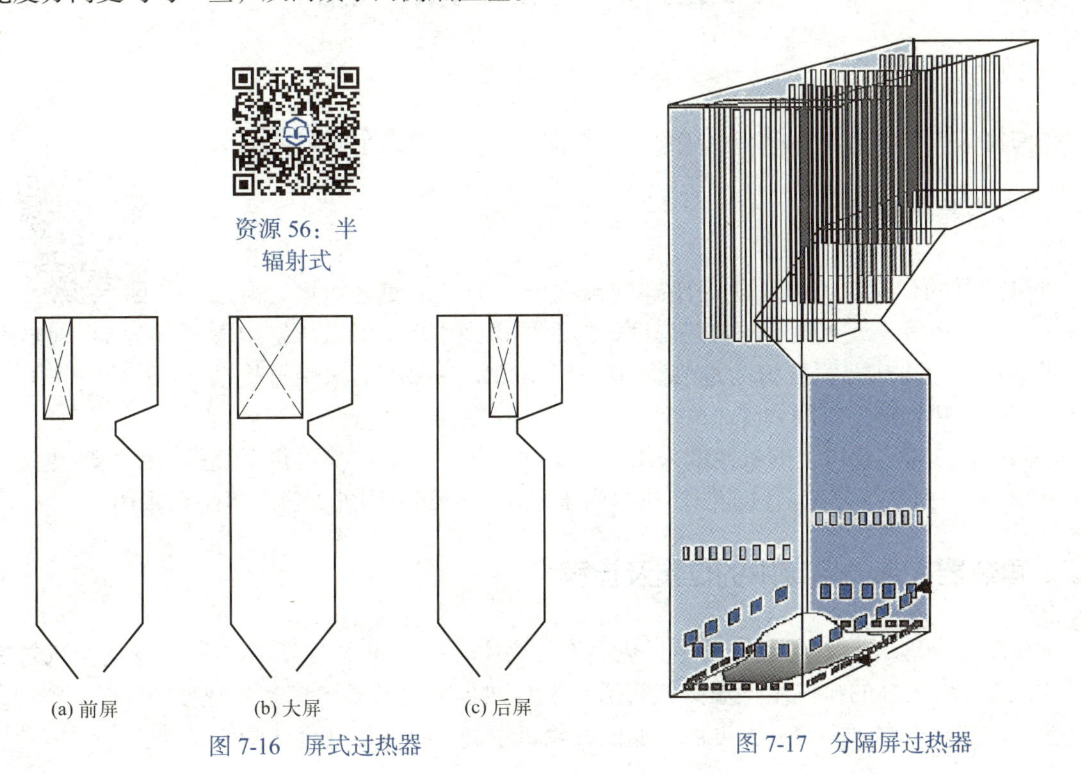

图 7-16　屏式过热器

图 7-17　分隔屏过热器

4. 包墙及分隔墙过热器

资源 57：包覆过热器

现代大型锅炉为了简化炉墙结构，在尾部竖井烟道的内壁布置有与垂直管屏膜式水冷壁相类似的过热器受热面，称为包墙管过热器。分隔墙过热器也由进出口联箱与垂直膜式壁组成，其主要作用是将尾部竖井烟道分为前、后两部分，前烟道布置再热器，后烟道布置过热器和省煤器。

二、过热器的汽温特性

过热器的传热方式不同，当锅炉负荷变化时，其出口温度的变化规律是不同的。过热器出口蒸汽温度随锅炉负荷变化的关系，称为汽温特性。

辐射式过热器的吸热量取决于炉膛烟气的平均温度。当锅炉负荷增加时，辐射过热器中蒸汽流量按比例增大，而炉膛火焰的平均温度却增加不多。辐射传热量的增加小于蒸汽流量的增加，因此每千克蒸汽获得的热量减少，即蒸汽焓增减少。所以随着锅炉负荷增加，辐射过热器的出口汽温下降。

锅炉负荷增加时，由于燃料消耗量增大，烟气量和烟温也随着增加，因而传热系数与传热温差同时增大，使对流传热量的增加超过蒸汽流量的增加，对流式过热器中蒸汽焓增大。所以，随着锅炉负荷的增加，对流式过热器出口汽温升高。对流式过热器进口烟温越低，即离炉膛越远，辐射传热的影响越小，汽温随负荷增加而升高的幅度越大。半辐射式过热器则介于辐射与对流式过热器之间，汽温变化特性比较平稳，但仍具有一定的对流特性。

第五节·再　热　器

对流式再热器的基本结构与过热器相类似，一般由蛇形管和联箱组成。

一、再热器的作用

资源 58：过热器与再热器的作用和结构型式

再热器的作用是将汽轮机高压缸的排汽再次加热，使之加热到与过热蒸汽温度相等（或相近）的再热温度，然后再送到中压缸及低压缸中膨胀做功。一般再热蒸汽压力为过热蒸汽压力的 20% ～ 25%。采用再热系统可使电站热经济性提高约 4% ～ 5%。

国产 125MW 及以上的机组都采用一次中间再热系统。二次再热系统虽可使循环热效率再提高 2%，但系统复杂。目前国产机组尚未采用，但部分国外大容量机组已采用。

二、再热器在热力系统中的位置及流程

如图 7-18 所示，过热器 2 产生过热蒸汽称为主蒸汽（一次汽），由主蒸汽管送至汽轮机高压缸 3，高压缸的排汽由低温蒸汽管道送至再热器［再热器 5 产生再热蒸汽（二次汽）］，经再一次加热升温到一定的温度后，返回汽轮机中的中低压缸 4 继续膨胀做功。

三、再热器的工作特点

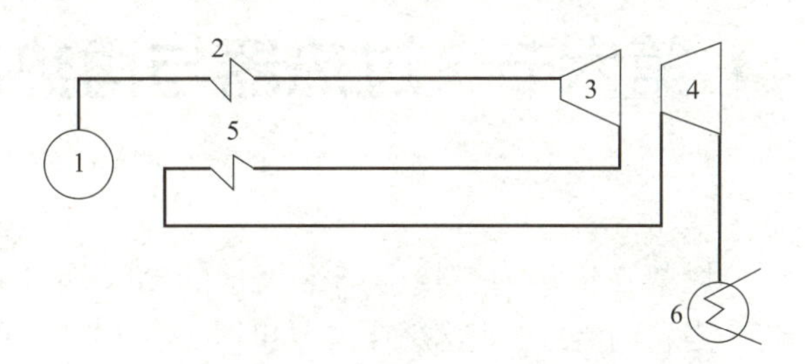

图 7-18　过热器与再热器在热力系统中的位置

1—汽包；2—过热器；3—汽轮机高压缸；4—汽轮机中低压缸；5—再热器；6—凝汽器

再热蒸汽压力低，蒸汽的流动阻力较大。再热系统进口蒸汽压力不高的情况下，若系统阻力增大，蒸汽压降就会增加，降低汽轮机中、低压缸的进汽压力，使汽轮机热耗增加，直接影响再热机组的热效率。因此，再热系统的压降，一般不超过再热器进口压力的 10%。

再热蒸汽压力低、传热性能差。再热蒸汽的放热系数仅为过热蒸汽的 1/5。因此，再热蒸汽对管壁的冷却能力比较差。因为再热器的压降受到限制，又不宜采用提高工质流速的方法来加强传热，所以再热器中管壁温度与工质温度的温差比过热器高。

四、再热器的布置

因为再热器的工作条件比过热器差，所以国产再热机组大多将再热器布置在烟温不超过 850℃的对流烟道中。不过，也有一些采用摆动式直流燃烧器、尾部烟道为单烟道的大型锅炉，为了方便调节再热汽温，把低温再热器移入炉膛内，布置在炉膛上方水冷壁位置或分隔屏位置，称为壁式再热器或屏式再热器。但是为了安全起见，高温再热器只能布置在烟温相对较低的水平烟道中。下面介绍一种锅炉过热器和再热器的布置，如图 7-19 所示。

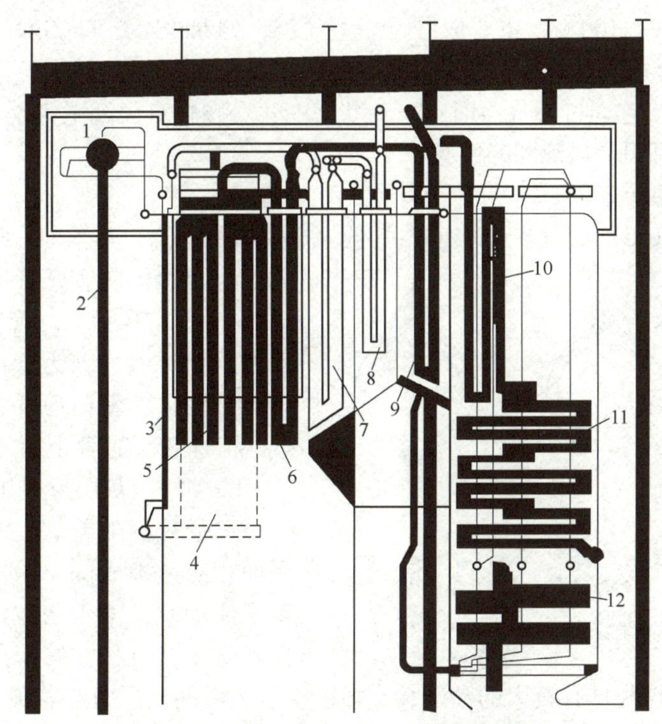

图 7-19　锅炉过热器和再热器布置

1—汽包；2—下降管；3—前墙辐射再热器；4—侧墙辐射再热器；5—分隔屏过热器；6—后屏过热器；7—后屏再热器；8—末级高温再热器；9—末级高温过热器；10—立式低温过热器；11—水平低温过热器；12—省煤器

第六节 · 过热器与再热器的积灰和高温腐蚀

资源 59：过热器与再热器的积灰和高温腐蚀

燃料在锅炉内燃烧会产生大量的高温烟气，这些烟气中含有飞灰颗粒，当它们流经过热器和再热器时，这些飞灰颗粒会沉积在管壁上，而且烟气和飞灰中还含有氧化硫等物质，这些物质会与金属管发生化学反应，这些现象就是过热器与再热器的高温积灰和高温腐蚀，产生的危害是显而易见的，它会使传热量减少，烟气流动阻力增大，严重时锅炉出力被迫降低；还会引起受热面金属腐蚀等，所以工作中应该尽量减少高温受热面的积灰和腐蚀。

一、过热器与再热器的积灰

高温烟气中的飞灰沉积在过热器和再热器管束外表面的现象称为高温积灰。

1. 飞灰基本特性

锅炉中的燃料煤燃烧后产生的灰分，主要有两部分：炉渣和飞灰，其中，炉渣是炉膛高温区熔化聚结而成的大块渣落入炉底的部分，飞灰是随烟气离开炉膛的细灰部分。

煤灰根据灰的易熔程度可以分为低熔灰、中熔灰和高熔灰三种。低熔灰的熔点在700~850℃，主要成分主要是金属氯化物和硫化物，如 Na_2SO_4、$CaCl_2$、NaCl、$MgCl_2$ 等。中熔灰的熔点在 900~1100℃，主要成分是一些盐类，如 Na_2SO_4、Na_2SiO_3。高熔灰的熔点在1600~2800℃，主要成分是纯氧化物，如 Fe_2O_3、CaO、MgO 等。其中，高熔灰的熔点超过了火焰区的温度，当它通过燃烧区时不发生状态变化，颗粒直径细微，是飞灰的主要成分。

2. 低温过热器和低温再热器的积灰

（1）管正反面积灰程度

当温度低于 700℃的烟气流经烟道内的低温过热器与低温再热器时，就会在低温过热器与低温再热器的管子表面形成松散的积灰层。如图 7-20 所示，管后面的积灰要比正面的严重一些，因为管正面受到烟气流的直接冲刷，而管后面存在涡流区，只有在烟气流速较小时管正面才有明显积灰。

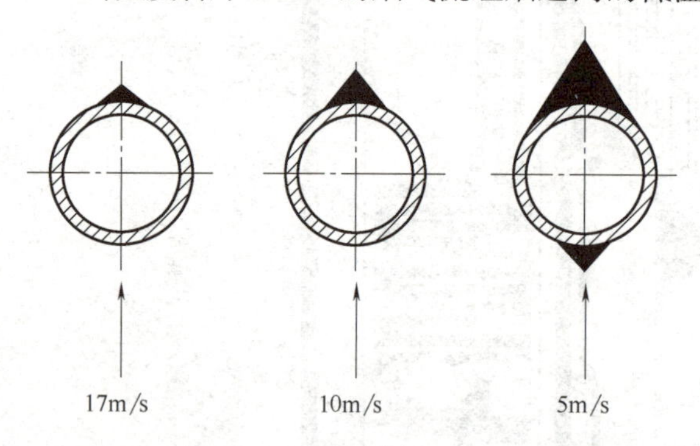

图 7-20 管子正反面在不同流速下的积灰情况

（2）松散灰层形成机理

细径灰群随着烟气的流线运动，在管表面积灰是极少的。中径灰群在烟气绕流管子流动时，由于灰粒运动的惯性，直接接触管子，沉积在管子外表面，是形成松散层主要灰群。粗径灰具有较大的动能，在撞击管子表面的灰层时起着破坏灰层的作用。因此，中径灰和粗径灰对积灰的作用是相反的，灰层的最终厚度决定于中径灰在管子表面的连续沉积和粗径灰对灰层的连续破坏的动态平衡。它与烟气流速有关，前者与烟气速度成正比，后者与烟气流速的三次方成正比，故烟气流速增大，灰层厚度减薄。另外，松散灰层的厚度还与管束的错列、顺列结构，立式、卧式布置方式，及错列管束的纵向相对节距等有关。在烟气流速和管径不变时，顺列管束的灰层厚度约是错列管束的 1.5~3 倍，错列管束的纵向相对节距越大灰层厚度也越厚。水平管与倾斜管的积灰比垂直管严重。

3. 高温过热器和高温再热器的积灰

当温度高于 750℃的烟气流经烟道内的高温过热器与高温再热器时，管子外面的灰层由内灰层和外灰层两部分组成，内灰层紧密，与管子黏结牢固，不易清除；外灰层松散，容易清除。

低熔灰在炉膛内高温烟气区成为气态，随着烟气流向烟道。由于高温过热器、高温再热器区的烟温高，低熔灰还未凝固，但当它接触温度较低的受热面时就凝固在受热面上，形成黏性灰层。同时，一些中熔、高熔灰粒被黏附在黏性灰层中。烟气中的氧化硫气体在对灰层的长期作用下，形成白色硫酸盐的紧密结实灰层，这个过程称为烧结。随着灰层厚度的增加，灰层外表面的温度继续升高，当温度超过低熔灰的熔点时，低熔灰不再凝固，但是中熔灰和高熔灰在此温度区域已经是固态，会在烧结的灰层表面继续进行着动态沉积，最后形成一定厚度的松散多孔的外灰层。内灰层的坚实程度称为烧结强度。烧结强度越大的灰层越难以清除。

另外，对于灰中氧化钙大于 40% 的煤，开始时积在管外表的是松散的灰层，但是当烟气中存在氧化硫气体时，在高温长期作用下，也会烧结成坚实的灰层。

对于灰中钙较多的燃料，设计过热器与再热器时应重点考虑防止烧结成坚实灰层或减轻其危害性的措施，如加大管子横向中心节距，减小管束深度，采用立式管束，装置有效的吹灰器和及时吹灰等。

二、过热器与再热器的高温腐蚀

对于高参数锅炉的高温过热器与高温再热器的管束的固定件、支吊件，由于它们的工作温度很高，烟气和飞灰中的有害成分与管金属发生化学反应使管壁变薄、强度下降，这称为高温腐蚀。

燃煤锅炉的高温腐蚀主要发生在金属壁温高于 540℃的迎风面，内灰层中的钙金属与飞灰中的铁、铝等成分，以及通过松散的外灰层扩散进来的氧化硫烟气发生化学反应，生成碱金属的硫酸盐复合物，对高温过热器和高温再热器金属发生强烈的腐蚀，这种腐蚀从 540℃到 620℃开始发生，700℃到 750℃时的腐蚀速度最大。

三、防止过热器与再热器积灰和高温腐蚀的措施

高温积灰和高温腐蚀的危害较大，减少和防止措施主要有以下几种：

① 主蒸汽温度不宜过高，高温积灰和高温腐蚀主要发生在高温区域，主蒸汽温度越高，腐蚀越严重。

② 控制炉膛出口烟气温度，这是为了减少烟气中的气态和液态的灰分，减少内灰层的沉积。

③ 管子采用顺流布置，加大管间距，主要是防止积灰搭桥。

④ 选用抗腐蚀材料，可以采用高铬合金等材料。

⑤ 采用添加剂，主要是在燃烧时掺入石灰石或者白云石作为添加剂，来减少炉内氧化

硫气体的生成，进而减轻硫酸盐复合物的高温腐蚀。

⑥此外，还可以采用及时吹灰和低氧燃烧等。

复习思考题

1. 蒸发设备的作用和组成部件是什么？

2. 叙述自然循环锅炉蒸发设备的工作过程是怎样的。

3. 汽包的作用是什么？它的结构包括哪些？

4. 水冷壁作用是什么？有几种形式？大型锅炉的水冷壁主要采用什么形式？并说出原因。

5. 下降管和联箱的安装位置和作用是什么？

6. 省煤器和空气预热器的安装位置和它们的作用是什么？有什么相同和不同之处？

7. 大型电厂锅炉常用什么形式的省煤器？并说出原因。

8. 锅炉启动过程中为什么要对省煤器进行保护？并画图说明可采取什么方法进行保护？

9. 过热器和再热器的作用是什么？它们的工作条件是怎样的？

10. 过热器和再热器有哪几种形式？各种类型的过热器的结构和布置特点是什么？

11. 分析高参数大容量锅炉为什么采用组合式过热器。

12. 绘制大型锅炉过热器、再热器的系统流程图，并简述其工作流程。

13. 说出过热器与再热器积灰和高温腐蚀产生的原因及防止措施有哪些。

第八章 风烟系统

知识目标

① 掌握风烟系统的构成及工作过程。
② 了解送风机和引风机的作用、结构及工作过程。
③ 掌握空气预热器的作用、种类、结构及工作过程。

能力目标

① 能够正确叙述风烟系统的构成及工作过程，能够绘制流程图。
② 能够正确说明风机的类型及工作原理。
③ 能够认识空气预热器的结构；能够正确叙述空气预热器的作用和工作过程。

第一节 · 风烟系统的构成及工作过程

锅炉风烟系统是锅炉空气系统和烟气系统的总称，是锅炉重要的辅助系统，也称为通风系统，

在锅炉运行过程中，通过送风系统连续向炉内送入燃料燃烧所需要的适量空气，同时通过排烟系统将燃烧生成的含尘烟气从锅炉中不断排出，以维持炉膛压力的稳定和燃烧、传热的正常进行，这种送风、排烟（也称引风）同时进行的过程称为锅炉的通风过程。如果送风量和送风方式与燃料和燃烧方式不匹配将会影响燃料的着火、燃烧和燃尽过程，影响炉内平均烟温水平和辐射换热强度以及锅炉出力等，如果送风量和排烟量不匹配将影响炉膛压力的稳定性和烟道中受热面的换热强度以及磨损、积灰等。

资源 60：风烟系统的构成及工作过程

一、风烟系统的作用

① 向炉膛连续不断地提供符合要求的空气，供燃料燃烧用。

② 将燃料燃烧生成的烟气流经各受热面和净化后连续地排出，维持炉膛负压，保证锅炉安全经济地运行。

③ 根据燃料完全燃烧所需的风量和炉膛负压进行正确的调整，以达到燃料燃烧的经济、完全和稳定。

二、风烟系统构成

目前大型燃煤锅炉的风烟系统，一般包括一次风系统、二次风系统和烟气系统三部分。按我国火力发电厂的传统划分方法，它应该包括烟道和冷风道、热风道，以及与这三类通道相关的设备：送风机、引风机、一次风机、密封风机、空气预热器、暖风器、除尘器、脱硫脱硝装置及烟囱等。与这三类通道相关的元件有：关闭挡板风门、调节挡板风门、防爆门、人孔门、滤网及消声器等。

① 烟道：锅炉空气预热器出口至烟囱前的烟道，烟气再循环管道，磨煤机干燥用的高温烟气管道，低温烟气管道等。

② 冷风道：吸风口至空气预热器的冷风道，磨煤机及其他调温用的压力冷风道，锅炉尾部支承梁的冷却风管道，磨煤机、给煤机的密封系统管道，低温一次风机或低温干燥风机的进口和出口风道，微正压锅炉的有关密封管道，点火风机风道等。

③ 热风道：空气预热器出口风箱，喷燃器的二次风道，热风送粉用的热风道，磨煤机干燥用的热风道，排粉机进口的热风道，高温一次风机进口的热风道，烟气干燥混合器的热风道，热风再循环管道等。

④ 送风机：又叫二次风机，其作用是为锅炉炉膛内燃料的正常燃烧提供充足的二次风量。为了使燃料在炉内的燃烧正常进行，必须向炉膛内送入燃料燃烧所需要的空气，用送风机克服空气预热器、风道和燃烧器的流动阻力，提供燃料燃烧所需要的氧气。

⑤ 引风机：又叫吸风机，其作用是克服烟气侧的过热器、再热器、省煤器、空气预热器、除尘器以及脱硫脱硝装置等的流动阻力，将锅炉燃烧产生的烟气排出，维持炉膛压力，形成流动烟气，完成烟气与各受热面的热交换。

⑥ 一次风机：其作用是为锅炉的正常运行提供一次风量。对于煤粉锅炉来说，一次风主要作用是干燥和输送煤粉至锅炉炉膛，并为煤粉的初期燃烧提供氧气。对于循环流化床锅炉来说，一次风的作用是使床料在炉膛内流化和提供煤初始燃烧所需要的氧气。

⑦ 密封风机：为锅炉制粉系统磨煤机、给煤机等设备提供密封风机称为密封风机，其作用是防止带有煤粉的气粉混合物漏出设备污染环境或进入加载装置磨辊轴承而造成轴承故障。

⑧ 空气预热器：利用锅炉尾部烟道中烟气的余热来加热空气的热交换设备。空气预热器利用锅炉燃烧后烟气的热量加热空气，回收了烟气的部分热量，降低了排烟温度，同时提高了燃料与空气的初始温度，强化了燃料的燃烧，提高了锅炉效率。

⑨ 暖风器：利用蒸汽加热空气预热器进口空气，以防止热空气预热器低温腐蚀和堵塞的热交换器。

⑩ 除尘器：用于将锅炉烟气中的粉尘分离出来的设备，以减少锅炉排出来的烟气对环境造成的粉尘污染。

⑪ 脱硫脱硝装置：用于去除锅炉烟气中的二氧化硫、氮氧化物等有害气体，以减少锅炉排出来的烟气造成的大气污染。

⑫ 烟囱：其作用是利用外界冷空气与烟囱内部热烟气之间的密度差而产生的抽吸力来排除锅炉燃烧产生的烟气。

⑬ 关闭挡板风门：也称关断门、风道挡板门或烟道挡板门，用于烟管、风道中做截流介质用，它具有全开全关两个功能，使系统某一管路介质全部流通或关闭。

⑭ 调节挡板风门。主要用来调节流量，通过改变介质流量来控制系统中介质的压力、温度、数量等参数是锅炉运行中不可或缺的重要设备。

⑮ 防爆门：用于防止系统或设备内部由于爆炸等原因造成压力突增而损坏设备。

⑯ 人孔门：又称检修孔，用于系统或设备检修时供检修人员进出的通道。

⑰ 滤网：主要用于风机的入口风道等处，防止空气中的杂物等进入风机或风道造成设备损坏或阻塞风道。

⑱ 消声器：消声器是安装在空气动力设备气流通道上或进、排气系统中的降低噪声的装置。它既能允许气流顺利通过，又能有效地阻止或减弱声能向外传播。为减小环境噪声污染，送风机、一次风机入口都装有消声器。

资源 61：风烟系统的工作过程

三、风烟系统的工作过程

如图 8-1 所示，冷空气由送风机克服送风流程（空气预热器、风道、挡板等）的阻力，将空气送入空气预热器预热；空气预热器出口的热风经热风联络母管，一部分进入炉两侧的大风箱，并被分配到燃烧器二次风进口，进入炉膛；另一部分由一次风机经空气预热器引到磨煤机热风母管作干燥剂并输送煤粉。炉膛内燃烧产生的烟气经锅炉各受热面分两路进入两台空气预热器，经空气预热器后的烟气进入除尘器，由引风机克服烟气流程（包括受热面脱硝设备、除尘器、烟道、脱硫设备、挡板等）的阻力将烟气抽吸到烟囱排入大气。

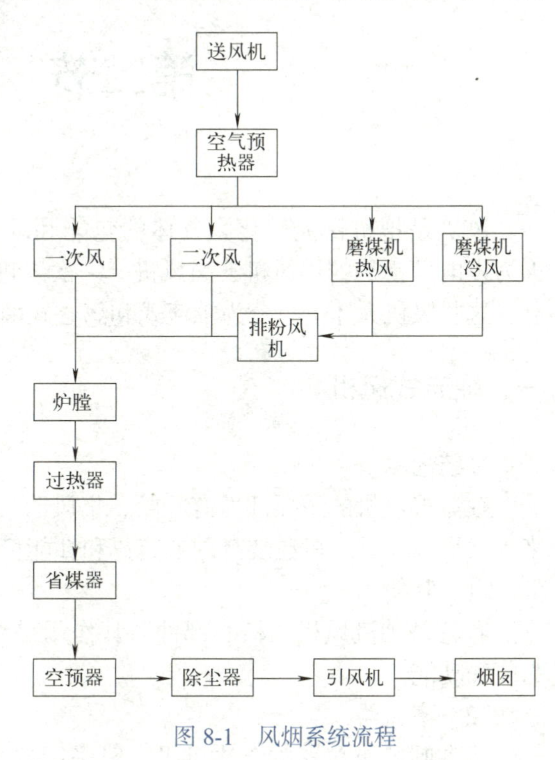

图 8-1　风烟系统流程

四、风烟系统的启动注意事项

① 检查锅炉风烟道、各类管道应保温良好。

② 检查锅炉燃烧室、灰坑内应无焦渣和杂物。

③ 检查过热器、再热器、省煤器、空气预热器各受热面应清洁，各烟道内应无结灰

和杂物。

④ 检查炉本体、尾部烟道的人孔、检查孔、看火孔应关闭严密。

⑤ 检查所有吹灰器应在退出位置。

⑥ 检查风烟系统各档板、锅炉小风门挡板应操作灵活，开度指示与实际位置相符。

⑦ 要启动的辅机现场检查正常，有关工作要终结，有关保护、热工仪表良好。

⑧ 风机的启动尽量使用功能组，大型的风机启动前应建立良好的空气通道。

⑨ 锅炉吹扫风量为 30% ～ 40% 额定风量，辅助风挡板开度 100%。

⑩ 系统启动次序：空气预热器→引风机→对应侧送风机。

⑪ 一次风机的启动需制粉系统满足条件后进行。

五、风烟系统的经济运行

大型电站锅炉风烟系统的经济运行，直接关系到锅炉效率的高低和机组经济性能的好坏。要实现风烟系统经济运行，应注意以下几方面。

① 减少风、烟通道的节流损失，控制合理的过量空气系数。在满足燃烧前提下尽量减少送风量。

② 合理进行燃烧配风，根据煤种变化合理调整风、粉配比，及时调整风速和风量配比，避免煤粉气流冲墙，防止局部高温区域的出现，以减少结渣发生，降低固体不完全燃烧损失。

③ 加强空气预热器治理，减少漏风率。

④ 对存在偏烧的锅炉，可通过风烟系统运行方式调整，降低排烟损失。

第二节 · 风　机

风机是把机械能转化为气体的势能和动能的设备。电站风机主要指火力发电厂锅炉的送风机、引风机、一次风机和密封风机。按照工作原理分，这些风机大体上可分为轴流式和离心式两大类。

资源 62：风机

一、轴流式风机

1. 结构

轴流式风机的主要部件有叶轮、集风器、导叶、吸入室、扩压器，如图 8-2 所示。近年来，大型轴流式风机还装有调节装置和性能稳定装置。

（1）叶轮

叶轮是轴流风机的核心部件，其作用是将原动机输入的机械能转换成被输送流体的压力能和动能。

（2）集风器

装在叶轮进口，轴流式风机一般采用喇叭管形集流器，且集流器前装有进气箱。集流

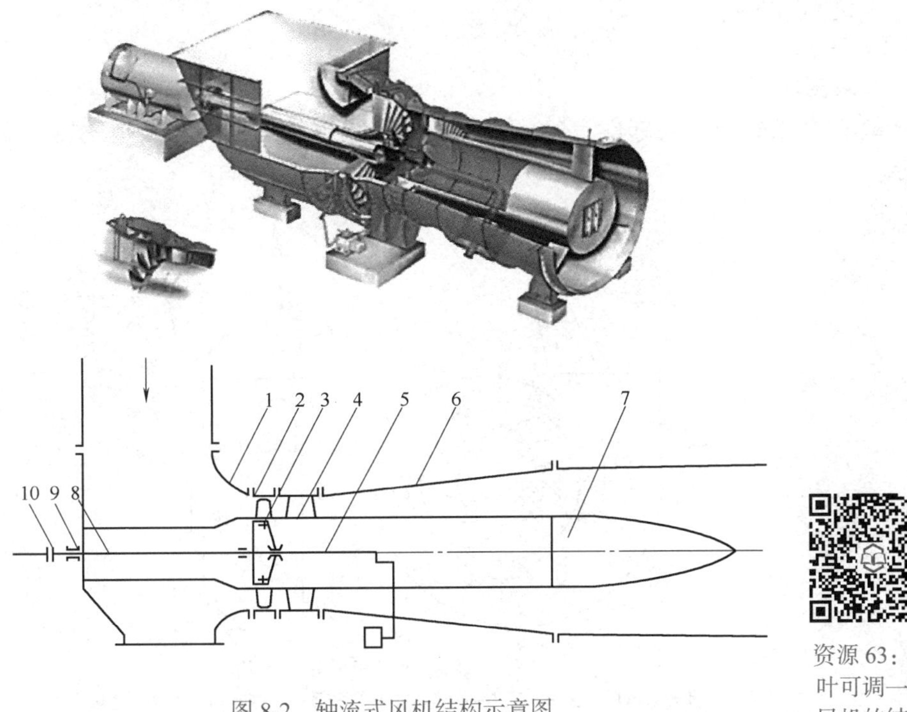

图 8-2 轴流式风机结构示意图

1—进气室；2—外壳；3—动叶片；4—导叶；5—扩散筒；6—扩压器；7—导流体；8—轴；9—轴承；10—联轴器

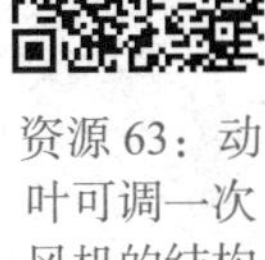

资源 63：动叶可调一次风机的结构与原理

器和进气箱的作用都是将气流以最小的阻力引入风机，保证气流能均匀地充满叶轮进口断面。

（3）导叶

导叶能使通过叶轮前后的流体具有一定的流动方向，并使其阻力损失最小。装在叶轮进口前的称前导叶，装在叶轮出口处的称为后导叶。后导叶除了将流出叶轮流体的旋转运动转变为轴向运动外，同时还将旋转运动的部分动能转为压力能。

（4）扩压器

扩压器的作用是将后导叶流出的气流动能部分转变为压力能，其结构有筒形和锥形。

（5）性能稳定装置

性能稳定装置的作用是在小于设计流量时，保持流动稳定。

（6）调节装置

调节装置的作用是调节叶片安装角度，改变风机性能。

2. 工作原理

当叶轮在电动机的驱动下旋转时，气体从进口轴向进入叶轮，受到叶轮上叶片的轴向推力（叶片中的流体绕流叶片时，根据流体力学知道，流体对叶片作用有一个升力，同时由作用力和反作用力相等的原理，叶片也作用给流体与升力大小相等方向相反的力，即推力），此叶片的推力对流体做功，而使流体的能量升高，然后流入导叶。导叶将偏转流动变为轴向流动，同时将流体导入扩压管，进一步将流体动能转换为压力能，最后引入工作管路。叶片连续旋转即形成轴流式风机的连续工作。

二、离心式风机

1. 结构

离心式风机的主要部件有叶轮、集流器、进气箱、前导器、扩压器、蜗壳，如图 8-3 所示。

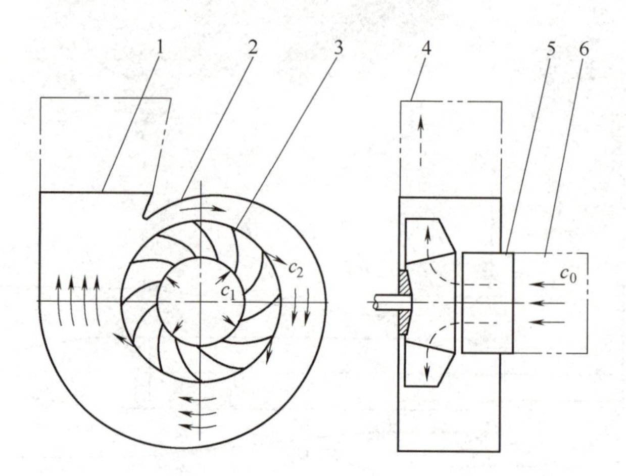

资源 64：离心式风机的结构与原理

图 8-3 离心式风机结构示意图

1—出风口；2—蜗壳；3—叶轮；4—扩压器；5—集流器；6—进气箱

（1）叶轮

叶轮是风机的心脏，它由原动机驱动。叶轮旋转时便将原动机的机械能传递给气体，使气体压力升高，表现为气体压力的增加、速度的变化。考虑到叶轮的重要性，选择和设计的基本原则是运行稳定，使用寿命长，效率高。

叶轮由叶片、轮盖（前盘）、轮盘（中盘、后盘）及轴盘（轮毂）组成。

没有轮盖的叶轮称为半开式叶轮。没有轮盖和轮盘的叶轮称为全开式叶轮。

叶片是对气体做功的唯一部件，叶片的形状基本决定了叶轮的效率和使用环境。常用叶片有六种形状，应用最广泛的是后向弯曲叶片和机翼形叶片。随着新技术、新材料和新工艺的开发和应用，界限会越来越小，效率会越来越高。

（2）集流器

集流器又叫风机的进风口，其作用是引导气流进入叶轮。

进风口是钢板压成的结构件，其形状主要有两种，主要表现在与叶轮进口配合处的形状：平直形和圆弧形。国内外用得最多的是圆弧形的。进风口是收敛形的，这种形状能将气流均速后进入叶轮，以提高气流的稳定性。进风口与叶轮进口的轴向和径向间隙，因关系到气体的内泄漏需要特别控制，防止因间隙不当而降低风机压力和效率。

（3）进气箱

进气箱又称进风室，其作用是引导气流从径向转为轴向和隔离轴承与气体便于检修。进气箱主要是由两侧板和一圈板焊接而成的结构件，其结构形式有很多种，但基本设计原则都是气流能量损失小，气流能平稳匀速进入轴向；有足够的刚度和强度防止变形过大和振动。在进气箱的合适位置上开有人孔门，以便人员安装检修和查看叶轮进口使用情况。

（4）前导器

有些风机进口处装有前导器。由可调节的叶片制成，其作用是叶片角度改变进气介质

密度与气流方向，获得不同的性能曲线

（5）扩压器

有的风机的出口装有扩压器，又称为扩散器。其作用是将出口气流的部分动压转化成静压，减少出口流动损失，提高风机静压效率。

（6）蜗壳

蜗壳的作用是汇集从叶轮流出的气体并引向风机出口，同时，将气体的部分动能转换为压力能。为提高风机效率，蜗壳的外形一般采用螺旋线形。

在蜗壳出口附近有舌状结构，称为蜗舌，其作用是防止部分气流在蜗壳内循环流动。

因蜗壳出口断面的气流速度仍然很大，为了将这部分动能转换为压力能，在蜗壳出口装有扩压器，因气流从蜗壳流出时向叶轮旋转方向偏斜，因此，扩压器做成向叶轮一边扩大，其扩散角通常为6°～8°。

2. 工作原理

叶轮随转轴旋转时，叶片间的气体也随叶轮旋转而获得惯性离心力，并使气体从叶片间的出口甩出。被甩出的气体挤入机壳，于是机壳内的气体压强增高，最后被导向出口排出。气体被甩出后，叶轮中心部分的压强降低。外界气体就能从风机的吸入口通过叶轮前盘中央的孔口吸入，源源不断地输送气体。

三、轴流式风机和离心式风机的比较

① 动叶调节轴流式风机的变工况性能好，工作范围大。因为动叶片安装角可随着锅炉负荷的改变而改变，既可调节流量又可保持风机在高效区运行。

② 轴流风机对风道系统风量变化的适应性优于离心风机。由于外界条件变化使所需风机的风量、风压发生变化，离心式风机就有可能使机组达不到额定出力，而轴流式风机可以通过动叶片动叶关小或开大动叶的角度来适应变化，同时由于轴流式风机调节方式和离心式风机的调节方式不同，这就决定了轴流式风机的效率较高。

③ 轴流式风机重量轻、飞轮效应值小，使得启动力矩大大减小。

④ 与离心式风机比较，轴流式风机结构复杂、旋转部件多、制造精度高、材质要求高运行可靠性差。但由于动调是引进技术使得运行可靠性提高。

四、送风机

现代超临界及以上参数的机组，锅炉容量非常大，单位时间内需要的空气量特别巨大，因此最适宜采用轴流式送风机。

1. 轴流式送风机的优点

轴流式送风机的优点在于流量大、全压低、高效率范围区比较大，可以在机组调峰和变负荷运行时保持较高的运行效率。轴流式风机又可分为静叶可调与动叶可调两种形式。

2. 送风机启动前检查与准备

① 所有送风机工作票已终结，工作人员已撤离，系统恢复完整，表计齐全且投入现场清理干净。

② 检查送风机及风、烟道各检查门、人孔门在关闭位置。

③ 联系并确认热工操作人员将送风机调节装置、出口挡板及烟风道有关风门、挡板的

工作电源和操作电源已送上，切至远动位，投入有关仪表和报警及保护装置。

④ 就地事故按钮完整良好。

⑤ 烟风挡板执行机构灵活，就地实际位置与画面指示相符。

⑥ 联轴器连接完好，联轴器安全罩牢固。

⑦ 检查送风机风管支架装设牢固。

⑧ 电动机接地线良好，电动机接线正确，地脚螺钉无松动现象。

⑨ 停运时间超过 15 天，需要测定电动机绝缘，绝缘合格后方可汇报单元长送电。

⑩ 确认风机润滑油站油泵联锁试验合格，启动一台油泵，检查供油压力正常、油质合格、无乳化现象、油位正常、冷油器投入，将另一台油泵投入备用。

⑪ 送风机保护、联锁条件及程序回路试验正常并投入。

五、引风机

引风机的作用是将锅炉产生的烟气抽出炉外。现代火电厂大型锅炉由于容量大，参数高，单位时间产生的烟气量非常大，因此都采用轴流式引风机。引风机一般采用静叶可调式。

1. 静叶可调式引风机的优点

因为引风机必须考虑含尘烟气对风机叶轮的磨损。风机叶轮的磨损速度与其转速的平方、与烟气冲刷叶片的速度的 3.5 次方成正比。在保证相同风机压头的条件下，动叶可调轴流式风机需要叶轮的圆周速度较高，对烟气含尘量的适应性较差；静叶可调轴流式风机对烟气含尘量的适应性较好。从磨损角度看，静叶可调轴流式风机较好，动叶可调轴流式较差。

2. 引风机启动前的检查与准备

① 所有风烟系统、除尘、脱硫系统、引风机工作票已终结，工作人员已撤离，系统恢复完整，表计齐全且投入，现场清理干净。

② 检查炉膛、风道、烟道、空预器、电除尘器内已无人工作，引风机及烟道各检查门、人孔门在关闭位置。

③ 联系并确认热工操作人员将引风机调节装置、出口挡板及烟风道有关风门、挡板的工作电源和操作电源已送上，切至遥控状态，投入有关仪表和报警及保护装置，就地事故按钮完好。

④ 风烟挡板、调节装置执行机构灵活，就地实际位置与画面指示相符。

⑤ 联轴器连接完好，联轴器安全罩牢固。

⑥ 检查引风机风管支架装设牢固。

⑦ 电动机接地线良好，电动机接线正确，地脚螺钉无松动现象。

⑧ 停运时间超过 15 天，需要测定电动机绝缘，绝缘合格后方可汇报单元长送电。

⑨ 确认电动机润滑油站 MCC 电源及就地控制柜电源开关已合闸，联锁开关在“保安”位置，信号指示正确。

⑩ 确认电动机润滑油站油泵联锁试验合格，启动一台油泵，检查供油压力正常、润滑油流量正常、轴承回油正常、油质合格、无乳化现象、油位正常，将另一台油泵投入备用，投入润滑油冷却器，冷却水回水正常。

⑪ 启动一台风机轴承冷却风机，检查冷却风压力合格，将另一台冷却风机投入备用。

六、一次风机

一次风机的作用是向制粉系统提供干燥与输送煤粉的空气。与二次风相比，一次风具有风量小（一般仅占炉膛燃烧总风量的20%左右）、风压高（直吹式制粉系统中约15kPa），运行中风量变化大，风压变化小的特点。动叶可调轴流式风机和离心式风机都可作一次风机。

一次风机启动前的检查与准备有以下步骤。

① 所有一次风机工作票已终结，工作人员已撤离，系统恢复完整，表计齐全且投入，现场清理干净。

② 一次风机保护、联锁条件及程序回路试验正常并投入。

③ 检查一次风机及风道各检查门、人孔门在关闭位置。

④ 确认一次风机调节装置、出口挡板的工作电源送上，投入有关仪表和报警及保护装置。

⑤ 就地事故按钮完整良好。

⑥ 烟风挡板执行机构灵活，就地实际位置与画面指示相符。

⑦ 联轴器连接完好，联轴器安全罩牢固。

⑧ 检查一次风机风管支架装设牢固。

⑨ 电动机接地线良好，电动机接线正确，地脚螺钉无松动现象。

⑩ 停运时间超过15天，需要测定电动机绝缘，绝缘合格后方可汇报单元长送电。

⑪ 确认电动机油站供油压力正常，油质合格无乳化现象，油位正常，冷油器已投入。

⑫ 在锅炉不具备投粉条件的任何情况下，启动一次风机前必须做好防止一次风。

七、风机节能措施

风烟系统是火电机组主要耗电用户之一，送风机、引风机、一次风机耗电量占单元机组全部辅机耗电量的25%～35%左右，因此，深挖风机节电潜力，减少风烟系统辅机耗电量，可以有效降低机组厂用电率。

风机节能主要有以下几个方面。

① 减少系统无效压损和控制泄漏率。

② 结合机组需求，使辅机提供的介质流量、压力、流速处于最佳工况。

③ 合理安排运行方式，使辅机处于最佳运行工况，减少辅机运行台数和空载功耗。

④ 改变辅机出力调节方式，使辅机工作点处于高效区。

目前来说，大型机组风机节能主要有以下两方面措施：一是采用风机动叶调节，以减少节流调节造成的节流损失；二是大功率风机采用变频调节技术，以减少低负荷时风机电耗率。

第三节 · 空气预热器

空气预热器是利用锅炉尾部烟气的热量加热燃料燃烧所需的空气的热交换设备。空气预热器均布置在锅炉对流烟道的尾部，工作在烟气温度较低的区域，通常称为尾部受热面。在尾部烟道中的布置方式可分为单级布置和双级布置。空气预热器单级布置热风温度一般只能达到300℃左右，再高则难度大。

资源65：空气预热器

一、空气预热器的作用

锅炉装设空气预热器后，有以下几点好处。

① 降低排烟温度，提高锅炉效率，节省燃料。

② 改善燃料的着火与燃烧条件，同时也降低了不完全燃烧热损失。

③ 利于提高炉膛燃烧温度，强化辐射传热。

④ 热空气作为煤粉锅炉制粉系统的干燥剂和输粉介质。

二、空气预热器的类型

空气预热器按传热方式可分为传热式和蓄热式两种。在电厂中常用的传热式空气预热器是管式空气预热器，蓄热式空气预热器是回转式空气预热器。

传热式是指金属壁面将空气和烟气隔开，它们各有自己的通路，热量连续地通过传热面由烟气传给空气。

蓄热式是指烟气和空气交替地通过受热面，当烟气通过受热面时，热量由烟气传给受热面金属，并被金属积蓄起来，然后当空气经过受热面金属时，金属又把积蓄的热量传递给空气，连续不断地循环加热。

三、管式空气预热器的结构与工作原理

1. 结构

管式空气预热器整体为管箱，如图8-4所示。由许多薄壁钢管4（管子错列布置）焊在上管板1上、下管板3上形成管箱。装有中间管板2，使空气交叉流动，实现逆流传热。

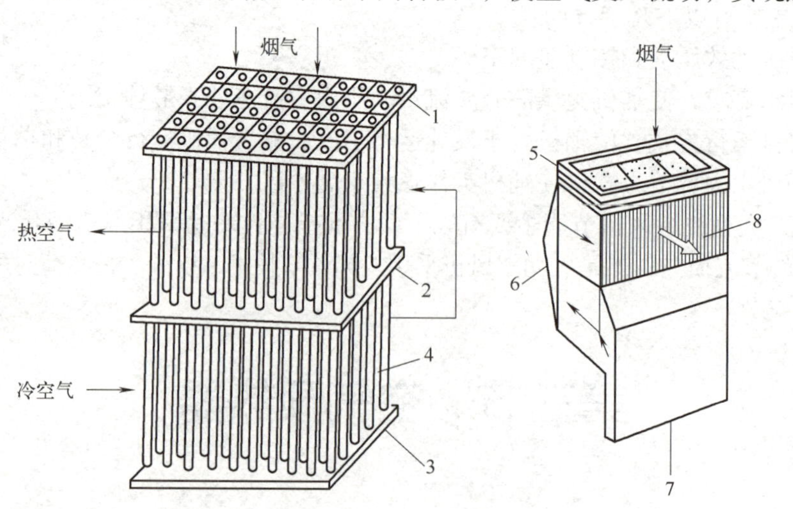

图8-4 钢管式空气预热器结构

1—上管板；2—中间管板；3—下管板；4—烟管；5—膨胀节；6—空气连通罩；7—冷空气入口；8—热空气出口

资源66：立式管式空气预热器的结构与工作原理

资源67：卧式管式空气预热器的结构与工作原理

2. 工作原理

高温烟气在管内纵向流动，冷空气在管外横向流动，高温烟气的热量通过金属壁面传给冷空气，如图 8-5 所示。

目前我国容量 670t/h 以下的锅炉采用钢管式空气预热器的较多。

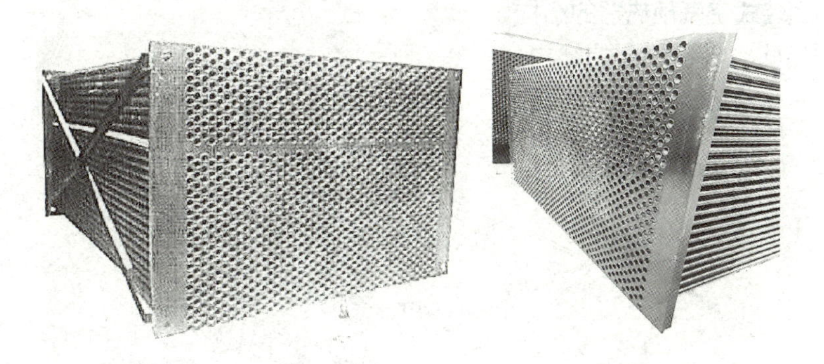

图 8-5 钢管式空气预热器

3. 布置

管式空气预热器根据气流的通道和流程可分为单通道和双通道、单流程和多流程形式，如图 8-6 所示。

（1）单道单流程。烟气与空气一次交叉流动，布置方式简单，空气通道截面大，流动阻力小；缺点是传热平均温差小。

（2）单道多流程。流程数愈多，越接近逆流传热，得到较大的传热平均温差。此外，流程数增多，空气流速增加，有利于增强传热，因此，大型锅炉常采用多流程空气预热器。

在大型锅炉中，为得到较大传热温差，又不使空气流速过大，常采用双道多流程，如图 8-6（c）所示。

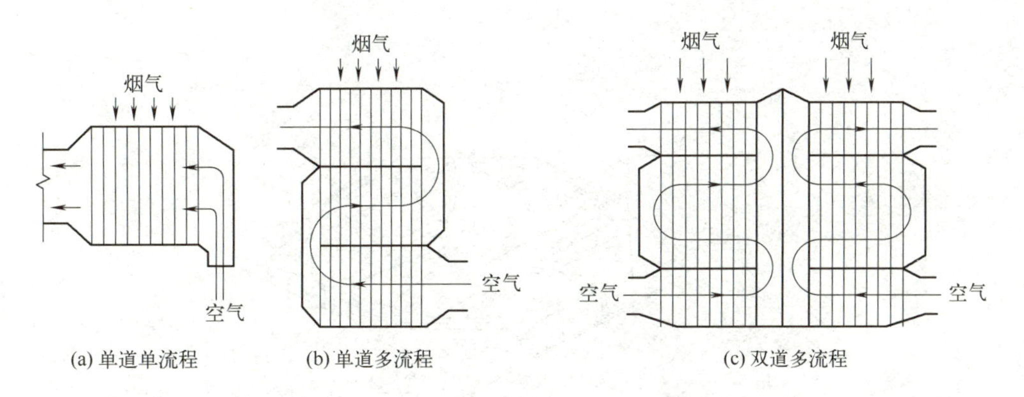

图 8-6 管式空气预热器的布置方式

四、回转式空气预热器的结构与工作原理

随着电厂锅炉蒸汽参数和机组容量的加大，管式空气预热器由于受热面的加大而使体积和高度增加，给锅炉布置带来影响。因此现在大机组都采用结构紧凑、重量轻的回转式空气预热器。

回转式空气预热器传热效率高，结构紧凑、体积小，金属耗量少，故在大容量锅炉上得到了广泛应用。

回转式空气预热器布置在锅炉尾部烟道出口，按其转动部件，又分为受热面回转式和风罩回转式两种形式。我国大型火电厂锅炉均采用受热面回转式空气预热器。

1. 受热面回转式空气预热器的结构

受热面回转式空气预热器的结构如图 8-7 所示。

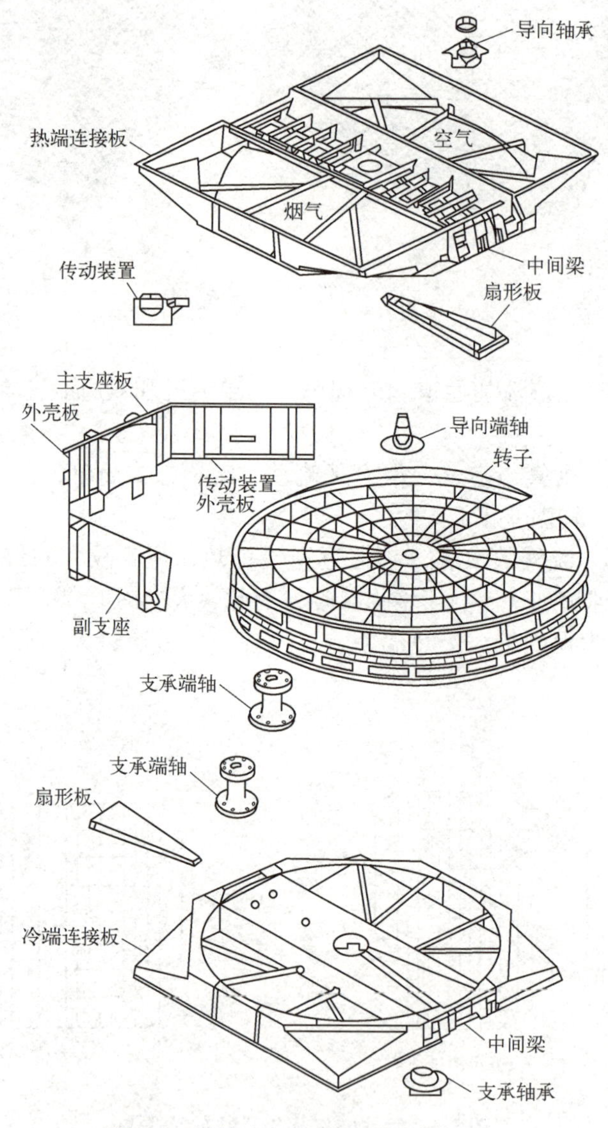

图 8-7 回转式空气预热器的结构部件

按进风仓的数量分类，回转式空气预热器可以分为二分仓和三分仓两种。当锅炉的一次风和二次风温度不同，则可将转子的空气通道分成两部分，分别与一次风、二次风通道相接，称为三分仓回转式空气预热器，如图 8-8 所示，三分仓受热面回转式空气预热器由圆筒形的转子和圆筒形外壳、密封装置、烟风道以及传动装置所组成。圆筒形外壳和烟风道均不转动，而内部的圆形转子是动的。

受热面装在可转动的转子上，转子被分成若干扇形仓格，每个仓格装满了由波浪形金属薄板制成的蓄热板。圆筒形外壳的顶部和底部上下对应分隔成烟气流通区、空气流通区和密封区（过渡区）三部分。烟气流通区与烟道相连，空气流通区与风道相连，密封区中既不流通烟气，又不流通空气，所以烟气和空气不相混合。

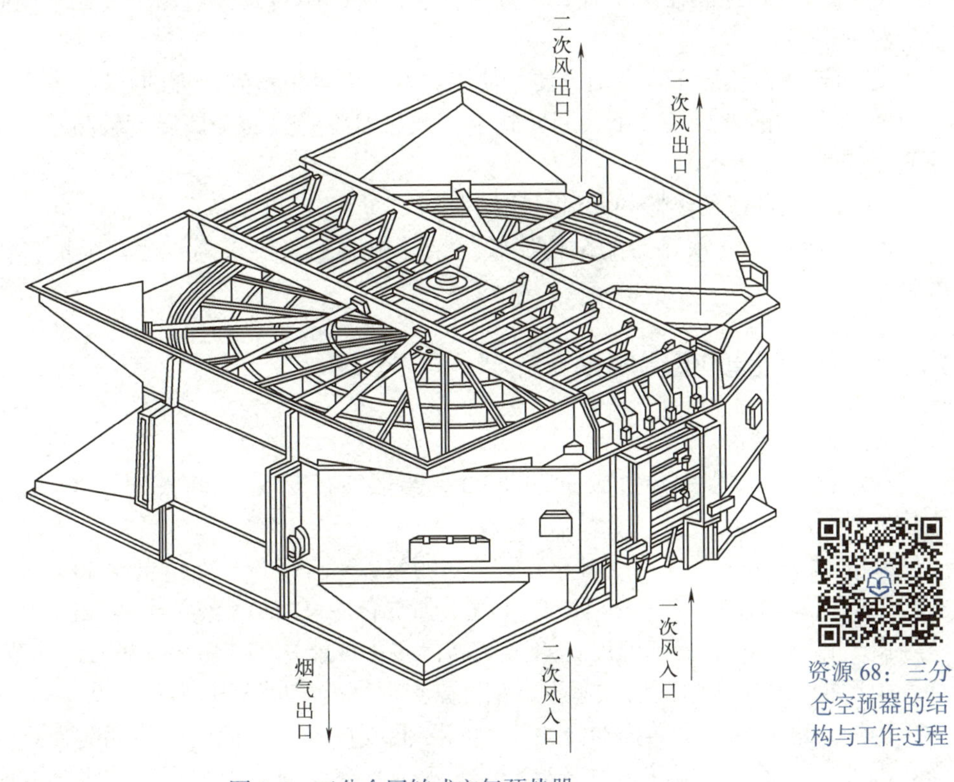

资源 68：三分仓空预器的结构与工作过程

图 8-8　三分仓回转式空气预热器

如图 8-9 所示，转子是由中心筒、径向隔板、横向隔板及转子外围所组成。中心筒和转子外围均由钢板卷制而成，两者之间依靠径向隔板连成一个整体。受热面装于可转动的圆筒形转子之中，转子被径向隔板及环向隔板分成若干个扇形仓格，每个仓格内装满了由波浪形金属薄板制成的作为受热面的传热单元（蓄热板）。

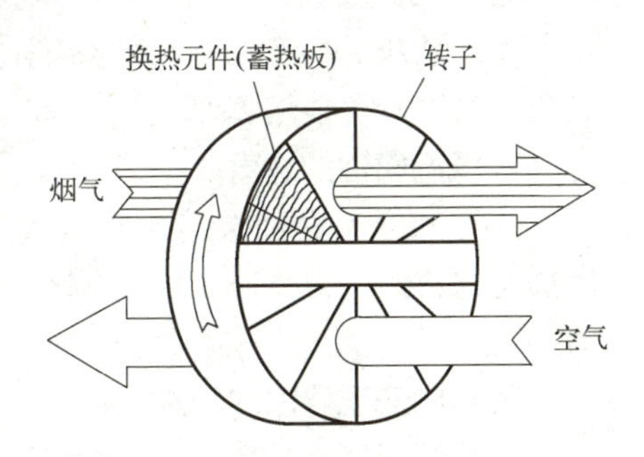

图 8-9　空气预热器转子示意图

2. 受热面回转式空气预热器的工作原理

转子横截面被划分为三个流通区，即烟气区、一次风区、二次风区。转子的三个流通区之间通过密封区（密封区由外壳顶板及底板构成）隔开，三个流通区分别与上下烟道、上下一次风道、上下二次风道相连。电动机通过传动装置带动受热面转子以 1r/min 的速度旋转，受热面依次交替通过烟气流通区及空气流通区。当受热面通过烟气流通区时，烟气将热量放给传热元件；当受热面通过空气流通区时，传热元件对空气放热。烟气自上向下流动，烟气温度逐渐降低。空气自下向上流动，空气温度逐渐升高，此时转子上端面的径向隔板金属温度比下端面处高，故转子的上端称为热段，下端称为冷段。转子每旋转一周，完成一次热交换。

五、管式空气预热器和回转式空气预热器相比较

管式空气预热器和回转式空气预热器两者相比较有以下特点：

① 回转式空气预热器由于其受热面密度高，因而结构紧凑，占地小。

② 因回转式预热器重量轻，布置很紧凑，所以回转式预热器金属耗量比同容量管式预热器要少很多。

③ 回转式预热器布置灵活方便，使锅炉本体更容易得到合理的布置。

④ 在相同的外界条件下，回转式空气预热器因受热面金属温度较高，低温腐蚀的危害较管式轻些。

⑤ 回转式空气预热器的漏风量比较大。

⑥ 回转式空气预热器的结构比较复杂，制造工艺要求高，运行维护工作多，检修也较复杂。

六、空气预热器的低温腐蚀

1. 原因

在燃料燃烧过程中会生成一定的 SO_3，当烟气温度低于 200℃时，SO_2 会与水蒸气结合生成硫酸蒸汽。即

SO_2(气)+H_2O(气)$\longrightarrow$$H_2SO_3$（气）弱酸； H_2SO_3(液)$\rightleftharpoons$$2H^++SO_3^{2-}$

SO_3(气)+ H_2O(气)$\longrightarrow$$H_2SO_4$（气）强酸； H_2SO_4(液)$\rightleftharpoons$$2H^++SO_4^{2-}$

由于硫酸蒸汽的凝结温度比水蒸气高得多（可能达到 140 ～ 160℃，甚至更高），因此烟气中只要含有很少量的硫酸蒸汽，烟气露点温度就会明显升高。

当烟气进入低温受热面时，由于烟温降低或在接触到低温受热面时，只要在温度低于露点温度，水蒸气和硫酸蒸汽将会凝结。水蒸气在受热面上的凝结，将会造成金属的氧腐蚀，而硫酸蒸汽在受热面上的凝结，将会使金属产生严重的酸腐蚀。而且，腐蚀产物和凝结产物会与飞灰反应，生成酸性结灰，它能使烟气中的飞灰大量黏结沉积，形成不易被清除的低温黏结结灰。由于结灰，传热能力降低，受热面壁温降低，引起更严重的低温腐蚀和黏结结灰，最终有可能堵塞烟气通道。

2. 低温腐蚀的危害

强烈的低温腐蚀会造成空气预热器热面金属的破裂，大量空气漏进烟气中，使得送风燃烧恶化，锅炉效率降低，影响空气预热器的传热效率，同时腐蚀也会加重积灰，使烟道阻力加大，影响锅炉安全、经济运行。

3. 影响低温腐蚀的因素

影响低温腐蚀的因素是硫酸蒸汽的凝结量。凝结量越大，腐蚀越严重。

① 凝结液中硫酸的浓度。烟气中的水蒸气与硫酸蒸汽遇到低温受热面开始凝结时，硫酸的浓度很大。随着烟气的流动，硫酸蒸汽会继续凝结，但是这时凝结液中硫酸的浓度却逐渐降低。开始凝结时产生的硫酸对受热面的腐蚀作用很小，而当浓度为 56% 时，腐蚀速度最大。

② 受热面的壁温。受热面的低温腐蚀速度与金属壁温有一定的关系，生产实践证明：腐蚀最严重的区域有两个：一个发生在水露点附近；另一个发生在烟气露点以下 20～45℃区域。

4. 低温腐蚀的减轻和防止

① 燃料脱硫。

② 低氧燃烧。即在燃烧过程中用降低过量空气系数来减少烟气中的剩余氧气，以使 SO_2 转化为 SO_3 的量减小，但是低氧燃烧，必须保证燃烧的安全，否则降低燃烧效率，影响经济性。

③ 采用降低酸露点和抑制腐蚀的添加剂。将添加剂——粉末状的白云石混入燃料中，或直接吹入炉膛，或吹入过热器后的烟道中，它会与烟气中的 SO_2 和 H_2SO_4 发生作用而生成 $CaSO_4$ 或 $MgSO_4$，从而能降低烟气中或 H_2SO_4 的分压力，降低酸露点，减轻腐蚀。

④ 提高空气预热器受热面的壁温，是防止低温腐蚀最有效的措施，通常可以采用风再循环或暖风器两种方法。

⑤ 回转式空气预热器结构中常用抗腐蚀的措施。采用回转式空气预热器本身就是一个减轻腐蚀的措施，因它在相同的烟温和空气温度下，其烟气侧受热面壁温较管式空气预热器高，这对减轻低温腐蚀有好处。

5. 运行中防止低温腐蚀的措施

① 采用低氧燃烧。

② 控制炉膛燃烧温度水平，减少 SO_2 的生成量。

③ 定期吹灰，利于清除积灰，又利于防止低温腐蚀。

④ 定期冲洗。如空气预热器冷段积灰，可以用碱性水冲洗受热面清除积灰。冲洗后一般可以恢复至原先的排烟温度，而且腐蚀减轻。

⑤ 避免和减少尾部受热面漏风。因漏风，受热面温度降低，腐蚀加速。特别是空气预热器漏风，漏风处温度大量下降，导致严重的低温腐蚀。

总之，空预热器的低温腐蚀产生的主要原因是燃料中的硫燃烧生成 SO_2，其中部分氧化形成 SO_2。由于 SO_3 的存在，使烟气的露点升高，当遇低温受热面时结露，并腐蚀金属。影响腐蚀速度的因素有：硫酸量、浓度和壁温。预防低温腐蚀的措施是采用热风再循环、加装暖风器、采用耐腐蚀的材料、装设吹灰装置。

复习思考题

1. 风烟系统的作用是什么？它是由哪些设备组成以及这些设备的作用又是什么？
2. 锅炉运行过程中，风烟系统是如何进行工作的？
3. 绘制风烟系统流程图，并简述其工作过程。
4. 风烟系统启动时，应注意哪些事项？
5. 电厂锅炉风机主要有哪些？按照工作原理，风机主要分为哪几种类型？
6. 轴流风机的结构和工作原理是什么？
7. 离心风机的结构和工作原理是什么？与轴流风机相比较，有哪些特点？
8. 在实际生产中，应该从哪些方面着手进行风机节能？
9. 空气预热器有几种形式？大型锅炉常用什么形式的空气预热器？为什么？
10. 试述回转式空气预热器的工作原理。回转式空气预热器有什么特点？
11. 受热面低温腐蚀有哪些危害？减轻和防止低温腐蚀的措施有哪些？

除尘、脱硫、脱硝系统

知识目标

① 了解除尘设备系统的基本结构及工作原理。
② 掌握脱硫系统设备组成及工作过程。
③ 了解脱硝的方法；掌握脱硝系统设备组成及工作过程。

能力目标

① 能正确识别除尘器的基本结构，并能正确叙述其工作原理。
② 能正确认识组成脱硫系统的设备名称及作用，并能正确叙述脱硫系统的工作过程。
③ 能找出脱硝的位置以及对应的方法，并能正确叙述脱硝系统的工作过程。

第一节 · 除 尘 系 统

一、除尘的目的

资源 69：除尘系统

目前，我国火力发电厂主要是燃煤型锅炉，煤燃烧后产生的烟气中的主要物质有烟尘、二氧化硫、氮氧化物、一氧化碳、二氧化碳等，这些有害污染物会给人体、设备和植物造成很大的危害，主要有以下几方面。

① 对人体的危害。烟尘对人体危害最大的器官就是呼吸系统，可以通过吸收系统直接进入人体肺泡，进入肺泡的小粒径颗粒具有更大的危害性，防治不力就会导致肺病和心血管病等疾病。

② 对锅炉、电气等设备的危害。粉尘会使锅炉内的受热面积灰，影响热交换性能；烟

气中含有微小颗粒对锅炉受热面、烟道、引风机造成磨损，缩短其使用寿命，增加维修工作量。烟气中大量的有害气体还会限制排烟温度，增加排烟损失，降低锅炉效率；粉尘落到电气设备上，可能会造成设备发生短路，引起事故。另外，悬浮性粉尘会增加生产设备的非正常磨损，缩短设备的寿命，增加维护成本，从而对企业的产出和经济效益产生不可低估的影响。

③ 对植物的危害。燃煤产生的烟尘会飞散到大气环境中，粉尘飘浮到植物上，覆盖在绿色植物的叶子上，会影响到植物的光合作用，空气中氧气会减少。而且尘粒本身是酸性物质（主要是硅的氧化物，还有钙、镁、铁、铝等氧化物），严重影响植物生长，对大气环境及生态平衡造成严重影响。

为保护我们的生存环境，实现绿色的可持续发展，就必须对燃煤电厂和其他工业企业的烟气和粉尘等污染物进行处理，以达到排放标准。加强对粉尘污染的治理，不但具有经济效益，同时所带来的社会效益和环境效益更是不可估量，因此控制和治理粉尘污染已经成为我国当今和今后相当一段时间内最为重要和紧迫的环保任务之一。

二、除尘器的种类

除尘是指在炉外加装各类除尘设备（把粉尘从烟气中分离出来的设备），净化烟气，减少排放到大气的粉尘，它是当前控制排尘量达到允许程度的主要方法。

除尘设备的种类繁多，可以有各种各样的分类。通常按照捕集分离粉尘粒子的机理来分类，如重力、惯性力、离心力、热力、扩散力等，可将各种除尘设备归为四大类，即机械式除尘器、湿式除尘器、过滤式除尘器、电除尘器。

① 机械式除尘器。一般作用于除尘器内，含尘气体的作用力是重力、惯性力及离心力，这类除尘器又可分为：重力除尘设施——重力沉降室；惯性力除尘设施——惯性除尘器（又称惯性分离器）；离心力除尘设施——旋风除尘器（又称离心分离器）。

② 湿式除尘器（又称湿式洗涤器）。湿式除尘器是以水或其他液体为捕集粉尘粒子介质的除尘设施。按耗能的高低分为：低能湿式除尘器喷雾塔、水膜除尘等；高能湿式除尘器——文丘里除尘器。湿式除尘器还有其他分类方法，这里不再赘述。

③ 过滤式除尘器。过滤式除尘器是含尘气体与过滤介质之间依靠惯性碰撞、扩散、截留、筛分等作用，实现气固分离的除尘设施。根据所采用过滤介质和结构形式的不同，可以分为：袋式除尘器（又称为布袋除尘器）；颗粒层除尘器等。

④ 电除尘器。利用高压电场产生的静电力，使粉尘从气流中分离出来的除尘设施称为静电除尘器，简称电除尘器。按照电除尘器的结构特点，可以有多种分类，这里只列举按集尘的形式分类：管式静电除尘器、板式静电除尘器。

此外，在除尘过程中是否用水或其他液体，还可将除尘器分为干式和湿式两大类。用水或液体使气体中的粉尘或捕集到的粉尘是湿润状态的设施，称为湿式除尘器，如图 9-1 所

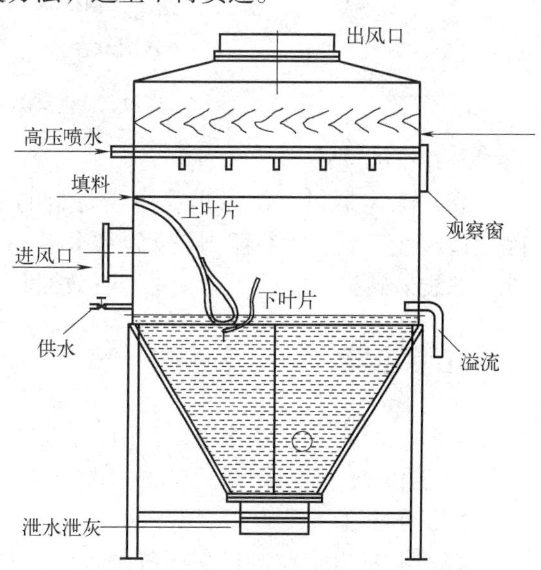

图 9-1　湿式除尘器原理图

示。把收集到的气体中的粉尘为干粉状态的设施，称为干式除尘器。

在目前建设的火力发电厂中，除尘装置以静电除尘器和布袋除尘器为主，随着国家环保要求的提高和布袋除尘器的运用实践，现在又出现了使用“静电 - 布袋”联合除尘的电 - 袋复合式除尘技术。

资源 70：布袋除尘器结构

资源 71：布袋除尘器工作原理

三、布袋除尘器

布袋除尘器是一种干式除尘装置。

1. 工作原理

滤袋采用纺织的滤布或非纺织的毡制成，其工作原理包含过滤和清灰两部分，如图 9-2 所示。过滤是指含尘气体中粉尘的惯性碰撞、重力沉降、扩散、拦截和静电效应等作用结果。布袋过滤捕集粉尘是利用滤料进行表面过滤和内部深层过滤。清灰是指当滤袋表面的粉尘积聚达到阻力设定值时，清灰机构将清除滤袋表面烟尘，使除尘器保持过滤与清灰连续工作。它适用于捕集细小、干燥、非纤维性粉尘。

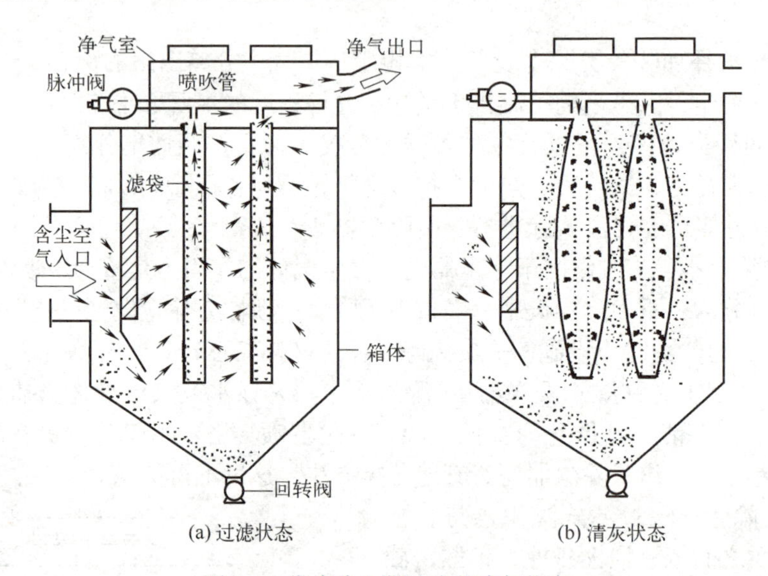

(a) 过滤状态　(b) 清灰状态

图 9-2　袋式除尘器过滤和清灰状态

2. 存在的问题

袋式除尘器最大缺点是受滤袋材料的限制，在高温、高湿度、高腐蚀性气体环境中，除尘适应性较差。运行阻力较大，平均运行阻力在 1500Pa，有的甚至高达 2500Pa 左右。另外，滤袋易破损、脱落，旧袋难以有效回收利用。

四、电除尘器

资源 72：电除尘器工作原理

电除尘器作为高效除尘设备引入我国电力行业，并在短时间里得到了广泛的应用。

1. 工作原理

烟气中灰尘尘粒通过高压静电场时，与电极间的正负离子和电子发生碰撞而荷电（或在离子扩散运动中荷电），带上电子和离子的尘粒在电场力的作用下向异性电极运动并积附在异性电极上，通过振打等方式使电极上的灰尘落入收集灰斗中，使通过电除尘器的烟气得到净化，达到保护大气，保护环境的目的。

2. 分类和结构

如图 9-3 所示，电除尘器是由电晕电极、集（收）尘电极、气流分布装置、振打清灰装置、外壳和供电设备等部分组成。

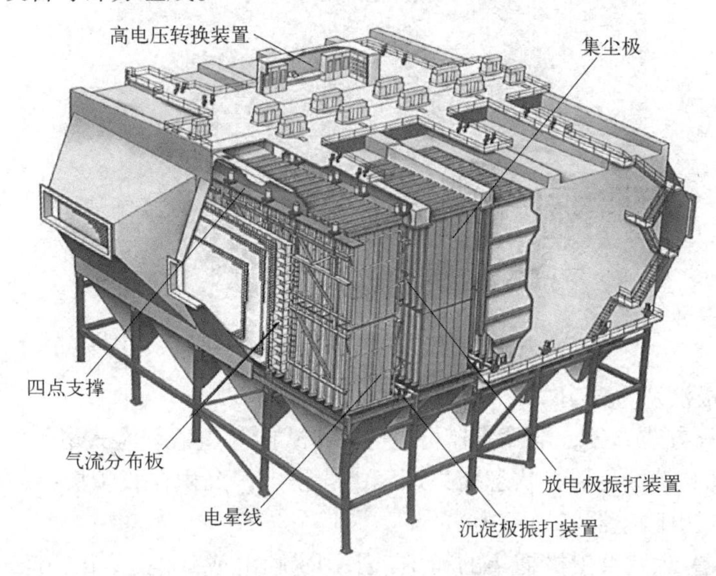

图 9-3　电除尘器结构

根据不同的分类方法，电除尘器有很多类型。

（1）按照气体在电场内的运动方向分类

按照气体在电场内的运动方向分类，电除尘器可以分为立式和卧式。

① 立式电除尘器。气体在电除尘器内自下而上做垂直运动的称为立式电除尘器。这种电除尘器适用于气体流量小、除尘效率要求不高、粉尘性质易于捕集和安装场地较狭窄的情况，如图 9-4 所示。

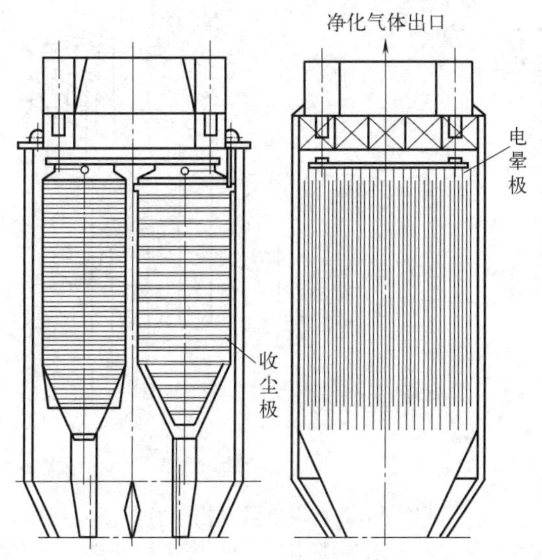

图 9-4　立式电除尘器结构示意图

② 卧式电除尘器。气体在电除尘器的电场内沿水平方向运动的称为卧式电除尘器，如图 9-5 所示。

资源 73：卧式电除尘器结构组成

图 9-5 卧式电除尘器结构示意图

（2）按照电极清灰方式分类

按照电极清灰方式分类，电除尘器可以分为干式电除尘器和湿式电除尘器等。

① 干式电除尘器。在干燥状态捕集烟气中的粉尘，沉积在收尘极上的粉尘借助机械振打清灰的称为干式电除尘器。

② 湿式电除尘器。收尘极捕集的粉尘，采用水喷淋或其他适当的方法在收尘极表面形成一层水膜，使沉积在收尘极上的粉尘和水一起流到除尘器的下部排出，采用这种清灰方式的静电除尘器称为湿式电除尘器。

（3）按收尘极的形式分类

按照收尘极的形式，电除尘器可以分为管式电除尘器和板式电除尘器，如图 9-6 所示。

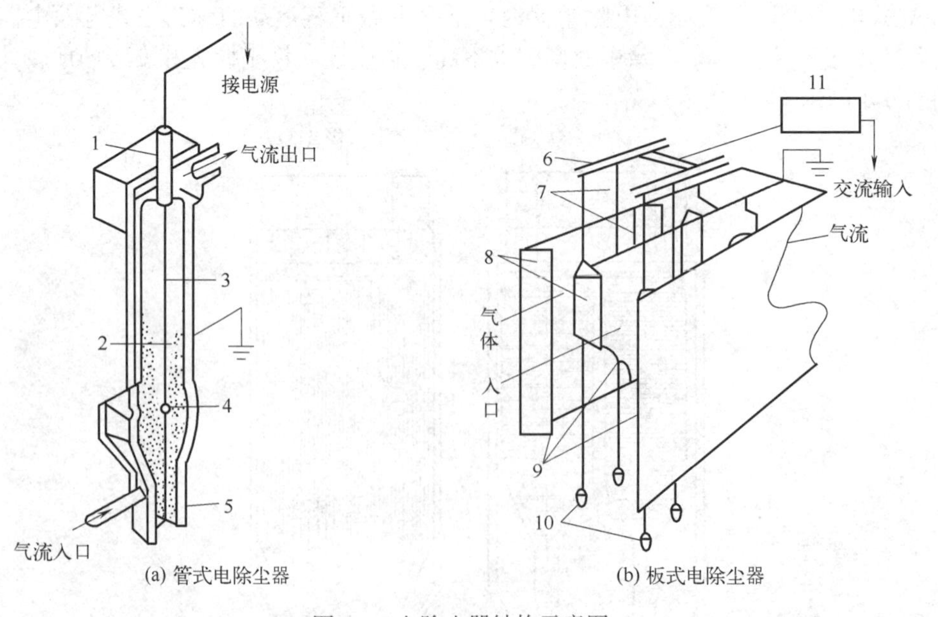

图 9-6 电除尘器结构示意图

1—绝缘瓶；2—集尘极表面上的粉尘；3—放电极；4—吊锤；5—捕集的粉尘；6—高压母线；7—电晕极；8—挡板；9—收尘挡板；10—重锤；11—高压电极

① 管式电除尘器。收尘极由一根或者一组呈圆形或六角形的管子组成。界面呈圆形或者星形的电晕线安装在管子中心，含尘气流自下而上从管子内通过，如图 9-6（a）所示。

② 板式电除尘器。收尘极由若干块平板组成，如图 9-6（b）所示。板式电除尘器应用较为广泛。

五、电 - 袋复合式除尘器

随着国家粉尘排放标准的提高，在燃煤电厂烟气除尘中，静电除尘器因其除尘率受粉尘性质的影响较大，难以保证长期、稳定高效地运行。布袋除尘器由于不适于在高温状态下运行，当烟气中粉尘含水分超过 25% 时，粉尘易黏袋堵袋，造成布袋清灰困难、阻力升高。因此，电 - 袋复合式除尘器结合了电除尘器及纯布袋除尘器两者的优点，是新一代的除尘技术。

1. 工作原理

如图 9-7 所示，电 - 袋复合式除尘器是通过前级电除尘区捕集 80% ～ 90% 的烟气粉尘，后级滤袋过滤区捕集少量的残余粉尘。同时，利用通过前级电场区产生的荷电粉尘，可有效改善沉积在滤袋表面粉尘层的过滤特性，使滤袋的透气性能、清灰性能得到大幅改善，从而

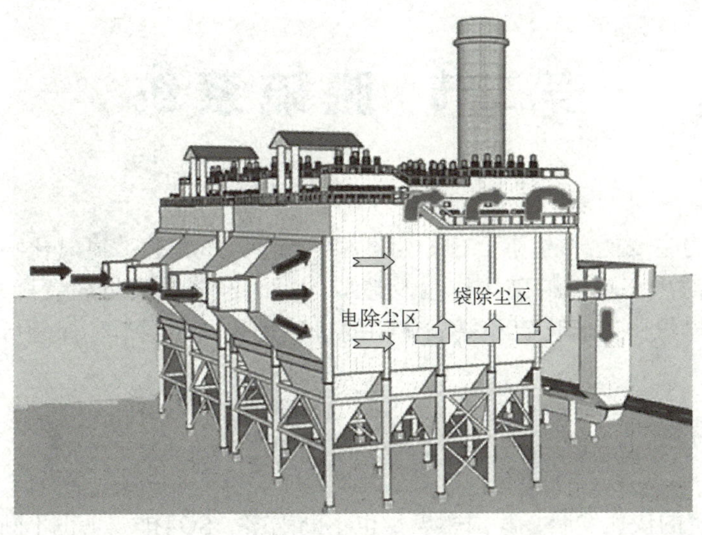

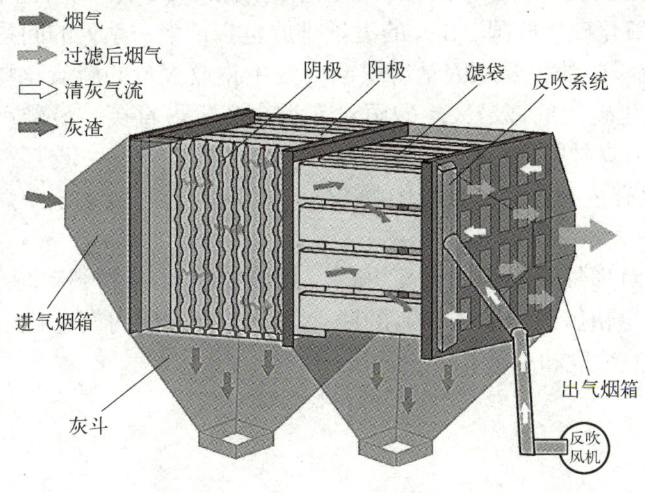

图 9-7　电 - 袋复合式除尘器

达到低阻高效收尘的效果。此技术结合了电除尘和滤袋除尘的两种除尘特点，它的除尘效率不受煤种、烟气工况、飞灰特性影响，排放浓度可以长期高效稳定在 50mg/nm^3 以下，甚至 30mg/nm^3。

2. 优点

电 - 袋式复合式除尘器是一种新型的除尘装置，它是电除尘器和袋式除尘器的有机结合，充分发挥了两种除尘器各自的优势。

① 技术先进可靠。

② 除尘效率不受粉尘特性影响，效率稳定，适应性强。

③ 结构紧凑。

④ 压降小，滤袋寿命长。

⑤ 对微细粉尘分级除尘效率高。电 - 布复合式除尘器的除尘效率能达 99.9% 以上。

⑥ 除尘费用低。在初投资上，电除尘单元只设一级电场；布袋除尘单元中，所需滤袋少。在运行费用上，阻力小、能耗低，滤袋使用寿命长，总的运行费用比同容量的电除尘器和布袋除尘器都低。

第二节 · 脱硫系统

我国是以煤为主要能源的国家，煤燃烧后会产生二氧化硫、氮氧化物等有害物质，它对生态环境的破坏作用及造成的巨大经济损失毋庸置疑，如何有效地减少燃煤中二氧化硫和氮氧化物的排放是我国能源与环保领域亟待解决的问题。

资源 74：
脱硫系统

一、脱硫的意义

随着国民经济的快速发展，我国燃煤量也不断增多，SO_2 排放量也不断增多，目前基本成为世界最大的二氧化硫排放国。SO_2 的大量排放也会带来一系列的问题：

① 酸雨。形成酸雨的主要原因是燃煤向大气中排放大量的硫氧化物和氮氧化物等酸性气体，其中以二氧化硫的危害最大。酸雨对人类会产生最直接、最严重的危害。例如：酸雨会造成设备腐蚀、森林毁坏、环境恶化等。

② 对人身健康有危害。大气环境中的 SO_2 会引起人体呼吸系统疾病，严重时会造成人群死亡率增加。

近年来，国家对烟气脱硫要求更高更急，对烟气中 SO_2 排放标准更严，这就更加迫切地要求火力发电厂尽快解决烟气中 SO_2 的脱除问题，现在国内发电机组大多采用了脱硫技术以确保排放的 SO_2 浓度和总量。

二、脱硫的方法

目前控制 SO_2 排放技术通常可分为三类：

① 燃烧前脱硫。通过各种方法将燃气净化，去除燃气中所含的硫分、灰分等污染杂质。

② 燃烧中脱硫，即在燃气燃烧过程中加入石灰石或白云石粉作为脱硫剂，$CaCO_3$ 和 $MgCO_3$ 加热分解成 CaO 和 MgO，和烟气中的 SO_2 反应生成硫酸盐，随灰分排出。

③ 燃烧后烟气脱硫，即烟气脱硫。 所谓烟气脱硫就是应用化学或者物理的方法将烟气中的 SO_2 予以固定或脱除。按照脱硫方式和产物的处理形式划分，烟气脱硫的又可划分为：干法、湿法和半干法三类。

a. 干法烟气脱硫技术，即脱硫吸收和产物处理均在干状态下进行的，该方法具有无污水和废酸排出、设备腐蚀小、烟气在脱硫过程中无明显温降、净化后烟温高、利用烟囱排气扩散等优点。

b. 湿法烟气脱硫技术，液体或浆状吸收剂在湿状态下脱硫和处理脱硫产物，该法具有脱硫反应速度快，脱硫效率高等优点。但湿法烟气脱硫工艺存在投资和设备运行费用都很高、脱硫后产物处理较难、易造成二次污染、启停不便、腐蚀积垢等问题。

c. 半干法烟气脱硫技术，该方法皆有干法和湿法等特点，是脱硫剂在干燥状态下脱硫，在湿状态下再生或者在湿状态下脱硫，在干状态下处理脱硫产物（如喷雾干燥法）的烟气脱硫技术。

目前国内电厂应用石灰石浆液洗涤湿法脱硫技术（FGD）较多，也是当今世界上唯一最大规模商业化应用的脱硫技术，是控制 SO_2 最行之有效的途径。

三、湿法烟气脱硫系统的设备组成

如图 9-8 所示，整个系统工艺由烟气系统（引风机）、SO_2 吸收系统（脱硫吸收塔）、石灰石浆液制备及供应系统、石膏脱水系统、工艺水及设备冷却水系统、压缩空气系统、脱硫废水处理系统等组成。

资源 75：湿法烟气脱硫工艺流程

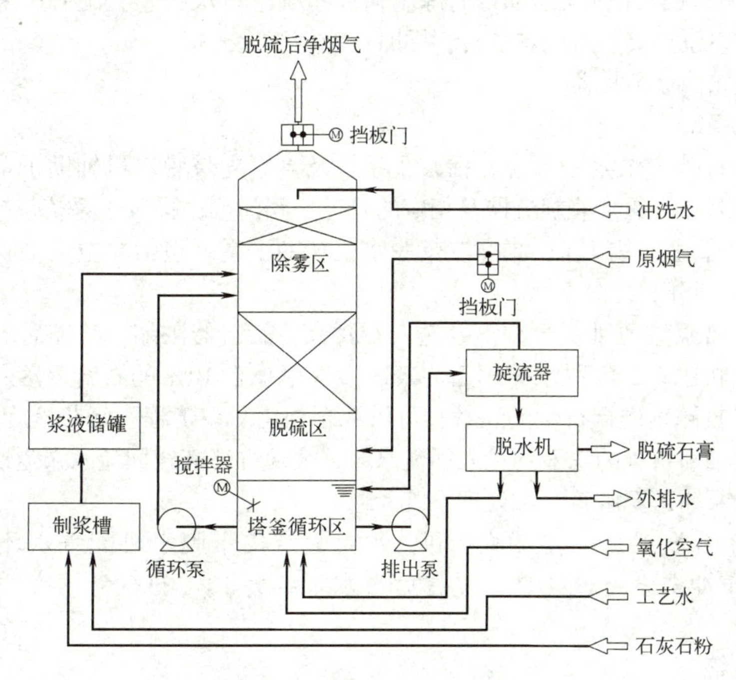

图 9-8　石灰石湿法烟气脱硫

1. 烟气系统

引风机把烟气直接引入脱硫吸收塔，烟气经脱硫后，吸收塔出口烟气直接进入烟囱排放。

2. SO_2 吸收系统

吸收塔目前有多种形式，对石灰石 - 石膏湿法烟气脱硫技术，吸收塔的选型是十分重要。目前，按吸收塔使用形式分类有格栅填料塔、鼓泡塔、液柱喷淋塔、空塔等。广义说，喷淋塔也属于空塔。从目前收集到的资料看，国内外目前使用的吸收塔属空塔类型的居多。

资源 76：吸收塔结构

吸收塔再循环系统包括浆液循环泵、管道系统、喷淋组件及喷嘴。每台吸收塔根据喷淋层数配备相应台数的浆液循环泵。运行的浆液循环泵的数量根据锅炉负荷的变化和对吸收浆液流量的要求来确定，以达到要求的吸收效率。

吸收塔设两级除雾器，布置于吸收塔顶部最后一层组件的上部。烟气穿过再循环浆液喷淋层后，再连续流经两层除雾器除去所含浆液雾滴。除雾器设有清洗系统间断运行，采用自动控制。

每套 FGD 装置各设 2 台氧化风机，1 台运行 1 台备用。每台吸收塔配 2 台石膏排浆泵，将浆液送至石膏脱水系统。

3. 石灰石浆液制备及供应系统

脱硫用吸收剂为石灰石，用卡车或其他方式将石灰石（粒径小于 20mm）送入卸料斗后经给料机、斗式提升机和仓顶石灰石输送机送至石灰石仓内，再由称重给料机送到湿式钢球磨煤机内磨制成浆液，石灰石浆液用泵输送到石灰石浆液旋流器经分离后，大尺寸物料返回磨煤机继续研磨，溢流的成品物料存储于石灰石浆液箱中，然后经石灰石浆液泵输送至吸收塔进行反应。

石灰石仓和石灰石卸料间顶部设有除尘通风系统。石灰石仓上配有用来确定容积的连续料位计和高低料位报警装置的料位计，同时也能用于远方指示。

石灰石浆液箱内设搅拌器。

4. 石膏脱水系统

石膏脱水系统分为浓浆子系统、稀浆子系统及真空皮带脱水机辅助子系统。浓浆子系统包括石膏排浆泵和石膏浆液旋流器及相应的管道、阀门等；稀浆子系统包括回流水箱、回流水泵及相应的管道、阀门等；真空皮带脱水机辅助子系统包括真空皮带脱水机及相应的泵、箱体、管道、阀门等。

吸收塔的石膏浆液通过石膏排出泵送入石膏浆液旋流器浓缩，浓缩后的石膏浆液自流至真空皮带脱水机脱水，经脱水处理后为表面含水率小于 10% 的石膏，落入石膏堆料间存放待运，用密封自卸车进行石膏的装载，可供综合利用。该工程石膏浆液旋流器的溢流水、真空皮带脱水机辅助系统的滤液均进入回流水箱，大部分滤液经回流水泵返回吸收塔，小部分浆液通过废水泵输送至脱硫废水处理系统。

石膏脱水系统设置真空皮带脱水机，每台真空皮带脱水机配置水环式真空泵、汽液分离器，滤布冲洗设备。经真空过滤后含水量约为 10% 的石膏，落入石膏堆料间中储存。

5. 工艺水系统

脱硫用水包括工艺水和设备冷却水。

6. 压缩空气系统

脱硫岛所需的仪用和杂用压缩空气气源来自除灰压缩空气系统。脱硫岛内设仪用压缩空气储气罐。

仪用压缩空气用于脱硫装置所有气动操作的仪表和控制装置、CEMS 烟气在线监测系统用气、真空皮带脱水机的纠偏用气、石灰石储仓顶部的除尘器用气，杂用压缩空气用于检修用气。

四、湿法烟气脱硫系统的工作过程

烟气经引风机进入与脱硫吸收塔相连的烟道，烟气在温度小于 140℃时进入 FGD 系统，在脱硫吸收塔内，烟气自下向上流动，与从塔上部的离心喷嘴喷淋而下的石灰石浆液逆向充分接触混合（接触反应时间 2 ～ 5s），并发生化学反应，烟气中的 SO_2 被去除。化学反应如下：

$$SO_2+Ca(OH)_2 \longrightarrow CaSO_3+H_2O$$

$$SO_3+Ca(OH)_2 \longrightarrow CaSO_4+H_2O$$

净化后的烟气，经两级除雾器（吸收塔顶折板形规整填料除雾器和排气筒底部旋流板除雾器）将液滴分离干净，符合 GB 13223—2011《火电厂大气污染物排放标准》后从排气筒排空。

脱硫反应物进入 FGD 吸收塔下部贮浆池，用空气鼓泡（空气压力 0.005 ～ 0.086MPa，流量按 $SO_2/O_2=1:1$ 控制）进行氧化反应：

$$CaSO_3+1/2O_2 \longrightarrow CaSO_4$$

经空气氧化后形成石膏浆液，由石膏液泵排出，在水力旋分器中进行初步脱水。切向进入水力旋分器的石膏悬浮液产生离心运动，重的固体微粒抛向旋分器壁，并向下流动形成石膏稠液进入真空带滤机进一步脱水后，石膏被送出装置。清液从旋分器的中心管向上流动，进入新脱硫液配置系统。

由脱硫氧化池中脱硫浆液的 pH 分析表（$5.4 \leqslant pH < 5.8$）控制新脱硫剂添加量。

第三节 · 脱硝系统

一、脱硝的目的

烟气中氮氧化物是由一氧化氮和二氧化氮组成的，其中一氧化氮的含量大约占氮氧化物的 90%。当氮氧化物排入环境后，经光化学作用被氧化成二氧化氮，它不但是形成酸雨的主要因素，也是环境空气的重要污染物。因此烟气脱硝排放是改善环境空气质量的重要手段，但是一氧化氮既不易溶于水，又不与碱性溶液起反应，所以一般的湿式除尘器是不能起到脱硝作用的。烟气脱硝技术主要是通过提高燃烧状态和烟气尾端治理技术来实现的。改善燃烧状态主要是采用低温燃烧技术和烟气再循环的低氧燃烧技术，这里主要介绍低氧燃烧技术和烟气尾端治理技术。

二、脱硝的方法

1. 低氧燃烧技术

在燃烧过程中，氮氧化物由燃料中的有机氮和空气中的氧气经氧化燃烧而形成。在煤、气、油燃料中，煤的氮含量最高，而改变燃烧方式只能解决空气中氧气氧化问题，在以气、油为燃料的锅炉中可起到更明显的效果。从反应式可见，降低燃烧过程氮氧化物的产生量，主要途径是降低燃烧温度和在不影响燃烧条件的情况下降低空气中氧含量。低氧燃烧技术就是降低空气中氧含量的一门燃烧控制技术。改善锅炉的结构可提高锅炉的燃烧效率，从而降低氧含量的指标。所以低氧燃烧技术是一项综合治理技术，需要高效率燃烧器技术的支持，这种技术常常在大型锅炉中运用。

2. 烟气尾端治理技术

烟气尾端治理技术以 NO_x 还原技术为主导地位，其 NO_x 还原技术可分为两大类：选择性催化还原技术 SCR 和选择性非催化还原技术 SNCR。

三、SCR 脱硝

资源 77：SCR 脱硝系统

SCR 技术是向温度为 300 ～ 420℃的烟气中喷入还原剂 NH_3，在催化剂的作用下，将烟气中 NO 还原生成 N_2 和 H_2O。SNCR 脱硝装置一般采用高含尘布置，即布置在锅炉省煤器与空气预热器之间。

1. 设备组成

脱硝系统构成包括烟气系统、SCR 反应器、催化剂、氨的空气稀释和喷射系统、烟气取样系统、冷却水系统、仪表压缩空气系统和液氨储存、蒸发系统、其他由主系统接出的水、蒸汽等辅助系统。

（1）烟气系统

烟气系统是指从锅炉尾部低温省煤器下部引出口至 SCR 反应器本体入口、SCR 反应器本体出口至回转式空气预热器入口之间的连接烟道。

（2）SCR 反应器

反应器中烟气竖直向下流动，反应器入口有气流均布装置。反应器内部各类加强板、支架等不易积灰，同时能自由热膨胀。

（3）催化剂

反应器内催化剂层按照两层设计，并预留一层设计。催化剂的形式采用蜂窝式。

（4）氨的空气稀释和喷射系统

由氨 / 空气混合系统来的混合气体喷入位于烟道内的涡流混合器处，在注入涡流混合器前将设手动调节阀，在系统投运时可根据烟道进出口检测出的 NO_x 浓度来调节氨的分配量，调节结束后可基本不再调整。

（5）烟气取样系统

原烟气取样风机从喷氨点前的烟道抽取原烟气经风机后注入反应器出口，净烟气取样风机从反应器出口烟道抽取净烟气经风机后注入反应器出口烟道。位于烟道抽取烟气处的管道都设置了过滤元件以过滤烟气中的烟尘，在每台风机抽取烟气入口管道上安装有 NO_2 及 O_2 分析仪。

（6）冷却水系统

烟气取样风机轴承冷却采用锅炉房区域闭式冷却水，排水至闭式回水管。氨站区卸压缩机冷却水取自工业水，排水至氨区地坑。

（7）仪表压缩空气系统

锅炉房区域仪表用气就近取自锅炉房区域仪表用压缩空气母管，氨站区域仪表用压缩空气取自厂区仪用压缩空气管道，在氨站区域设置压缩空气储罐稳压。

（8）液氨储存、蒸发系统

液氨储存、制备、供应系统包括液氨卸料压缩机、储氨罐、液氨蒸发槽、氨气缓冲槽稀释风机、混合器、氨气稀释槽、废水泵、废水池等，该系统提供氨气供脱硝反应使用。液氨的供应由液氨槽车运送，利用液氨卸料压缩机将液氨由槽车输入储氨罐内，将储槽中的液氨输送到液氨蒸发槽内蒸发为氨气，经氨气缓冲槽来控制一定的压力及其流量，然后与稀释空气在混合器中混合均匀，再送达脱硝系统。氨气系统紧急排放的氨气则排入氨气稀释槽中，经水的吸收排入废水池，再经废水泵送至废水处理厂处理。

2. 工作过程

SCR 脱硝是将气氨在氨 / 空气混合器中与空气混合成含氨 5% 的脱硝剂（避开气氨在空气中的爆炸极限：15% ～ 28%），在省煤器前烟道中通过喷嘴与烟气（370 ～ 400℃，空速 5.4m/s）充分混合，通过 SCR 催化剂段（选用 V_2O_5-WO_3/TiO_2 系列蜂窝式模块催化剂，在催化剂段中分前后三层铺装，逐层定期更换。催化剂段装设蒸汽清洁反吹装置），有化学反应：

$$4NO+4NH_3+O_2 \longrightarrow 4N_2+6H_2O$$

$$6NO_2+8NH_3 \longrightarrow 7N_2+12H_2O$$

在脱硝剂喷嘴前设 NO_x、O_2 分析表与温度监测，催化剂段烟气出口设 NO_x、O_2、NH_3 分析表，调整控制脱硝剂加入量，保证烟气在 370℃以上时，开启脱硝剂加入操作。保证脱硝后烟气脱硝率为 90%，同时控制氨逃逸量＜ 5ppm（10^6）和 SO_2/SO_3 转化率≤ 0.75%。

SCR 催化剂段烟气出口烟气通过后半段省煤器、空气预热器回收热能（温度降至 200℃）后，经过袋式除尘器除尘，由引风机送往烟气再脱硫系统。

四、SNCR 脱硝

资源 78：SNCR 脱硝系统

SNCR 技术是在没有催化剂作用下，向 850 ～ 1150℃高温烟气中喷射氨或尿素等还原剂，还原剂与烟气中的 NO_x 反应生成 N_2 和 H_2O。对于一般大型煤粉锅炉，SCR 脱硝适合的温度区间在锅炉的折焰角附近，CFB（循环流化床）锅炉则在旋风分离器进口。

1. 设备组成

SNCR 脱硝系统按照工艺流程，由尿素溶液制备系统、尿素溶液稀释与计量系统、尿素溶液分配系统、喷射系统等组成。

（1）尿素溶液制备系统

运送至现场的袋装颗粒尿素储存在尿素储存间中，经电动葫芦吊装送入尿素溶解罐，并与尿素溶解罐中按比例补充的新鲜除盐水充分溶解，配制成 50%（质量分数）浓度的尿素溶液。溶解罐中除盐水通过蒸汽加热维持在 40 ～ 50℃，溶解罐设置有搅拌器。溶解罐中的尿素溶液通过尿素溶液泵送入尿素溶液储罐中，在溶解罐中，用除盐水将尿素颗粒溶解，制成 50%（质量分数）浓度的尿素溶液，溶解罐上设置温度开关，当尿素溶液温度过低时，蒸汽加热系统启动，使溶液的温度自动保持在合理的温度范围，防止温度过低出现尿素溶液结晶现象。

（2）尿素溶液稀释与计量系统

通过尿素溶液循环泵输送至锅炉区域的尿素溶液在本系统中进行稀释及尿素溶液计量，根据锅炉负荷调节尿素溶液供应量，多余尿素溶液通过环形回路返回尿素溶液储罐。稀释水设置两台稀释水泵，入口设置压力调节阀，以保证入口稀释水压力变化，泵的出口压力也保持恒定，从而保证喷枪入口的尿素溶液压力，达到要求的喷射效果。

稀释水泵出口的两支稀释水管路分别与尿素供液泵出来的两支尿素溶液管路连接，混合后配制成浓度约为 10%（质量分数）的尿素溶液输送至锅炉区域。

尿素溶液稀释与计量系统通过尿素溶液线和稀释水线的流量控制阀和手动阀门、压力调节阀自动调节进入每个锅炉注入区域的尿素溶液浓度和流量，以响应烟气中 NO 的浓度、锅炉负荷、燃料量的变化。

尿素溶液稀释与计量系统设计要同时考虑 SNCR 系统停运时需要冲洗尿素溶液管路的要求，防止尿素结晶造成管道堵塞。

（3）尿素溶液分配系统

尿素溶液通过稀释与计量之后进入分配系统，由系统分配到各层 SNCR 喷枪区域，根据运行需要，对需要不同控制区域的 SNCR 喷枪分别进行流量分配，每支管道上设置电动控制阀、流量调节阀、流量计、就地压力表及压力变送器等。

（4）喷射系统

在锅炉不同负荷下，选择烟气温度处在最佳反应区间的喷射区喷射还原剂。喷射区域的位置和喷枪的设置通过对炉膛内温度场、烟气流场、还原剂喷射流场、化学反应过程精确的模拟结果而定。

2. 工作过程

SNCR 脱硝是将 25% 氨水的脱硝剂由泵提压，经雾化喷嘴（选用碳化硅材质的 BETE ST 系列螺旋离心喷嘴）喷入锅炉炉膛与旋风除尘器进口间的烟道中，经烟气充分混合，进行初步脱硝，有化学反应：

$$4NO+4NH_3+O_2 \longrightarrow 4N_2+6H_2O$$

在脱硝剂喷嘴前烟道中设 NO_x、O_2 分析表与温度监测，调整控制脱硝剂加入量，保证烟气在 950±50℃时，开启脱硝剂加入操作。保证烟气脱硝率达 30%，同时使烟气中飞灰的湿度不增加和减少过量氨与高温时烟气中产生的 SO_3 生成 $(NH_4)_2SO_4$，避免造成蒸汽过热器换热管翅片堵塞和材料腐蚀。

3. SNCR 运行过程中可能遇到的问题

（1）氨逃逸问题

① 氮喷射器位置布置的不合理和喷射深度、宽度调整的不合理也会造成氨逃逸量过大。

② 非 SNCR 反应区的氨逃逸的增加，会造成氨氧化生成 NO_x，导致最终的排烟 NO_x 上升，并且过多的氨逃逸也会对环境造成污染。因此，在运行过程中，要十分重视喷氨量和氨喷射器调整的问题，根据负荷的变化，合理地调整氨喷射器及氨含量，以最小的氨氮比来达

到最大的脱硝效果，在减排的基础上做到节能。

（2）SNCR 喷口处受热面腐蚀的问题

通过对一些已经投入使用的煤粉炉 SNCR 脱硝系统的大小炉内检查发现 SNCR 氨喷射器喷口处及氨喷射器附近受热面有不同程度的腐蚀问题，这些问题产生的直接原因是喷口位置选择不够合理，还原剂炉内喷射深度和宽度不合理，解决受热面腐蚀问题要注意以下几点。

① 在锅炉效率影响允许范围内适当降低喷射还原剂的浓度，以减少还原剂在化学反应过程中对受热面的腐蚀强度。

② 加装耐腐蚀金属片，以保护受腐蚀的受热面。

③ 合理布置喷口位置，尽量分布在无受热面及受热面稀少区域。

④ 结合炉内流场，合理控制喷射深度和宽度。

五、SNCR 与 SCR 两种脱硝技术综合比较

SNCR 与 SCR 两种脱硝技术综合进行比较，如表 9-1 所示。从表中不难看出，SNCR 无论是工程投资费用还是每年运行费用都要比 SCR 少得多，可为电厂带来较好的经济效益。SNCR 在 CFB 锅炉上的脱硝能力也完全能够达到国家规定的电站锅炉 NO_x 排放标准。同时，对老机组中的 CFB 锅炉进行脱硝改造时，利用 SNCR 技术可以避免空气预热器、引风机及省煤器等方面的改造，工程量相对较小，工期短。综上所述，SNCR 烟气脱硝技术对于 CFB 锅炉来说具有较大的优势。

因此，SNCR 脱硝技术非常适用于 CFB 锅炉的新建机组和老机组改造。

表 9-1 SNCR 与 SCR 两种脱硝技术综合比较

序号	项目	SCR	SNCR
1	脱硝效率	约 90%	50% ～ 60%
2	氨逃逸 /10^{-6}	3 ～ 5	10 ～ 15
3	SO_2/SO_3 转化率	1%	无
4	压降 /Pa	1000	无
5	对燃料的敏感度	高灰分磨耗催化剂：碱金属氧化物钝化催化剂	无
6	钢架和烟道影响	要求改变钢架结构，对烟道强度要求高	无
7	风机要求	平衡通风或强制通风锅炉需要更大的风机	无
8	空气预热器	需要加装脱硝空气预热器	普通空气预热器
9	工程投资费用 / 万元	6000	3000
10	每年运行费用 / 万元	2000	1350

复习思考题

1. 除尘器的作用是什么？安装位置在哪里？
2. 除尘器主要有哪几种类型？它们的工作特点各是怎样的？
3. 布袋除尘器的结构组成有哪些？它的工作原理和特点是什么？

4. 电除尘器的结构组成有哪些？它的工作原理和特点是什么？

5. 电－袋复合除尘器的工作原理和特点是什么？

6. 电厂脱硫的意义是什么？常用的脱硫方法有哪些？

7. 什么是干法脱硫技术？什么是湿法脱硫技术？目前国内电厂主要应用哪种脱硫方法？

8. 湿法烟气脱硫系统的组成及工作过程如何？

9. 电厂脱硝的意义是什么？常用的脱硝方法有哪些？

10. SCR 脱硝的安装位置在哪里？SCR 脱硝技术的定义和工作原理是什么？SCR 脱硝的工作过程如何？

11. SNCR 脱硝的安装位置在哪里？SNCR 脱硝技术的定义和工作原理是什么？SNCR 脱硝的工作过程如何？

12. SNCR 与 SCR 两种脱硝技术相比较，优缺点各是什么？

第三篇

循环流化床锅炉

第十章 循环流化床锅炉的发展及优缺点

知识目标

① 了解循环流化床锅炉的发展历史。
② 了解循环流化床锅炉的优缺点。
③ 熟悉循环流化床锅炉的分类。

能力目标

① 能正确说出循环流化床锅炉的一些主要发展过程。
② 在生产中，能正确利用循环流化床锅炉的优点，并找出有效办法解决存在的问题。
③ 能正确分辨循环流化床锅炉的种类。

第一节 · 循环流化床锅炉的发展

能源与环境的协调发展是当今社会的两大主要问题。我国是石油资源相对贫乏，但煤炭资源丰富的国家。石油和天然气对我国来说是战略资源，要尽量减少直接燃用，以免造成浪费。目前，我国一次能源消耗中，煤炭占 60% 以上，可见发展高效、低污染的清洁燃烧技术是当今亟待解决的问题。

目前，我国环保要求日益严格，煤种变化和电厂负荷调节范围较大，流化床技术已经成为电厂优选的技术之一。

资源 79：循环流化床锅炉的发展

一、循环流化床技术发展概述

20 世纪 20 年代，流化床技术首先在德国应用于工业。此后，美国、法国和英国等发达国家也开始研究及应用流化床技术，尤其是在石油催化裂化过程中的应用，更是加快了该技术的不断发展。

20世纪40年代，流化床技术在化工、石油、金属冶炼、医药、粮食等各个行业中都得到了广泛的应用，通过在这些行业中进行的生产应用实践，进一步促进了该技术的生产实践和理论水平。

20世纪60年代，当时对能源的需求量不断增加，世界能源供应开始出现紧张，各国也随之更加重视能源问题，想方设法开源节流，开始研究流化床燃烧技术，此时流化床技术真正开始用于燃煤流化床锅炉的燃烧。早期发展研究的流化床锅炉一般称为“鼓泡流化床锅炉”，它的特点是不带有物料分离和回送系统的流化床锅炉。

我国对鼓泡流化床锅炉的研究起步较早，1965年，第一台鼓泡流化床锅炉在广东茂名投产成功。此后，鼓泡流化床锅炉在全国各地得到了迅速的发展，全国生产约3000台，最大容量的锅炉达到130t/h，其中我国东方锅炉厂与国外合作生产制造的220t/h鼓泡流化床锅炉还曾出口过巴基斯坦等国家。但是鼓泡流化床锅炉在长期的生产实践中存有大型化困难、埋管受热面磨损严重、飞灰可燃物大、循环利用率低等一系列问题，制约了进一步的发展。为了解决上述难题，20世纪80年代循环流化床锅炉应运而生。

20世纪80年代，德国鲁奇公司首先取得了循环流化床装置的专利，并研究开发出当时世界上最大的270t/h循环流化床锅炉，由此引发出了全世界循环流化床的开发热潮。

我国循环流化床燃烧技术的研究和开发相对起步较晚，开始于20世纪80年代，中国科学院工程热物理研究所率先在这方面开展了研究工作。1984年，建起国内第一台4t/h循环流化床燃烧试验装置，并开展了系统的试验研究工作；1988年，采用中国科学院工程热物理研究所技术制造的10t/h循环流化床工业锅炉通过新产品鉴定，这是我国第一台循环流化床工业锅炉产品；1989年，采用中国科学院工程热物理研究所技术，由济南锅炉厂制造的35t/h循环流化床发电锅炉在山东明水电厂投入运行，这是我国第一台循环流化床发电锅炉产品；1992年12月，采用中国科学院工程热物理研究所技术制造的75t/h百叶窗分级分离循环流化床锅炉完成了产品技术鉴定，该种型号的锅炉共生产了100多台；2002年9月，中国科学院工程热物理研究所与某锅炉厂联合研制了国内第一台130t/h循环流化床锅炉，标志着我国在循环流化床燃烧技术大型化方面又取得了新的突破；2004年年初，中国科学院工程热物理研究所与某锅炉股份有限公司联合研制的220t/h高温高压循环流化床锅炉在某热电有限公司顺利投入运行。

近几十年，我国在开发和研制循环流化床锅炉技术方面发展迅速，在各个科研机构、高等院校以及大型国有企业中涌现了大量的科研人才和大国工匠，他们团结合作开发研制出了具有自主知识产权的多种技术的循环流化床锅炉。到目前为止，我国已经有千台以上循环流化床锅炉投入运行或正在建造之中，100MW级别的循环流化床锅炉已经运行多年。

此外，我国还多次引进国外循环流化床锅炉技术，并数次购买国外循环流化床锅炉产品，有效推动了中国循环流化床锅炉技术的发展。如电力部从芬兰购买的内江电厂410t/h锅炉；从美国公司购买的镇海石化220t/h锅炉，金山石化280t/h燃用石油焦循环流化床锅炉。国内三家大型锅炉厂先后引进美国Foster Wheeler公司50～100MWe（兆瓦电力）汽冷旋风筒循环流化床锅炉技术，德国EVT 150MWe以下容量的再热循环流化床锅炉技术和美国ABB-CE的再热循环流化床锅炉技术。2006年4月，我国引进法国阿尔斯通公司的300MW循环流化床锅炉在四川白马循环流化床锅炉示范电站建设投运，目前在建与拟建的300MW

循环流化床锅炉机组将近100台，超过了世界上其他国家的总和。2013年4月，600MW超临界循环流化床锅炉机组已经投入运行。

随着国家环境政策的日趋严格，地方小火电厂的煤粉炉逐渐被淘汰，取而代之的将是循环流化床锅炉。对此，国家也有较为明确的表述，早在《中华人民共和国国民经济和社会发展第十一个五年规划纲要》中就已经明确提出要求：低效燃煤工业锅炉（窑炉）改造——采用循环流化床、粉煤燃烧等技术改造或替代现有中小燃煤锅炉（窑炉）。目前国内电力系统的一些大电厂正在积极响应国家号召，已经开始采用循环流化床技术，一大批大型的循环流化床锅炉正在建设中，该循环流化床炉型很快就要在大电厂中占据重要地位。

二、循环流化床技术的发展方向

1. 整体式全冷却紧凑型分离器

整体式全冷却紧凑型分离器循环流化床锅炉的特点是：分离器为蒸汽/水冷却的全膜式壁结构，炉膛和分离器成为一个整体，炉膛和分离器之间没有膨胀节，如图10-1所示。其突出的优点是：

① 结构紧凑，占地空间小；

② 减少钢材用量，重量轻；

③ 减少了维修工作量，提高了可靠性。

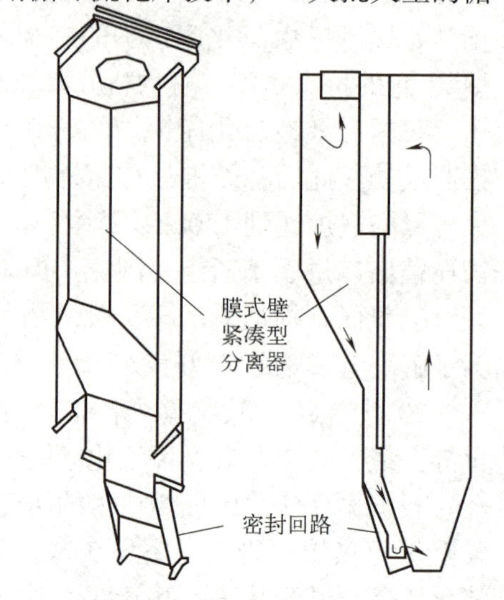

图10-1 整体式全冷却紧凑型分离器CFB

2. 模块化设计、制造和安装CFB锅炉

模块化设计、制造和安装CFB锅炉，可保证制造、安装质量和保证工期，是当前国内外推广和通用的方法，如图10-2、图10-3所示。

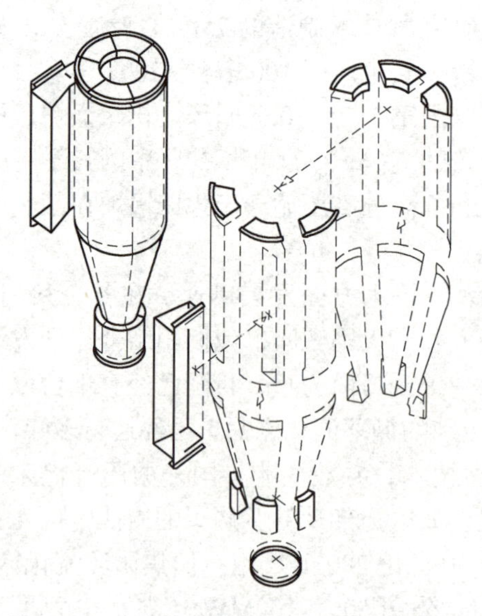

图10-2 水冷旋风筒分离器的模块化设计

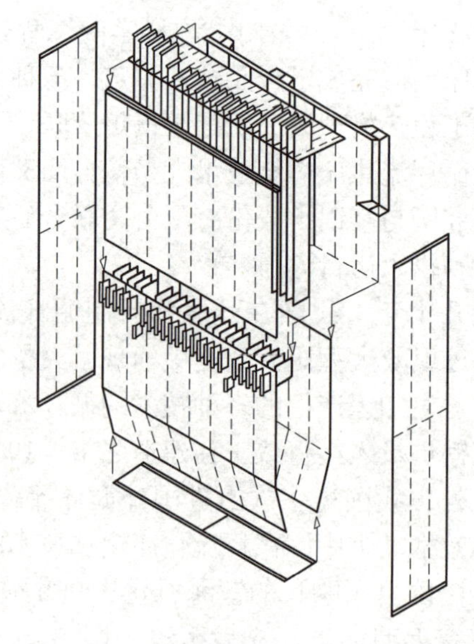

图10-3 炉膛受热面屏的模块化设计

3. 生物质CFB

循环流化床技术以其燃料灵活性的特点，特别适合燃烧/混烧/气化生物质，这在发达

国家已经取得了丰富的经验，这些经验对于如何充分发挥循环流化床的优势，在 CO_2 减排等方面发挥着循环流化床技术的作用，值得我们借鉴。

循环流化床技术虽然在世界各地以及我国得到了快速发展，但是仍属于正在发展中的一种新的洁净煤燃烧技术，无论是锅炉本体，还是配套辅机和系统，都不可能像具有悠久历史、在电力行业中居统治地位的煤粉锅炉那样成熟，投运初期暴露出各种各样的问题，有些存在的问题比较严重，带有普遍性，亟待解决。

第二节 · 循环流化床锅炉的优缺点

循环流化床技术是近年来在国际上发展起来的新一代高效、低污染清洁燃烧技术，具有许多其他燃烧方式所没有的优点。

资源 80：循环流化床锅炉的特点

一、循环流化床锅炉的优点

1. 燃烧产生的污染气体排放量少，有利于环境保护

循环流化床的燃烧方式属于低温燃烧，氮氧化物排放远低于煤粉炉，还可实现燃烧过程中直接脱硫。向循环流化床锅炉内直接加入石灰石、白云石等脱硫剂，可以脱去燃料在燃烧过程中生成的 SO_2。根据燃料中含硫量的大小确定加入的脱硫剂量，可达到 90% 的脱硫效率。另外，循环流化床锅炉燃烧温度一般控制在 850 ～ 950℃的范围内，这不仅有利于脱硫，而且可以抑制热反应型 NO_x 的形成；由于循环流化床锅炉普遍采用分段（或分级）送入二次风，这样又可控制燃料型 NO_x 的产生。一般情况下，循环流化床锅炉 NO_x 的生成量仅为煤粉炉的 25% ～ 35%。

2. 燃料适应性广，燃烧效率高，特别适合于低热值劣质煤

资源 81：流化床炉可燃烧的劣质燃料

循环流化床锅炉这种上下翻滚沸腾状态的燃烧方式，几乎可以燃烧各种固体燃料，如褐煤、贫煤、泥煤、洗煤厂的煤泥、煤矸石、焦炭、油页岩等，并能达到很高的燃烧效率，它的这一特点对充分利用低热值劣质燃料具有重大意义。

3. 排出的灰渣活性好，易于实现综合利用

循环流化床锅炉燃烧温度低，灰渣不会软化和黏结，活性较好。另外，炉内加入石灰石后，灰渣成分也有变化，含有一定的 $CaSO_4$ 和未反应的 CaO。循环流化床锅炉灰渣可以用于制造水泥的掺和料或其他建筑材料的原料，有利于灰渣的综合利用。

4. 负荷调节范围宽，负荷可降到满负荷的 30% 左右

循环流化床锅炉负荷调节幅度一般为 30% ～ 110% 额定负荷，即在 30% 额定负荷甚至更低的负荷情况下，循环流化床锅炉也能保持燃烧稳定，甚至可以压火备用，这一特点特别适用于调峰电厂或热负荷变化较大的热电厂。

二、循环流化床锅炉的缺点

循环流化床锅炉虽然有很多优点，但与常规电厂煤粉锅炉相比，也存在一些问题。

1. 理论水平欠缺，生产技术经验不足

循环流化床锅炉虽然已经有1000多台设备成功投入运行，但仍存有许多基础理论和设计制造的技术问题。在生产实践运行方面，还没有成熟的经验，更缺少统一的标准，这就给电厂设备改造和运行调试带来了很多困难。

2. 难以大型化发展

虽然循环流化床锅炉的发展迅速，已经投运的单炉容量超过2000t/h，锅炉参数已经达到了超临界甚至超超临界，但由于受技术和辅助设备的限制，与煤粉炉相比较，目前大型循环流化床锅炉的可靠性还有待进一步提高，目前已经投运的锅炉还是以中小容量锅炉居多。

3. 难以实现自动控制

循环流化床锅炉燃烧比较复杂，影响锅炉燃烧的因素较多，各种循环流化床锅炉调整方式差异比较大，所以采用计算机自动控制比常规煤粉锅炉要难得多。

4. 受热面磨损严重

循环流化床锅炉燃用的燃料粒径比较大，并且炉膛内物料浓度是煤粉炉的10倍以上。目前虽然已经采取了许多防磨措施，但在实际运行中，循环流化床锅炉受热面的磨损速度仍比常规煤粉锅炉要大得多。因此，受热面磨损问题可能成为影响锅炉长期连续运行的重要原因。

5. 运行时对辅助设备的要求较高

某些辅助设备，如冷渣器或高压风机的性能或运行问题都可能严重影响循环流化床锅炉的正常安全运行。

在以后的发展中，要积极发挥锅炉的优点，同时也要重视这些缺点，找到有效的解决办法。通过一代又一代科研工作者和大国工匠的不懈努力，循环流化床锅炉的大多问题在发展过程中已经得到了较好的解决，如恰当的炉膛设计可完全避免水冷壁的磨损；正确选择和设计分离器，既可保证很高的分离效率，也能避免自身的磨损；冷渣器和高压风机等主要辅助设备随着循环流化床锅炉的发展，也都有了成熟的产品。

第三节 · 循环流化床锅炉的分类

循环流化床锅炉的炉型较多，炉内传热和动力特性差异较大，分类比较复杂，一般主要有以下几种分类方法。

（1）按照炉内流化状态分

主要有鼓泡床、湍流床和快速床的循环流化床锅炉。

（2）按照锅炉分离器处烟气温度分

主要有高温分离循环流化床锅炉、中温分离循环流化床锅炉和低温分离循环流化床锅炉。

（3）按照物料的循环倍率分

主要有低循环倍率循环流化床锅炉，循环倍率 $K < 15$；中循环倍率循环流化床锅炉，$K=15 \sim 40$；高循环倍率循环流化床锅炉，$K > 40$。

（4）按照锅炉本身特点和研发厂商分

主要有如奥斯龙公司的“百宝炉”、福斯特惠勒公司的“FW 型”炉、鲁奇公司的“鲁奇型”循环流化床锅炉等。

1. 简述循环流化床锅炉的发展过程。
2. 了解循环流化床锅炉技术在中国的发展历程后，你有什么感想？
3. 循环流化床锅炉的主要优点和缺点各是什么？对于缺点，你有什么想法？
4. 简述循环流化床锅炉的分类方法。

循环流化床锅炉的结构及相关概念

知识目标

① 掌握循环流化床锅炉的基本结构。
② 熟悉循环流化床锅炉的工作过程。
③ 理解循环流化床锅炉的相关概念。

能力目标

① 能正确识读循环流化床锅炉的相关设备。
② 能正确叙述循环流化床锅炉的工作过程。
③ 能准确说出床料、床压、临界流化速度、夹带和扬析等基本概念。

第一节 · 循环流化床锅炉的基本结构

循环流化床的英文名称是 circulating fluidized bed，缩写为 CFB，因此在很多场合，把循环流化床锅炉简称为 CFB 锅炉。

一、循环流化床锅炉的基本结构

资源 82：循环流化床锅炉的结构

循环流化床锅炉与煤粉炉相同，也包括锅炉本体和辅助设备，如图 11-1 所示。循环流化床锅炉本体主要包括点火燃烧器、布风装置、炉膛、气固分离器、物料回送装置，以及布有受热面的烟道、汽包、下降管、水冷壁、过热器、再热器、省煤器和空气预热器等；辅助设备包括碎煤机、给煤机、引风机、送风机、返料风机、冷渣器、除尘器及烟囱等。一些循环流化床锅炉还有外置热交换器，也称为外置式冷灰床。

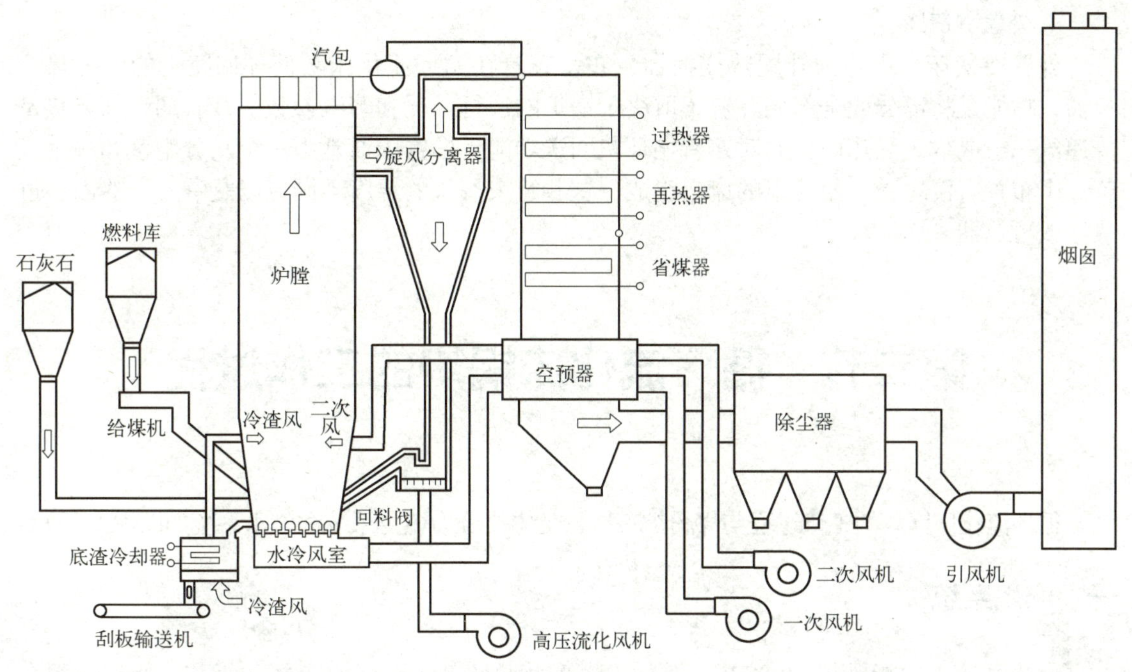

图 11-1　循环流化床锅炉结构示意图

1. 炉膛

循环流化床锅炉的炉膛是由膜式水冷壁构成，底部为布风板，以二次风入口为界分为两个区，二次风入口以下的锥形段为大颗粒还原气氛燃烧区，二次风以上为小颗粒氧化气氛燃烧区。燃料的燃烧过程、脱硫过程等主要在炉膛内进行。由于炉膛内布置有受热面，大约一半燃料释放热量的传递过程在炉膛内完成。

2. 气固分离器

分离器是循环流化床锅炉系统的关键部件之一。分离器的形式决定了燃烧系统和锅炉整体布置的形式和紧凑性，其性能对燃烧室的空气动力特性、传热特性、飞灰循环、燃烧效率、锅炉出力和蒸汽参数、锅炉的负荷调节范围和启动所需时间、散热损失以及脱硫剂的脱硫效率和利用率，甚至循环流化床锅炉系统的维修经济性等均有重要影响。

气固分离器的种类很多，新的形式还在不断出现，但总体上可分为高温旋风分离器和惯性分离器两大类。高温旋风分离器的工作原理是利用旋转的含灰气流所产生的离心力将灰颗粒从气流中分离出来。它的结构简单，分离效率高，分离效率可达 99% 以上，但阻力较大，燃烧系统布置欠紧凑，广泛应用于大型循环流化床锅炉上。惯性分离器的工作原理是通过急速改变气流方向，使气流中的颗粒由于惯性效应而与气流轨迹脱离。它比旋风分离器结构简单，易与锅炉整体设计相匹配，阻力小，但分离效率远低于旋风分离器，一般还需要辅以其他分离手段才能满足循环流化床锅炉对物料分离的要求。

3. 物料回送装置

物料回送装置是循环流化床锅炉系统的重要部件，是将循环灰分离器收集下来的飞灰送回流化床循环燃烧，它的正常运行对燃烧过程的可控性以及锅炉的负荷调节性能起决定性作用。

它主要有两种类型：一种是自动调节型送灰器，如流化密封送灰器（又称 U 形阀），它随锅炉负荷的变化无须调整送灰风量；另一种是阀型送灰器，如 L 形阀、V 形阀、J 形阀等，它随锅炉负荷的变化必须调整送灰风量。

4. 外置冷灰床

外置冷灰床，也称为外置热交换器，它是布置在循环流化床灰循环回路上的一种热交换器，功能是将部分或全部循环灰（取决于锅炉的运行工况和蒸汽参数）载有的一部分热量传递给一组或数组受热面，同时兼有循环灰回送功能。外置床通常由一个灰分配室和一个或若干个布置有浸埋受热面管束的床室组成。这些管束按灰的温度不同可以是蒸发受热面、过热器或再热器。

第二节 · 循环流化床锅炉的工作过程

循环流化床锅炉的工作过程与煤粉炉一样，也主要分为燃烧系统和汽水系统如图 11-2 所示。

一、燃烧系统

燃烧系统一般指锅炉的“炉”。燃料（煤）及脱硫剂（石灰石）经一级和二级破碎至合适的粒度后，进入炉前燃料仓及石灰石仓，再由给煤机和石灰石给料机送入炉膛内，与燃烧室内的物料混合，被迅速加热，燃料迅速着火燃烧，石灰石经过煅烧分解与燃料燃烧生成的 SO_2 反应生成 $CaSO_4$，从而起到脱硫作用，燃烧室温度通常控制在 850℃左右。

在较高气流作用下，燃烧充满整个炉膛并剧烈掺混。有大量的颗粒会被烟气携带出炉膛，进入旋风分离器进一步分离，收集下来的不完全燃烧的颗粒，通过返料阀，再次返回炉膛继续参与燃烧。有的循环流化床锅炉设计了外置床换热器，分离收集的部分颗粒被送到外置床换热器，在外置床内与受热面进行热交换，被冷却至 400 ～ 600℃后，再送回炉膛循环燃烧。通过旋风分离的高温烟气夹带没有被分离出的细小的颗粒，进入尾部烟道，在尾部烟道内与受热面进行热交换，经过烟气除尘装置除尘后，较为洁净的烟气由烟囱排出。

二、汽水系统

汽水系统一般指锅炉的“锅”与煤粉炉一样，这里不再赘述。

资源 83：循环流化床锅炉的工作过程

三、循环流化床锅炉与煤粉炉相比

循环流化床锅炉是根据其燃烧系统的特点而命名的，“循环”指离开炉膛的燃料可以被重新送回炉内，循环燃烧，以提高燃烧效率；“流化床”指炉内燃料处在流化状态下燃烧。与其煤粉炉相比，循环流化床锅炉也有其独特的优点。

① 燃料制备系统相对简单。循环流化床锅炉无须复杂的制粉系统，只需简单的干燥及破碎装置即可满足燃烧要求。

② 燃料处于流化状态下燃烧。炉内始终有大量的炽热物料处于流化状态，新加入燃料能被迅速加热并着火燃烧。流化状态使燃料和助燃气体接触更充分，燃烧条件更好。大量热物料也是炉内传热的主要载体，能加强炉内传热。

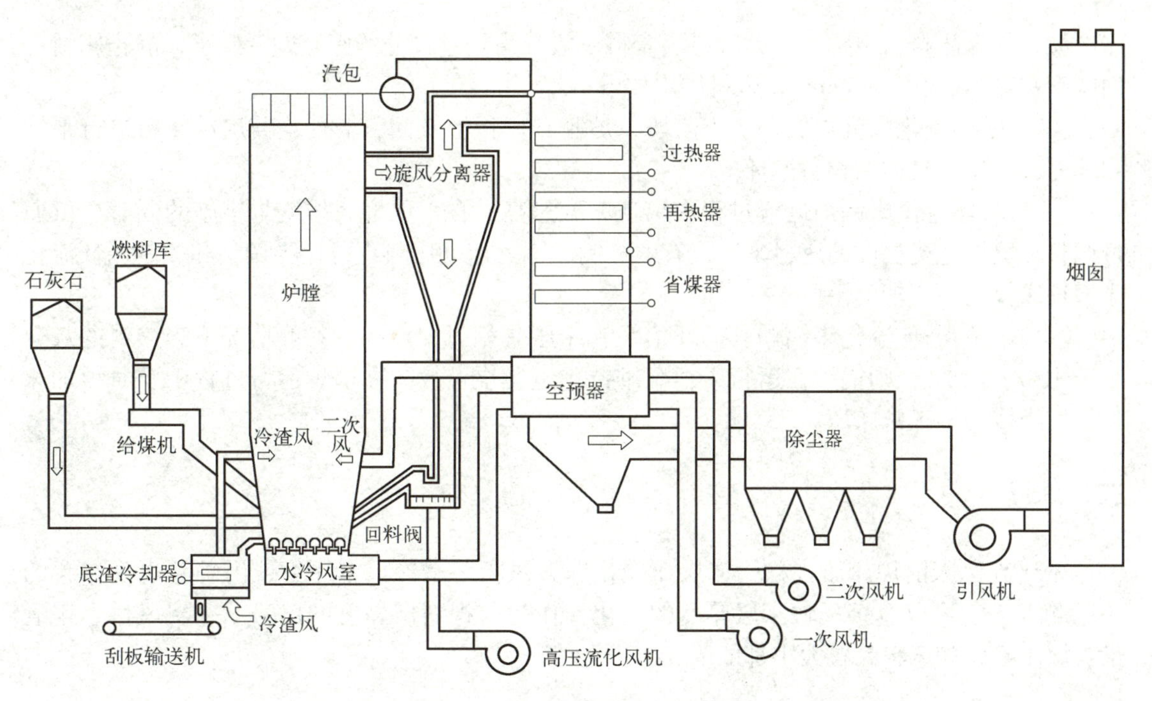

图 11-2　循环流化床锅炉的工作过程

③ 循环流化床锅炉的燃烧温度较低，一般为 850 ～ 950℃，这个温度是石灰石脱硫反应的最佳温度。

④ 为了让一次风均匀地进入炉内，在燃烧室的底部放有布风板，它是循环流化床锅炉特有的设备。其主要作用是使流化风均匀地吹入料层，并使床料流化。

⑤ 有物料循环系统，燃料循环燃烧，使燃烧更完全。循环流化床锅炉由流化床燃烧室、物料分离器和回料阀构成了其独有的物料循环系统，这是循环流化床锅炉区别于其他锅炉的主要结构特点。其作用是把飞灰中粒径较大、碳含量高的颗粒回收并重新送入炉内燃烧。

⑥ 能实现燃烧过程中脱硫。与燃料同时给入的脱硫剂石灰石能与燃料燃烧生成的 SO_2 反应生成 $CaSO_4$，从而起到脱硫作用。这是循环流化床锅炉的最大环保优势，因为其他燃烧方式很难实现燃烧过程中的高效脱硫。

⑦ 采取分段送风燃烧方式。一次风经布风板送入燃烧室，二次风在布风板上方一定高度送入。因此，在燃烧室下部的密相区为欠氧燃烧，形成还原性气氛。在二次风口上部为富氧燃烧，形成氧化性气氛。通过合理调节一、二次风比，可维持理想的燃烧效率并有效地控制 NO_x 生成量。

第三节・循环流化床锅炉的相关概念

一、床料

循环流化床锅炉启动前铺设在布风板上的具有一定厚度、符合一定粒度分布要求的固体颗粒，称为床料，也称为点火底料。床料一般分为经过筛分的底渣或者砂子，静止床料层的厚度一般为 350 ～ 600mm。床料作用如下。

① 在循环流化床锅炉启动点火阶段，炉膛布风板上及回料器处均需启动床料进行平铺和填充，以建立最初的物料循环。

② 当循环流化床锅炉运行过程中出现床温过高，在采取增大排渣量措施的同时，可通过调整和填加适当粒度的床料来进行有效控制，因此启动床料也可作为调整和控制循环流化床锅炉床温的一个辅助手段。

③ 不同的循环流化床锅炉其循环倍率和床压是相对固定的，一般情况下当燃料的灰分小于 10% ～ 15%，则锅炉在运行中很难维持稳定燃烧，故需在锅炉运行过程中及时填加床料，以维持锅炉正常床压。

二、床压

循环流化床锅炉床压也称为床层压差，即布风板下水冷风室压力或沿炉膛高度布置的差压测点，它可以直接反映床层厚度的变化，作为监视料层厚度的信号。一次风量、排渣量、煤质好坏和床料颗粒大小都能改变床压。

三、物料

物料主要是指循环流化床锅炉运行中，在炉膛及循环系统（分离器、立管、送灰器等）内燃烧或载热的固体颗粒。它不仅包含床料成分，而且包括锅炉运行中给入的燃料、脱硫剂、返送回来的飞灰以及燃料燃烧后产生的其他固体物质。分离器捕捉分离的通过回料阀返送回炉膛的物料叫循环物料，而未被捕捉的细小颗粒一般称作飞灰，炉床下部排出的较大颗粒叫炉渣（也称作大渣），因此飞灰和炉渣是炉内物料的废料。

四、燃料颗粒

资源 84：颗粒筛分与粒径分布

1. 燃料筛分

燃料筛分一般是指燃料颗粒粒径的范围。如果燃料颗粒粒径范围较大，称作宽筛分；粒径范围较小，称作窄筛分。宽筛分和窄筛分是相对而言的，燃料的筛分对锅炉运行的影响很大。

一般来说，一旦锅炉确定，其燃料筛分基本也就确定了，而当煤种变化时其筛分也有所变化。通常，对于挥发分较高的煤，粒径允许范围较大，筛分较宽；对于挥发分较低的无烟煤、煤矸石，一般要求粒径较小，相对筛分较窄。目前国内运行的循环流化床锅炉，其燃料粒径要求一般在 0.1 ～ 15mm。

2. 颗粒堆积密度与颗粒真实密度

将固体颗粒不加任何约束自然堆放时单位体积的质量称为颗粒堆积密度。单个颗粒的质量与其体积的比值称为颗粒真实密度。

资源 85：堆积密度和空隙率

3. 空隙率

固体颗粒自然堆放时，颗粒之间空隙占颗粒堆放总体积的份额称为空隙率，也可以称为固定床空隙率。在颗粒浓度很高的流化床气固两相流系统中，气相所占体积与两相流总体之比，称作床层空隙率或者流化床空隙率。

4. 燃料粒比度

燃煤循环流化床锅炉，不仅对入炉煤的筛分有一定的要求，而且对各粒径的煤颗粒占总量的百分比也有一定要求。例如，某台 220t/h 中循环流化床锅炉燃用劣质烟煤，筛分为 0 ～ 10mm，其中直径小于 1mm 的颗粒占 60% 左右，1.1 ～ 8mm 的颗粒占 30% 左右，8 ～ 10mm 的颗粒占 10% 左右。各粒径的颗粒占总量的份额之比称作粒比度。因此，这台 220th 锅炉燃料的粒度比就为 60 ： 30 ： 10。

五、临界流化速度

通常将床层从固定状态转变到流化状态（或者沸腾状态）时，按照布风板面积计算的空气流速称为临界流化风速。燃煤流化床锅炉的正常运行的流化速度均要大于临界流化速度。临界流化速度不仅与固体颗粒的粒度和密度有关，还与流化气体的物性参数（密度和黏度）有关。因此，在锅炉运行中，当床温变化时，气体的密度和黏度都发生变化，临界流化速度也会发生变化；在其他条件不变时，颗粒粒径增大或者颗粒密度增大时，临界流化速度也会增大。

六、颗粒终端速度

资源 86：颗粒终端速度

固体颗粒在流体中下落时，共受到三个力的作用，即重力、浮力和摩擦阻力。当固体颗粒在静止空气中做初速度为零的自由降落时，由于重力的作用，下降速度逐渐增大，同时阻力也逐渐增大。当速度增加到某一定值时，颗粒受到的阻力、重力和浮力达到平衡，颗粒以等速运动，这个速度称为颗粒的终端速度。

七、物料循环倍率

循环流化床锅炉存在一个物料循环闭路，由炉膛、分离器以及回料器及其管路组成，如图 11-3 所示。物料循环倍率是指由分离器捕捉下来且返送回炉内的物料量与给进的燃料量之比。在循环流化床锅炉中，循环物料量受到很多因素的影响，主要有燃料颗粒特性、一次风量、分离器效率和回料系统等。

1. 燃料颗粒特性

在运行中，燃料的颗粒特性变化对循环物料量的多少有影响。当入炉煤的颗粒变粗，且所占比例较大（与设计值比），在一次风量不变的情况下，炉膛上部的物料浓度将会降低，所造成的结果与一次风量过小时造成的结果一样。

2. 一次风量

一次风量的大小，会影响到循环物料量。如果一次风量较小，炉内物料的流化状态将发生改变，燃烧室上部物料浓度降低，进入分离器的物料量也会减少。这样不仅影响分离器的分离效率，进而降低分离器的捕捉量，返料量也自然减少。

3. 分离器效率

当燃料的颗粒特性符合要求，一次风量也达到设计条件，但是物料分离器效率降低，将会使返料量减少。

4. 回料系统的可靠性

回料系统对返送量的影响主要取决于回料阀的运行状况，回料阀内结焦、堵塞以及回料风压力过低都将使循环倍率减小。因此，在锅炉运行中不应忽视对回料系统的监视、检查和调整。

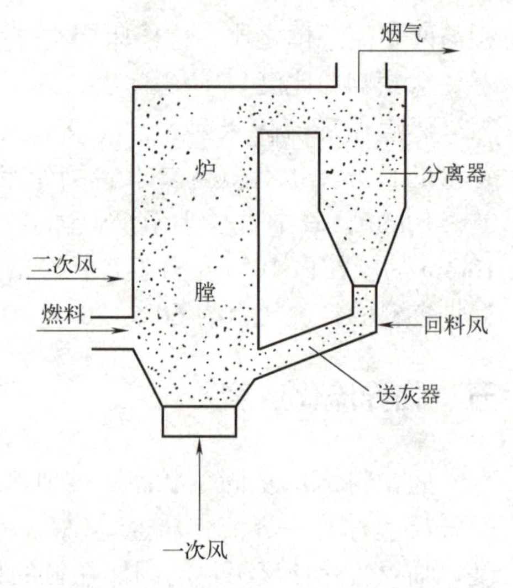

图 11-3 循环流化床锅炉原理示意图

八、夹带和扬析

夹带和扬析是两个不同的概念。

夹带一般是指在单一颗粒或者多组分系统中，气流从床层中携带走固体颗粒的现象。

扬析一般是指当气流穿过由宽筛分床料组成的流化床层时，一些终端速度小于床层表观速度的细颗粒将陆续从气固两相混合物中被分离出去并被带走的现象。换句话说，扬析是指从床层中有选择性地携带出一定量细颗粒的过程。

复习思考题

1. 简述循环流化床锅炉的工作过程。
2. 画出循环流化床锅炉系统的示意图，并标注出主要设备名称。
3. 与煤粉炉相比，循环流化床锅炉的结构有哪些特别之处？
4. 什么是床料和物料？二者之间有什么区别和联系？
5. 什么是颗粒堆积密度和空隙率？
6. 什么是颗粒终端速度？它与临界流化速度有什么联系？
7. 什么是夹带和扬析？二者之间有何区别和联系？

第十二章 循环流化床锅炉内的气固流动特性

知识目标

① 理解流态化过程及形态。

② 了解炉内的气固流动特性。

③ 了解床层阻力特性及临界流化速度。

能力目标

① 能正确叙述流态化现象及常见的流化状态。

② 能正确叙述炉内气固流动的特点；炉内气固流动的径向、轴向和整体流动特性。

③ 能正确计算临界流化速度及分析影响临界流化速度的因素，并能采取有效措施给予解决。

第一节 · 流态化过程及形态

一、流态化现象

资源 87：流态化现象

日常生活中，我们经常会看到一些固体像流体一样进行流动的现象，例如刮大风时，大风将沙尘扬起，形成沙尘暴，像这种固体颗粒在流体作用下表现出来的类似于流体状态的现象，就称为流态化现象。

在流化床锅炉燃烧中，流化介质为气体，当气体以一定的速度流过固体煤颗粒及其燃烧后的灰渣层时，固体煤颗粒及其燃烧后的灰渣就会呈现出类似于流体的状态而被流化，称为气固流态化。流化床锅炉与其他类型锅炉的根本区别在于燃料处于流态化运动状态，并在流态化过程中进行燃烧。

当气体向上流过固体颗粒床层时，固体颗粒的运动状态随着气体流速的变化而变化。当气体的流速较低时，颗粒静止不动，气体只在颗粒之间的缝隙中通过。当气体流速增加到某一速度，即临界流化速度之后，颗粒不再由布风板所支承，而全部由气体的摩擦力所承托。此时，对于单个颗粒来讲，它不再依靠与其他邻近颗粒的接触而维持它的空间位置；相反，在失去了以前的机械支承后，每个颗粒可在床层中自由运动，就整个床层而言，具有许多类似流体的性质，如图 12-1 所示。

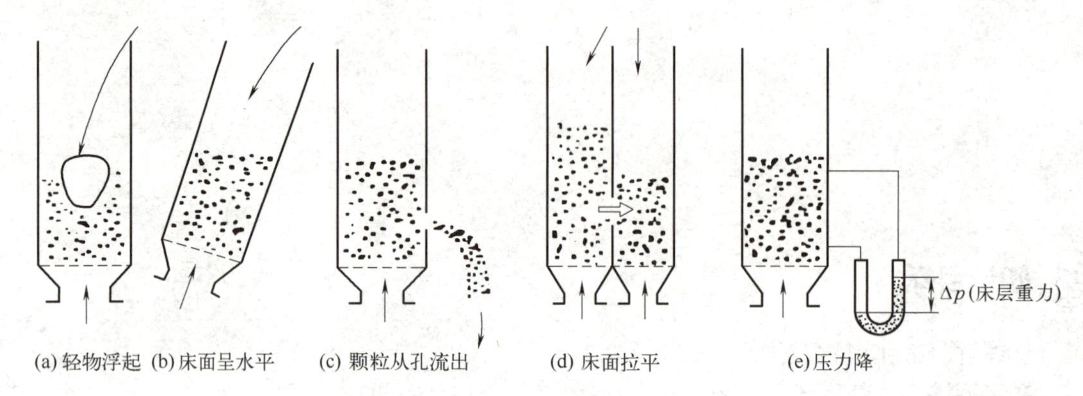

图 12-1　固体颗粒流态化类似流体的特性

二、典型流态化的几种形态

资源 88：五种典型流态形态

当气体从下向上通过时，会穿过布风板上随意填充的固体颗粒层，它们将随气流速度的不断增大而呈现完全不同的状态：依次历经固定床、鼓泡流化床、湍流流化床、快速流化床，最终达到气力输送状态，如图 12-2 所示。床层内颗粒间的气体流动状态也由层流开始，逐步过渡到湍流。一般来讲，从起始流化到气力输送，粗颗粒床的气流速度将增大 10 倍，细颗粒床的气流速度将增大 90 倍。

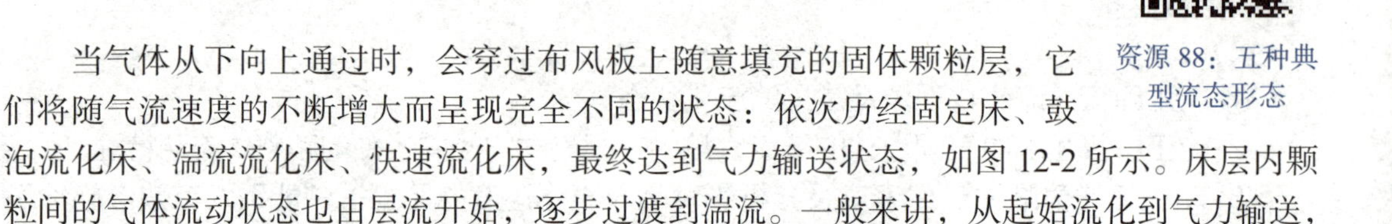

图 12-2　五种典型流化形态

1. 固定床

当气体通过布风板上的小孔进入由固体颗粒组成的床层并穿过颗粒间隙向上流动时，如果床层静止在布风板上，这种床层称为固定床。固定床的明显特征是固体颗粒之间无相对运动。当气体流经固体颗粒时，它对颗粒有曳力，使得气体通过床层时有压力损失，通过固定床的气体流速越高，压力损失就越大。

在循环流化床返料装置的立管中，固体颗粒相对于壁面移动，颗粒之间无相对运动，这类固定床有时也称为移动床。

2. 鼓泡流化床

如图 12-2 所示，通过固定床的气体流速增加，气体压降会连续地上升，直至悬浮气速达到临界流化速度为止。此时，固定床转化为初始流态化状态。在这种状态下，颗粒似乎是“无重量”，多余的气体将以气泡（气泡实际上是一个含有很少颗粒或没有颗粒的气体空腔）的形式上行。由于床料内产生大量气泡，气泡不断上移，小气泡聚集成较大气泡穿过料层并破裂，这时气固两相有比较强烈的混合，与水被加热沸腾时的情况相似，这种流化状态称为鼓泡流化床，也称沸腾床。

3. 湍流流化床

湍流流化床最显著的直观特征是“舌状”气流。当通过鼓泡流化床的气体流速增加到最小鼓泡速度时，气泡作用加剧，气泡的合并和分裂更为频繁，床层压力波动的幅度增大，床层会膨胀。继续不断地增加气速会最终使压力波动幅度大大减小，但波动频率非常高，床层膨胀形式产生变化。此时，气泡相由于快速的合并和破裂而失去了确定形状，甚至看不到气泡，气固混合更加剧烈，大量颗粒被抛入床层上方的自由空间。床层与自由空间仍有一个界面，虽然远不如鼓泡床的清晰，但是床内仍存在一个密相区和稀相区。下部密相区的床料浓度比上部稀相区的浓度大得多，床层呈现湍流流态化形态。

4. 快速流化床

在湍流床状态下继续增大流化风速，颗粒夹带量将随之急剧增加。此时，如果没有颗粒循环或较低位置的床料连续补给，床层颗粒将很快被吹空；当床料补给速率大于床内颗粒的飞出速率时，床层呈现快速流态化形态。

快速流态化的主要特征是：床内气泡消失，无明显密相界面；床内颗粒浓度一般呈现上稀下浓的不均匀分布，但沿整个床截面颗粒浓度分布均匀；存在颗粒成团与颗粒返混现象；在床层底部压力梯度比较高，在床的顶部比较低。

5. 气力输送

如果在快速流态化状态下将流化风速继续增大到一定值或减少床料补给量，床料颗粒会被夹带离开，床内颗粒浓度变稀，床层将过渡到气力输送状态，即所谓的悬浮稀相流状态。此时的流化风速称为气力输送速度。对于大颗粒来说，气力输送速度一般等于颗粒终端速度；对于细颗粒群，气力输送速度远高于颗粒终端速度。

研究表明，在上行的悬浮稀相流中，颗粒明显地均匀向上运动并且不存在颗粒的下降流动，除在加速区外，床层的压力梯度分布是均匀的。从快速流态化过渡到悬浮稀相流同时伴随着空隙率的增加。通常认为从快速流态化过渡到悬浮稀相流的临界空隙率为 0.92 ～ 0.97。如将悬浮稀相流再分成密相气力输送和稀相气力输送，则快速流态化首先向前者过渡。此时，床内颗粒浓度上下均一，单位高度床层压降沿床层高度不变。稀相气力输送的风速高于密相气力输送的风速，其特征是增大风速，床层压降上升。

由上述分析可知，鼓泡流态化可以维持在鼓泡流化床中，也可以维持在循环流化床中，但湍流流态化和快速流态化只能维持在循环流化床中。换言之，鼓泡床可以是循环流化床，也可以不是。但是，湍流床和快速床必须是循环流化床。

三、非正常流态化的几种形态

在实际生产中，作为流化介质的空气，它的组分、状态及数量会随着空间位置和时间发生变化；而被流化的固体颗粒群，它的组分、状态及数量的不均匀性更为突出，因此流化床中的气体和固体颗粒分布是不均匀的，如果再加上设计不合理或运行操作不当等因素，就更会加剧这种分布的不均匀性，导致床层会出现一些不正常的流化状态，主要有以下几种。

1. 沟流

（1）定义

在料层中气流分布或固体颗粒大小分布及空隙率等不均匀而造成床层阻力不均匀的情况下，由于阻力小处气流速度较大，而阻力大处气流速度较小，有时大量的空气从阻力小的地方穿过料层，而其他部位仍处于固定床状态，这种现象称为沟流，如图 12-3 所示。

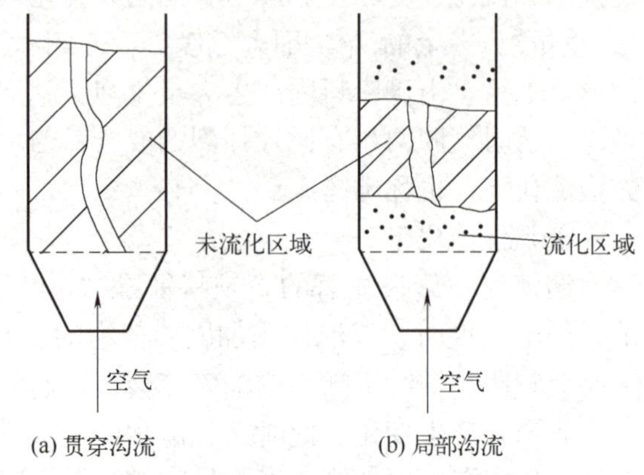

图 12-3 沟流

（2）分类

沟流主要有两种形式，一种沟流穿过整个料层，称为贯穿沟流，如图 12-3（a）所示；另一种沟流仅仅发生在床层局部高度，称为局部沟流或中间沟流，如图 12-3（b）所示。

（3）产生的因素

① 料层过薄或者料层过湿容易粘连。

② 启动或者压火的方法不对。

③ 布风装置设计不合理导致布风不均匀。

④ 固体颗粒粒径分布不均匀，细小颗粒过多，运行时空床流速过低。

（4）产生的危害及消除办法

床层中产生沟流时，会引起床层结渣，使床层无法正常运行。所以，产生沟流后应当迅速予以消除。

在运行中消除沟流的有效办法是加厚料层，压火时关严所有风门等，特别是应当防患于未然，消除产生沟流的影响因素。

2. 腾涌

（1）定义

当料层中的气泡聚集汇合逐渐变大，气泡直径大到接近床截面时，料层就会被分成几段，进而变成相互间隔的一段气泡一段颗粒层，气泡推动颗粒层像活塞一样向上运动，当达到某一高度后崩裂，其中大量的细小颗粒被抛出床层，被气流带走，而大颗粒喷涌如雨淋般落下，这种现象称为腾涌或节涌，如图 12-4 所示。

（2）产生的因素

① 床层高度与床径的比值较大。

② 启动运行风速过高。

③ 床料粒子筛分范围太窄且大颗粒过多。

（3）产生的危害

① 风压波动剧烈，风机受到冲击。

② 床层底部会沉积物料，容易引起结渣，还会加剧壁面的磨损。

③ 影响燃烧和传热，会引起飞灰量增大，导致热损失增大。

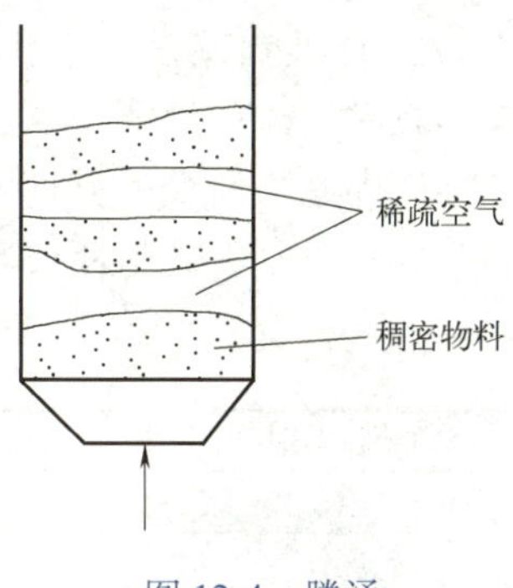

图 12-4　腾涌

（4）消除办法

① 增加小颗粒的比例。

② 适当减少风量。

③ 降低料层厚度。

四、固体颗粒分类及其流态化性能

对于流化介质物性不变的流态化情形，固体颗粒的流态化性能或流化性能与固体颗粒的粒径、密度密切相关，即不同的颗粒确定了不同的流态化特性，因此，能正确区分不同的颗粒是非常必要的。

葛尔达特根据在常温常压下对一些典型固体颗粒气固流态化特性的分析研究，提出了一种非常有用的颗粒分类方法，区分了具有不同流态化特性的四类大致的颗粒群，即依据颗粒平均粒径、颗粒与气体密度差将所有颗粒分为 A、B、C、D 四类，某种固体颗粒的所属类别，主要取决于颗粒的尺寸和密度，同时也和流化介质的密度等性质有关。

资源 89：固体颗粒分类

（1）A 类为细颗粒或可充气颗粒

这类颗粒粒径较小，一般为 20 ～ 90μm，密度较小（$\rho_p < 1400 kg/m^3$），在鼓泡床床层呈明显的均匀膨胀的流态化。这类颗粒通常容易流化，并且在开始流化到形成气泡之间在一段很宽的气速范围内床层能均匀膨胀。化工流化床反应器常用的裂化催化剂即属此类颗粒。

（2）B 类为粗颗粒或鼓泡颗粒

这类颗粒具有中等粒径和中等密度，典型的粒径范围为 90 ～ 650μm，表观密度 ρ_p 在 1400 ～ 4000kg/m^3，且有良好的流化性能。与 A 类颗粒最明显的区别是在起始流化时即发生鼓泡。床层膨胀不明显，大多数气泡的上升速度高于颗粒间的气流速度。流化床中常用的石英砂即属于典型的 B 类颗粒，此类颗粒在流化风速达到临界流化速度后即发生鼓泡现象。

（3）C 类为极细颗粒或黏性颗粒

这类颗粒粒径很小，一般小于 20μm，颗粒间的相互作用力很大，属于很难流态化的颗粒，由于这种颗粒相互黏着力大，当气流通过这种颗粒组成的床层时，往往会出现沟流现象，如图 12-3 所示。

（4）D 类为极粗颗粒或喷动用颗粒

这类颗粒通常具有较大的粒径和密度，并且在流化状态时颗粒混合性能较差，大多数燃煤流化床锅炉内的床料及燃料颗粒均属于 D 类颗粒。由于化工领域流化床多集中在

C、A、B 类颗粒，因此以前对 D 类颗粒的流化性能研究很少。近年来的一些研究结果表明，D 类颗粒的流化性能与 A、B 类颗粒有较大区别，如流化时气泡速度低于乳化相间隙的气流速度，即属于所谓的慢速气泡流型。

四种类别的颗粒所反映出的流态化性能相差很大，如表 12-1 所示。

表 12-1　四类颗粒的主要特性

颗粒类别	A	B	C	D
密度 /（kg/m^3）	ρ_p=2500	ρ_p=2500	ρ_p=2500	ρ_p=2500
粒度 /μm	20 ～ 90	90 ～ 650	<20	＞ 650
可喷动性	无	在浅床时有	无	有
气泡形状	平底圆帽	—	沟流	—
沟流程度	很小	可忽略不计	严重	可忽略不计
气体返混	高	中	更低	低
固体混合	高	中	更低	低
粒径对流体动力特性的影响	大	小	—	—

第二节 · 炉内的气固流动特性

研究循环流化床炉内的流动特性，能有效分析循环流化床内的气流速度、颗粒速度、压力和空隙率等的分布以及颗粒聚集和气固混合的过程，对于掌握循环流化床锅炉的流动、燃烧、传热和污染控制，具有非常重要的意义。

一、炉内气固流动的特点

循环流化床锅炉气固两相流动不再像鼓泡床那样具有清晰的床界面，而是具有极其强烈的床料混合与成团现象。研究表明，固体颗粒的团聚和聚集作用是循环流化床内颗粒运动的一个特点。细颗粒聚集成大颗粒团后，颗粒团质量增加，体积增大，有较高的自由沉降速度。在一定的气流速度下，大颗粒团不是被吹上去而是逆着气流向下运动。在下降过程中，气固两相间产生较大的相对速度，然后被上升的气流打散成细颗粒，再被气流带动向上运动，又聚集成颗粒团，再沉降下来。这种颗粒团不断聚集、下沉、吹散、上升又聚集形成的物理过程，使循环流化床内气固两相间发生强烈的热量和质量交换。

由于颗粒团的沉降和边壁效应，循环流化床内气固流动形成靠近炉壁处很浓的颗粒团以旋转状向下运动，炉膛中心则是相对较稀的气固两相向上运动，产生一个强烈的炉内循环运动，大大强化了炉内的传热和传质过程，使进入炉内的新鲜燃料颗粒在瞬间被加热到炉膛温度 850℃左右，并保证了整个炉膛内纵向及横向都具有十分均匀的温度场。剧烈的颗粒循环加大颗粒团和气体之间的相对速度，延长了燃料在炉内的停留时间，提高了燃烬率。

当循环流化床锅炉内的燃料颗粒不均匀时，就会出现以下情况：对于粗颗粒，该流化速度可能刚超过其临界流化速度，而对于细颗粒，该流化速度可能已经达到甚至超过其输送速度，这时炉膛内就会出现下部是粗颗粒组成的鼓泡床或湍流床，上部为细颗粒组成的湍流床、快速床或输送床两者叠加的情况。当然，在上下部床层之间，通常还有一定高度的过渡段。这是目前国内绝大部分循环流化床锅炉炉内的运行工况。由此可见，循环流化床锅炉燃料颗粒的粒度分布对其运行具有十分重要的影响。

二、循环流化床内径向流动特性

在循环流化床中，流化介质以柱塞流的形式向上流动。实验研究表明，由于壁面的摩擦效应，靠近壁面处的气流速度低于床层中心的气流速度。在床内核心区上行的固体颗粒，因为流体动力的作用会向边壁漂移，当到达壁面时，由于此处气流速度较低，流体对颗粒或颗粒团的曳力也降低，从而导致颗粒在近壁面处的上升速度减小或者转而向下运动，循环流化床内径向空隙率分布出现不均匀性，即在床层中心区的空隙率较大，而靠近壁面处空隙率较小。当截面平均空隙率大于0.95时，径向空隙率分布就比较平坦。对于圆形截面，一般仅在距床壁1/4半径距离内空隙率才有所下降：而对于平均截面空隙率小于0.95的床层，径向空隙率不均匀分布就比较明显。

根据上述颗粒浓度径向分布的情况，在循环流化床中，除了固体颗粒通过循环灰分离器分离再送回床内的外部循环外，固体颗粒在核心和边壁处的上升和下落也构成了颗粒的床内循环，床层的温度能保持均匀分布是内外循环共同作用的结果。

三、循环流化床内轴向流动特性

一般情况下，循环流化床是由下部密相区和上部稀相区两个相区组成的。下部密相区一般是鼓泡流化床或者湍流流化床，上部稀相区则是快速流化床。

虽然循环流化床内的气流速度相当高，但是在床层底部颗粒却是由静止开始加速的，而且大量颗粒从底部循环回送，因此，床层下部是一个具有较高颗粒浓度的密相区，处于鼓泡流态化或者湍流流态化状态。而在上部，由于气体高速流动，特别是循环流化床锅炉往往还有二次风加入，使得床层内空隙率大大提高，转变成典型的稀相区。在这个区域，气流速度远超过颗粒的自由沉降速度，固体颗粒的夹带量很大，形成了快速流化床甚至密相气力输送。在下部密相区的鼓泡流化床内，密相的乳化相是连续相，气泡相是分散相。当鼓泡床转为快速流化床时，发生了转相过程，稀相成了连续相，而浓相的颗粒絮状聚集物成了分散相。在快速流化床床层内，当操作条件、气固物性或设备结构发生变化时，两相区的局部结构不会发生根本变化，只是稀浓两相的比例及其在空间的分布相应发生变化。

1. 密相区的流动特性

密相区的气固流动是不均匀的，一般密相区由气泡相和乳化相所组成，当气体流速达到临界流化速度后，当风量进一步增加时，超过临界流化速度的那部分风量将以气泡形式通过床层，在乳化相中的颗粒维持临界流化状态。在循环流化床锅炉中，床内固体颗粒比较细，气体流速远高于临界流化速度，大部分气体以气泡方式通过床层，气泡相和乳化相之间的气体质量交换速率与气体流量相比相对较弱，成为制约密相区内焦炭和挥发分燃烧的一个很重要的因素。

资源90：密相区的气固流动

单个气泡在上升的过程中逐渐长大，上升速度也逐渐加快。如果床层中有多个气泡，由于气泡之间的相互作用，会同时发生气泡合并和分裂的现象。有的气泡可能与其他气泡合并成大气泡，也可能发生大气泡分裂成小气泡的现象。在两相模型中，气泡相是稀相、气泡周围的乳化相是密相。单个气泡通常接近球形或椭球形，气泡内基本不含固体。气泡的底部有个凹陷，其中的压力低于周围乳化相的压力，固体颗粒被气体曳入。气泡底部的颗粒称为尾漏，它将随着气泡一起上升。

当气泡上升的速度大于乳化相中气体向上运动的速度时，气泡中的气体将从气泡顶部流出，在气泡与周围的乳化相之间循环流动，形成所谓的气泡晕，如图 12-5（a）所示，这样的气泡称为有晕气泡或快气泡。气泡的上升速度越大，气泡晕层就越薄。反之，气泡上升的速度小于乳化相中气体向上运动的速度时，乳化相中的气体穿过气泡，并不形成循环流动的气泡晕，如图 12-5（b）所示，这样的气泡称为无晕气泡或慢气泡。

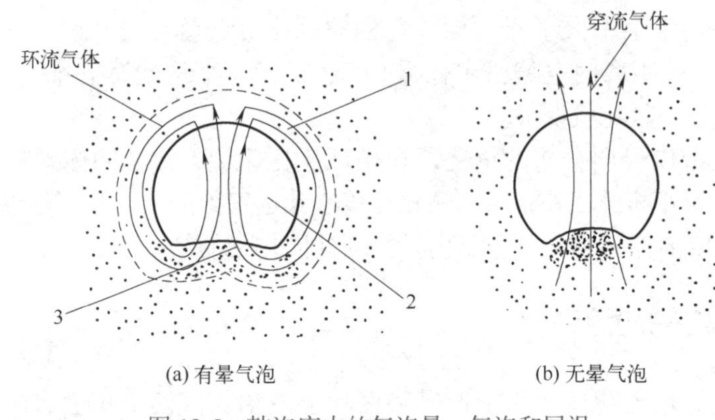

(a) 有晕气泡　　(b) 无晕气泡

图 12-5　鼓泡床中的气泡晕、气泡和尾涡

1—气泡晕；2—气泡；3—尾涡

气泡相和乳化相之间的气体质交换，一方面靠相间浓度差引起的气体扩散，另一方面通过乳化相和气泡相间的气体流动进行气体质交换。对于快气泡流型，当气泡上升速度较大时，气泡晕半径较小，由气体流动产生的气体质交换很小，气泡相和乳化相间的气体质交换阻力很大。循环流化床气体流速比较高，密相床大部分都处在快气泡流型，大部分气体留于气泡中随气泡上升。气泡相和乳化相之间的气体得不到充分混合。因此，造成气泡中的氧不能及时补充给碳颗粒，同时碳颗粒析出的挥发分和其他反应物也不能很快传给气泡相，减缓了反应速度。

2. 稀相区的流动特性

循环流化床的上部是作为快速流化床的稀相区。快速流化床具有如下基本特征：固体颗粒粒度小，粒径通常在 100μm 以下，属于 A 类颗粒；操作气速高，可高于颗粒自由沉降速度的 5 ～ 15 倍：虽然气速高，固体颗粒的夹带量很大，但颗粒返回床层的量也很大，所以床层仍然保持了较高的颗粒浓度；快速流化床既不存在像鼓泡床那样的气泡，也不同于气力输送状态下近壁区浓而中间稀的径向颗粒浓度分布梯度，整个床截面颗粒浓度分布均匀。在快速流化床中存在着以颗粒团聚状态为特征的密相悬浮夹带。在团聚状态中，大多数颗粒不时地形成浓度相对较大的颗粒团，认识这些颗粒团是理解快速流化床的关键。大多数颗粒团趋于向下运动，床壁面附近的颗粒团尤为如此，与此同时，颗粒团周围的一些分散颗粒迅速向上

资源 91：快速流化床与最小循环流量

运动。快速床床层的空隙率通常为 0.75 ～ 0.95。与床层压降一样，床层空隙率的实际值取决于气体的净流量和气体流速。

（1）最小循环流量

床层要达到快速流态化的状态，除了必须超过一定的气体流速之外，还需有足够的固体循环量。当床层气流速度超过终端速度时，经过一段时间，全部颗粒将被夹带出床层，除非是连续地循环补充等量物料。而且随着气流速度的增大，吹空整个床层的时间急剧变短。当气流速度达到某个转折点之后，吹空床层的时间变化梯度大大减缓。这时，床层进入快速流态化，该转折点的速度就是快速流态化的初始速度，称为输送速度。在输送速度下，床层进入快速流化床时的最小加料率称为最小循环流率。

当气速低于输送速度时，固体循环量对床层空隙率无明显影响，气速一旦超过输送速度，床层空隙率则主要取决于固体循环量。因此，对任一细粒物料，当气速等于输送速度时，床层达到饱和携带能力，物料便被大量吹出，此时必须补充等同于携带能力的物料量才能使床层进入快速流态化状态。超过最小循环量后，在相同气速下，对应不同的循环量可以有不同的快速床状态。也可以用不同的床存量对应的不同物料沿床高浓度分布表示不同的快速床状态。通常情况下，如果循环流化床锅炉热态气速达到 5m/s，烟气对固体的携带量如果小于 0.7kg/m^3（标准状态下），则循环流化床锅炉整体处于鼓泡床状态；若超过 1kg/m^3（标准状态下），则上部进入快速床状态。

（2）颗粒团聚

在快速流化床中，颗粒多数以团聚状态的絮状物存在。颗粒絮状物的形成是与气固之间以及颗粒之间的相互作用密切相关的。在床层中，当颗粒供料速度较低时，颗粒均匀分散于气流中，每个颗粒孤立地运动。由于气流与颗粒之间存在较大的相对速度，使得颗粒上方形成一个尾涡。当上、下两个颗粒接近时，上面的颗粒会掉入下面颗粒形成的尾涡。由于颗粒之间的相互屏蔽，气流对上面颗粒的曳力减小了，该颗粒在重力作用下沉降到下面的颗粒上。这两个颗粒的组合质量是原两个颗粒之和，但其迎风面积却小于两个单颗粒的迎风面积之和。因此，它们受到的总曳力就小于两个单颗粒的曳力之和。于是该颗粒组合被减速，又掉入下面的颗粒尾涡。这样的过程反复进行，使颗粒不断聚集形成絮状物。另外，由于迎风效应、颗粒碰撞和湍流流动等影响，在颗粒聚集的同时絮状物也可能被吹散解体。

资源 92：颗粒团的形成

由于颗粒絮状物不断地聚集和解体，使气流对于固体颗粒群的曳力大大减小，颗粒群与流体之间的相对速度明显增大。因此，循环流化床在气流速度相当高的条件下，仍然具有良好的反应和传热条件。

（3）颗粒返混

在循环流化床内，气固两相的流动无论是气流速度、颗粒速度、还是局部空隙率，沿径向或轴向的分布都是不均匀的。颗粒絮状物也处于不断的聚集和解体之中。特别是在床层的中心区，颗粒浓度较小、空隙率较大，颗粒主要向上运动，局部气流速度增大；而在边壁附近，颗粒浓度较大，空隙率较小，颗粒主要向下运动，局部气流速度减小。因而造成强烈的颗粒混返回流，即固体物料的内循环，再加上整个装置颗粒物料的外部循环，为流化床锅炉造就了良好的传热、传质、燃烧和净化条件。

3. 颗粒浓度轴向分布的影响因素

（1）颗粒性质

采用较大直径的颗粒时，循环流化床截面平均空隙率沿轴向变化较大。与细颗粒床相比，粗颗粒床的床层底部具有较大的颗粒浓度，而在床层顶部颗粒浓度更小些。与颗粒直径的影响相似，当颗粒密度不同时，密度大的颗粒在循环流化床的空隙率分布情况类似于粗颗粒的情况，即床层底部的空隙率相对较小，顶部的空隙率相对较大。

（2）运行风速

运行风速升高，床内空隙率增大，床内空隙率趋于均匀，顶部与底部的空隙率差别变小，直至全部的空隙率都接近出口值，从而进入稀相气力输送状态。

（3）床截面尺寸

床截面尺寸主要影响截面平均空隙率的分布。尺寸较小时，边壁效应相对较大，边壁颗粒密集区在截面上所占的比例增大。此时，不仅床层密度增大，而且颗粒浓度沿轴向分布的不均匀性也增大；反之，尺寸较大时，床层密度减小，颗粒浓度的轴向分布趋于均匀。

（4）循环物料量

与风速的影响正好相反，循环物料量增大时，床层各截面上平均空隙率都逐渐减小，而顶部与底部的空隙率差距加大，沿床层轴向空隙率的梯度也加大。

四、炉内气固流动的整体特性

通过大量实验发现，循环流化床燃烧设备的下部可以看作是一个鼓泡流化床，所以可以用鼓泡床的流动规律和模型来描述循环流化床下部的气固流动特性。在二次风入口以上截面的平均颗粒浓度沿高度一般可用指数函数来表示，这和鼓泡床的悬浮区类似。

在循环流化床的上部区域，截面上颗粒浓度近似呈抛物线分布，即在床层中部颗粒浓度很稀，而在壁面附近颗粒浓度较高。

在床中间颗粒一般向上流动，而在靠近壁面的区域，会出现颗粒向下流动，且越是靠近壁面颗粒向下流动的趋势越大。壁面区的大小在矩形壁面的四角区域并无很大变化，但是其内的颗粒浓度和降落速度却高很多。

试验还发现，在循环流化床内，固体颗粒常会聚集起来成为颗粒团在携带着弥散颗粒的连续气流中运动，这在壁面处的下降环流中表现得特别明显。这些颗粒团的形状为细长，空隙率一般为 0.7 左右。它们在炉子的中部向上运动，而当它们进入壁面附近的慢速区时，就改变它们的运动方向，开始从零向下做加速运动，直到达到一个最大速度。颗粒团一般并不是在整个高度上与壁面相接触，而是在下降了 1 ～ 3m 后，在气体剪切力的作用下，或其他颗粒的碰撞下发生破裂，它们也有可能从壁面离开。

第三节 · 床层阻力特性及临界流化速度

一、床层阻力及特性

1. 床层阻力

循环流化床锅炉某段床层的总压降主要有气流流动时的摩擦阻力、气体的重位压头、物料重力引起的压力降和物料颗粒与管壁的冲击、摩擦，以及颗粒间的摩擦与碰撞造成的压力损失等。研究表明，与物料重力引起的压力降相比，其他各项要小一个数量级以上，可以近似忽略。

2. 床层阻力特性

床层阻力特性就是指流化气体通过料层的压降与按床截面计算的冷态流化速度之间的关系，即压降 - 流速特性曲线，一般都是通过试验测量获得。

对均匀颗粒组成的床层，当通过床层的气体流速很低时，床层处于固定床状态。随着气流速度的增加，床层压降呈正比例增加。当气流速度达到一定数值时，床层压降达到最大值 Δp_{max}，如图 12-6 所示。Δp_{max} 的值略高于单位床截面上床料的重量。如果继续增加气流速度，固定床会突然“解锁”，床层压降降至近似等于单位床截面上床料的重量，此时对应的气流速度即为临界流化速度。

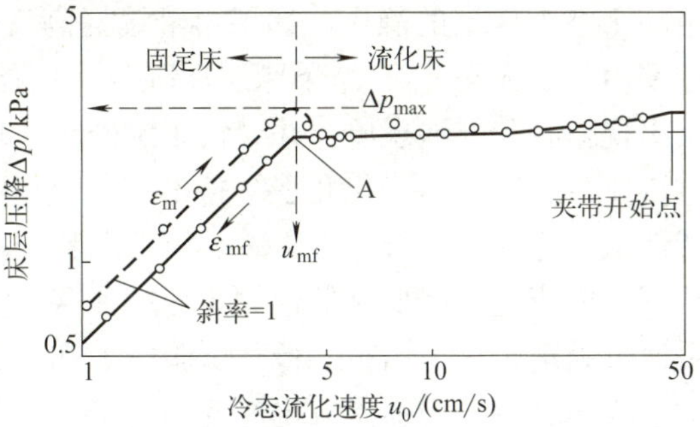

图 12-6　均匀粒度床料的床层压降 - 流速特性曲线

当气流速度超过临界流化速度后，床层就会出现膨胀或鼓泡现象，进入鼓泡流化床状态。进一步增加气流速度，在较宽的范围内，床层的压降几乎维持不变，这与流化床的准流体特性有关。

顺便指出，上述从低气流速度上升到高气流速度的压降 - 流速特性试验称为“上行”试验法。由于床料初始装入床层时，属于人为堆积，内部堆积状态差别较大，“上行”试验测得的数据重复性较差，实际中往往采用从高气流速度向低气流速度进行，通常称为“下行”试验法。

如果床层是由宽筛分颗粒组成的，当气流速度增加后，一些细颗粒很容易在大颗粒之间的空隙中起到较好的润滑作用，并促使大颗粒松动。另外，由于细颗粒容易流化，在床层尚未整体流化前，床内的小颗粒就已经部分流化。图 12-7 显示了宽筛分物料的床层压降 - 流速特性曲线。由图可见，与均匀颗粒床层相比，宽筛分颗粒床层从固定床转变为流化床没有明显的“解锁”现象，而是比较平滑地过渡。在固定床状态和完全流化状态，宽筛分颗粒床层与均匀颗粒床层的压降曲线相同。

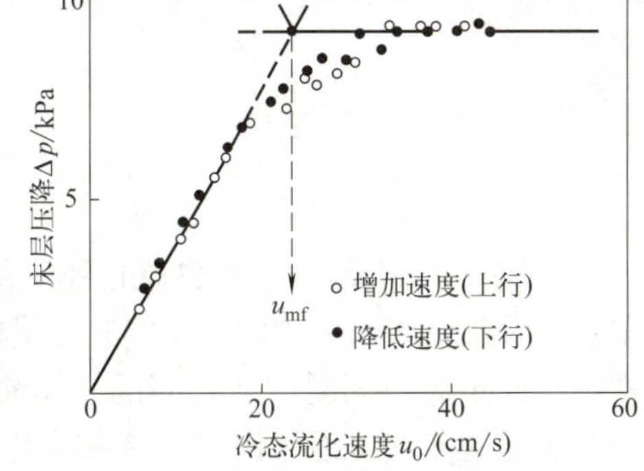

图 12-7　宽筛分床料的床层压降 - 流速特性曲线

二、临界流化速度

临界流化速度是流化床的一个重要的流体动力特性参数，确定这一速度具有十分重要的意义。

1. 临界流化速度的定义

通常将床层从固定状态转变到流化状态（或者沸腾状态）时，按照布风板面积计算的空气流速称为临界流化速度，即所谓的最小流化速度。

2. 临界流化速度的确定

确定临界流化速度的方法主要有实验测定和理论计算两种，其中最好的方法是通过实验测定，即压降以流速的关系曲线来确定临界流化速度是最方便的方法。

现对不同粒度组成的床层的起始流化特性进行分析，以由均匀粒度颗粒组成的床层为例。在固定床通过的气体流速很低时，随着气体流速的增加，床层压降成正比增加；当风速达到一定值时，床层压降达到最大值 Δp_{max}，即“上行”曲线，如图 12-8（a）所示，该值略高于整个床层的静压。如果再继续提高气体流速，固定床突然“解锁”，换言之，床层空隙率由 ε 增大至 ε_{mf}，结果床层压降降为床层的静压。当气体流速超过最小流化速度时，床层出现膨胀和鼓泡现象，并导致床层处于非均匀状态，在一段较宽的范围内，进一步增加气体流速，床层的压降仍几乎维持不变。上述中从低气体流速上升到高气体流速的压降 - 流速特性试验称为“上行”试验法。由于床料初始堆积情况的差异，实测临界流化风速往往采用从高气体流速区降低到低速固定床的压降 - 流速特性试验，通常称其为“下行”试验法。如果通过固定床区（用“下行”试验法）和流态化床区的各点画线，并撇开中间区的数据，这两直线的交点即为临界流化速度。

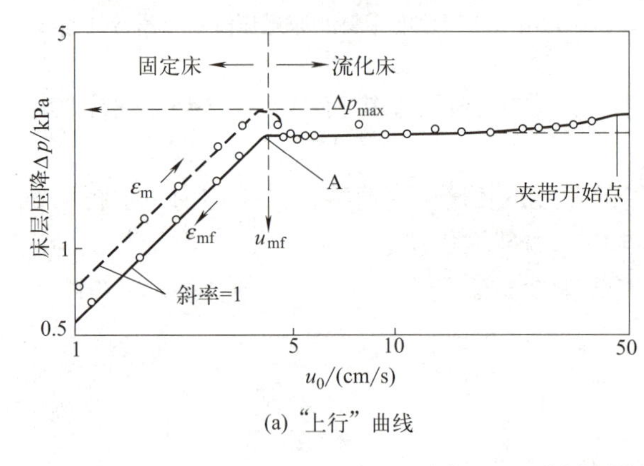

(a)“上行”曲线

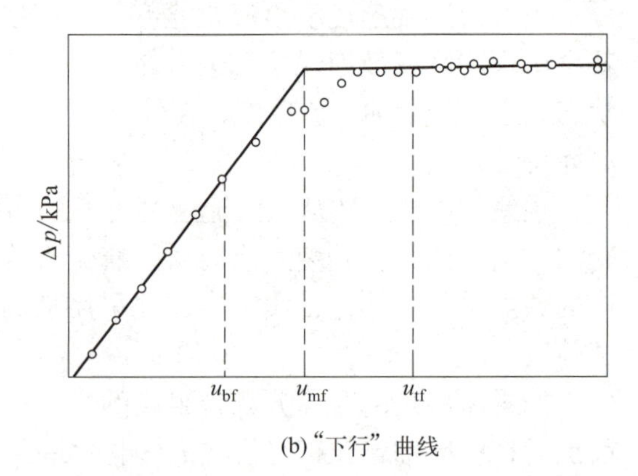

(b)“下行”曲线

图 12-8 床层压降 - 流速特性曲线

图 12-8（b）是确定临界流化速度的实测方法，即“下行”曲线。为了使测定的数据可靠，要求流化床布风均匀，测定时尽量模拟实际条件。用降低流速法使床层自流化床缓慢地复原至固定床，同时记下相应的气体流速和床层压降，在双对数坐标纸上标绘得到图 12-8（b）所示的曲线。通过固定床区和流化床数据区的点各自画线（撇开中间区数据），这两条曲线的交点即是临界流态化点，其横坐标的值即为临界流化速度 u_{mf}。图中的 u_{bf} 为起始流态化速度，此时床层中有部分颗粒进入流化状态。u_{tf} 为完全流态化速度，此时床层中所有颗粒全部进入流化状态。对于粒度分布较窄的床层，u_{mf}、u_{bf}、u_{tf} 三者非常接近，很难区分。在工程手册中，有一些现成的数据可供选用。

3. 临界流化速度的影响因素

影响燃煤流化床临界速度的因素有很多，但主要有粒径、粒子密度和温度。

不难看出，随粒径、粒子密度的增加，临界流化速度随之增加。粒径增大 1 倍时，临界流化速度约增加 40%；燃煤密度由 1500kg/m³ 增加到 2200kg/m³ 时，临界流化速度将增加大约 21%。热态（800 ～ 900℃）临界流化速度约为冷态（20℃）临界流化速度的 2 倍。

虽然对于同一筛分范围的床料，随着床温的升高，其临界流化速度会增大，但这并不意味着必须增大运行风量才能保证热态运行时能超过增大的临界流化速度值。恰恰相反，热态时的临界流化风量要低于冷态时的临界流化风量（试验证明，热态临界流化风量只是冷态临界流化风量的 50% ~ 66%），这是因为当床温升高时，临界流化速度虽然增加了，但烟气体积却相应地增加了更多。

复习思考题

1. 什么是流态化？流化床具有的类似流体的性质表现在哪些方面？
2. 固体颗粒流态化的形态有哪些？它们各有哪些主要特征？
3. 流化床有哪些不正常的流化状态？简述其产生的原因及如何避免或消除。
4. 简述葛尔达特的固体颗粒分类方法。
5. 影响临界流化速度的因素主要有哪些？

循环流化床锅炉的物料循环燃烧系统及设备

知识目标

① 掌握循环流化床锅炉的物料循环系统的设备组成及工作过程。
② 了解循环流化床锅炉的炉膛结构和特点。
③ 掌握布风装置的结构组成及工作过程、风帽的类型及特点。
④ 了解点火启动过程及点火燃烧器的布置方式。
⑤ 熟悉循环流化床锅炉运行中常见的问题及注意事项。

能力目标

① 能正确认识布风装置的结构及工作过程。
② 能正确认识循环流化床锅炉物料循环系统相关设备，能正确叙述其工作过程。
③ 能正确识别各种类型的风帽并说出其特点。
④ 能绘制物料循环系统示意图，并说出主要设备的作用。
⑤ 能正确找出循环流化床锅炉运行中出现的问题，并能采取有效措施给予解决。

第一节 · 炉　膛

循环流化床锅炉的物料循环燃烧系统主要是由燃烧室、布风装置、气固分离器、返料装置、点火装置等设备组成，如图 13-1 所示。

燃烧室、分离器及返料装置称为循环流化床锅炉的三大核心部件，并构成了循环流化床锅炉的颗粒循环回路（又称为主循环回路），是其结构上区别于其他锅炉的明显特征，是循环流化床锅炉特有的系统。

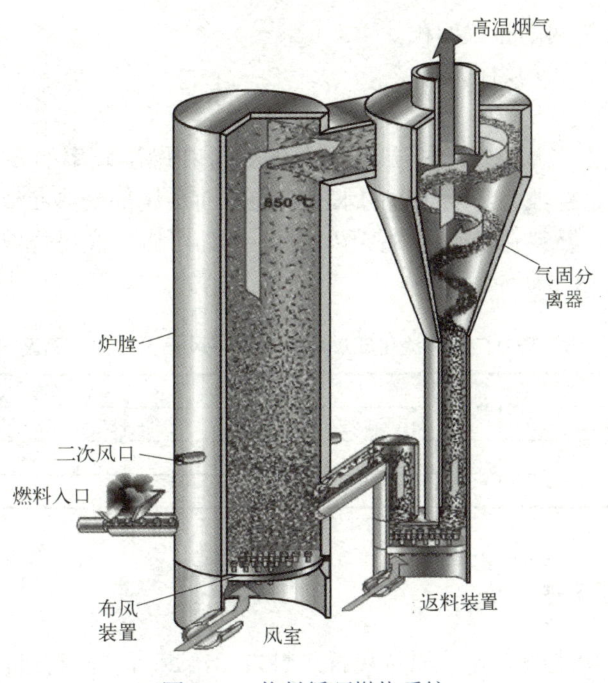

图 13-1　物料循环燃烧系统

资源 93：物料循环燃烧系统组成

一、炉膛结构形式

与传统的煤粉锅炉相同，循环流化床炉膛四周和顶部由水冷壁组成。为了防止炉内床料从下部漏掉，循环流化床锅炉在燃烧室（炉膛）底部布置了布风板，把炉膛封住，这是与煤粉炉的区别之处。布风板由水冷壁延伸组成，布风板和安装在其上的风帽共同构成了布风装置。

资源 94：循环流化床炉膛

资源 95：大型 CFB 炉膛布置

炉膛是燃料的燃烧空间。目前采用的炉膛结构形式主要有圆形炉膛、下圆上方形炉膛、立式长方形或正方形炉膛等。

圆形炉膛或下圆上方形结构的炉膛，圆形部分一般不设水冷壁受热面，而是由耐火砖砌筑。这种炉膛耐热耐磨，但是锅炉启动时间要比燃烧室全部由水冷壁结构组成的锅炉启动时间要长，而且对温升速度要求也比较严格，所以完全由耐火砖砌筑的炉膛目前已经不多见。

立式长方形燃烧室是最常见的炉膛结构，炉膛四周由水冷壁围成。一般规定，站在炉前，面向尾部烟道，近处的炉墙称为前墙，与前墙相平行的远处的炉墙称为后墙，与前后墙垂直的两面墙称为侧墙，左手侧为左侧墙，右手侧为右侧墙。锅炉左右方向的尺寸一般称为宽度，前后方向的尺寸一般称为深度。

为了防止烟气和物料向外泄漏，一般采用膜式水冷壁。这种结构常常与风室、布风板连成一体，悬吊在锅炉钢架上。

1. 燃烧室横截面形状

燃烧室横断面呈长方形，宽度与深度之比为 2 左右，这样的炉膛截面形状有以下优点。

① 易于保证二次风的穿透。

② 增大水冷壁受热面的布置面积。

③ 利于煤和石灰石的均匀扩散。

2. 燃烧室高度

炉膛主体高度主要考虑水冷壁受热面布置的数量和燃烧效率的要求，并兼顾尾部烟道的高度要求。锅炉容量越大，需要布置的水冷壁受热面及尾部受热面越多，所以炉膛也就越高。高的炉膛可以延长燃料在炉膛内的停留时间，从而可以提高燃烧效率。循环流化床燃烧室高度的推荐值如表 13-1 所示。

表 13-1 循环流化床燃烧室（从布风板至炉顶）高度的推荐值 （m）

煤种	锅炉容量 /（kg/s）				
	36.11	61.11	113.9	186.1	274.2
褐煤	24	28	30	37	47
烟煤	25	29	34	39	50

二、炉膛开孔

炉膛上开有各种功能的门孔，如石灰石入料口、给煤口、回料口、排渣口、二次风口、炉膛烟气出口、检修人孔，有的锅炉还有油枪口等。因为锅炉炉膛在运行时呈正压状态，因此密封要求较高，否则会导致物料和烟气外逸，污染厂区环境，并且危及人身安全。因此流化床锅炉炉膛上开口数量应尽可能少，而且运行时要求各门孔关闭严密。

1. 石灰石入料口

由于石灰石脱硫时的反应速度比煤燃烧速度低得多，而且石灰石给料量少，粒度又较小，对其给料点的位置及数量要求可低于给煤点，既可以采用给料机或气力输送装置将石灰石单独送入床内，也可以将其通过循环物料口或给煤口给入。目前，国内中小容量循环流化床锅炉普遍采用气力输送装置在给煤点附近将石灰石送入，大型锅炉采用单独的石灰石给料装置。

2. 给煤口

燃料通过给煤口进入循环流化床内。给煤口处的压力应高于炉膛压力，以防止高温烟气从炉内通过给煤口倒流。通常采用密封风将给煤口和上部的给料装置进行密封。给煤点的位置一般布置在敷设有耐火材料的炉膛下部还原区，并且尽可能远离二次风入口点，以使煤中的细颗粒在被高速气流夹带前有尽可能长的停留时间。有些循环流化床锅炉，煤先被送入返料装置预热，然后与循环物料一起进入炉内，这种给煤方式对于高水分和强黏结性的燃料比较适合。

3. 回料口

为增加未燃尽碳和未反应脱硫剂在炉内的停留时间，循环物料进口（又称回料口）布置在二次风口以下的密相区内。由于这一区域的固体颗粒浓度比较高，设计时必须考虑返料系统与炉膛循环物料进口点处的压力平衡关系。循环物料进口的数量对炉内颗粒横向分布有重要影响，通常一个送灰器有一个回料口。为加强返料的均匀性，防止密集物料可能带来的磨损以及局部床温偏低，可以采用双腿送灰器，以增加循环物料进口。

4. 排渣口

排渣口设置在床的底部，通过排渣管排出床层最底部的大渣。排放大渣可以维持床内固体颗粒的存料量以及颗粒尺寸，不致使过大的颗粒聚集于床层底部而影响流化质量，从而保证循环流化床锅炉的安全运行。

排渣口的布置一般有两种方式：一种是布置在布风板上，即去掉一定数量的风帽以排渣管代之，排渣管的尺寸应足够大，以使大颗粒物料能顺利地通过排渣管排出；第二种方式是将排渣管布置于炉壁靠近布风板处，这样就无须在布风板上开孔布置排渣管，但在床面较大时，这种布置比较困难。目前多数采用第一种布置方式，并特别注意将排渣管周围的风帽开孔适当加大，以使布风均匀。

排渣口的个数视燃料颗粒尺寸而定。当燃料颗粒尺寸较小且比较均匀时，可采用较少的排渣口，例如排渣口的个数可以等于给煤点数，因为此时沉底的大颗粒较少或近乎等于零，相反，如果燃用的燃料颗粒尺寸较大，此时应增加排渣口，并在布风板截面上均匀布置，以使可能沉底的大颗粒能及时从床层中排出。

5. 炉膛出口

炉膛出口对炉内气固两相流体的流体动力特性有很大影响。采用特殊的炉膛出口结构可使炉膛顶部形成气垫，使床内固体颗粒的内循环增加。循环流化床锅炉以采用具有气垫的直角转弯炉膛出口为最佳，也可采用直角转弯形式的炉膛出口，因为这类炉膛出口的转弯结构可以增加对固体颗粒的分离，从而增加床内固体颗粒的浓度，延长颗粒在床内的停留时间。

6. 其他开孔

除上述外，循环流化床锅炉中的观察孔、测试孔、人孔等可根据需要而设定。但应该提出的是，由于循环流化床锅炉炉内受热面采用膜式水冷壁结构，设置这些开孔时必须穿过水冷壁，需要水冷壁“让管”。在“让管”时，必须注意向炉膛外“让管”，而炉膛内不能有任何突出的受热面，否则会引起磨损。

第二节・布风装置

布风装置是炉膛底部支承物料并分配一次风的装置。目前，流化床锅炉采用的布风装置主要是风帽式，它由风室、花板、风帽和隔热层组成，如图 13-2 所示。

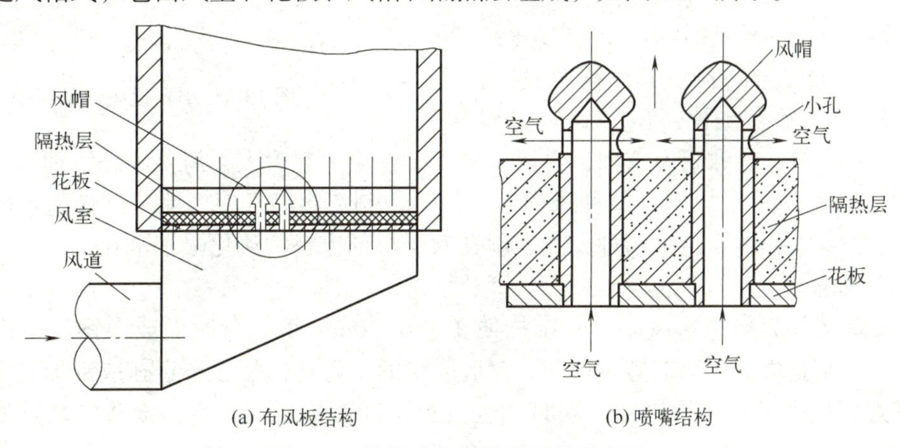

图 13-2　风帽式布风装置结构示意图

风帽式布风装置的工作过程是：由风机送入的空气从位于布风板下部的风室通过风帽底部的通道从风帽上部径向分布的小孔流出，由于小孔的总截面积远小于布风板面积，因此气流在小孔出口处取得远大于按布风板面积计算的空塔气流速度。从风帽小孔中喷出的气流具有较高的速度和动能，进入床层底部，使风帽周围和帽头顶部产生强烈的扰动，并形成气垫层，使床料中煤粒与空气均匀混合，强化了气固间的热质交换过程，延长了煤粒在床内的停留时间，建立了良好的流化状态。

资源 96：布风装置工作过程

一、风帽

风帽是循环流化床锅炉的重要部件，是炉内高温高磨损下的易损部件，风帽直接影响锅炉的流化工况和燃烧的稳定性，是锅炉安全运行的保证。

资源 97：循环流化床炉风帽

风帽安装在布风板上，其主要作用是将流化燃料所需要的风均匀地送入炉膛。随着循环流化床锅炉的发展，出现了多种结构的流化风帽，常用的布风板风帽形式有小孔径风帽、S 形（猪尾形）风帽、钟罩式风帽、定向风帽、T 形风帽等，各风帽性能如表 13-2 所示。

表 13-2　各种风帽性能表

风帽类型	风帽数量	外孔尺寸	布风均匀性	磨损特性	防漏渣性能	使用周期
柱形风帽	多	小	好	较轻	一般	一般
S 形风帽	多	—	好	最轻	较好	较长
定向风帽	多	大	较好	较重	弱	较短
钟罩风帽	较少	大	好	轻	好	较长

1. 小孔径风帽

小孔径风帽分为角顶、圆顶和柱形等多种形式，如图 13-3 所示。小孔径风帽数量多，风帽间距小，一般 50 个 /m^2 左右。小孔径风帽气流流速较大，有利于流化，但阻力较大。由于孔较小（4 ～ 6mm），所以气流刚度小。

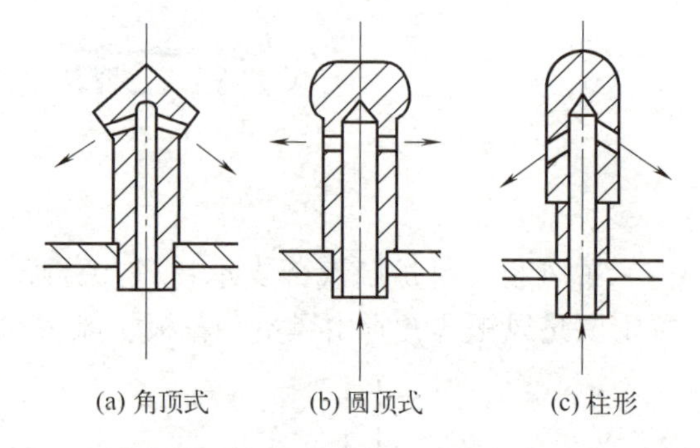

图 13-3　小孔径风帽示意图

图 13-3（b）为圆顶风帽，这种风帽阻力较大，但气流的分布均匀性较好。连续运行时间较长后，一些大块杂物容易卡在帽檐底下，不易清除，冷渣也不易排掉，积累到一定程度，风帽小孔将被堵塞，导致阻力增加，进风量减少，甚至引起灭火，需要停炉清理。

图 13-3（c）为柱形风帽，这种风帽阻力较小，制造容易，但气流分配性能比较差。每种形式又分为平孔和斜孔出风两种方式。斜孔对于根部床料的流化强于平孔。

2. S 形风帽

S 形风帽又称为猪尾形风帽，其结构简单，由 20mm 钢管弯制而成，钢管全部埋于绝热层内，是对密孔板形布风装置的改进，S 形风帽的小弯管代替了小直孔或锥形孔，增大了布风板阻力，提高了布风均匀性。同时，也避免了细颗粒漏入风室。该布风装置如图 13-4 所示。

3. 大直径钟罩式风帽

如图 13-5 ～图 13-7 所示，钟罩式风帽是蘑菇形风帽的变形，主要由内管和外罩两部分组成，罩体与进风管采用螺纹连接，罩体损坏后易于更换。通过合理设计外罩开孔尺寸及数量，可控制好风帽出口速度，降低风帽的磨损情况。另外，罩体水平方向开孔且孔径较大，不易被颗粒堵塞。风帽采用耐热钢精铸而成，使用寿命长，易于检修。钟罩式风帽特有的结构布置还可有效防止物料漏入风室。大直径钟罩式风帽广泛应用在 135MW 级循环流化床锅炉上。

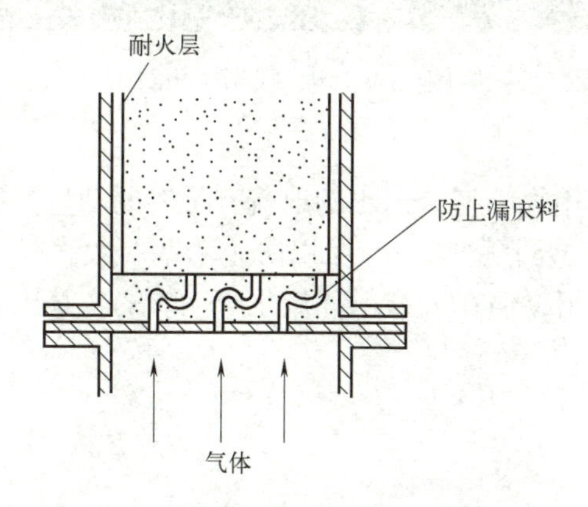

图 13-4　S 形风帽

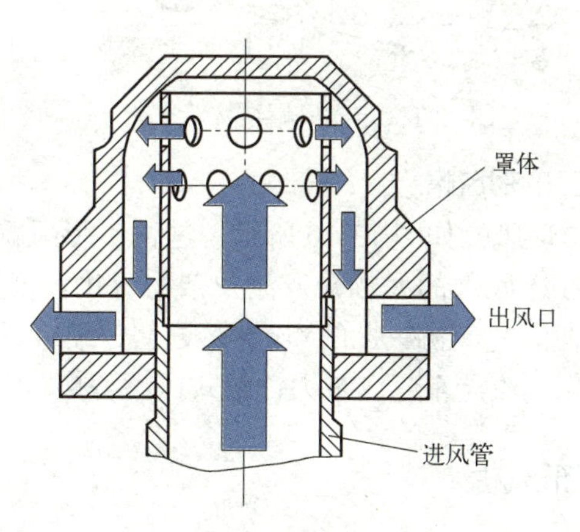

图 13-5　大直径钟罩式风帽结构示意图

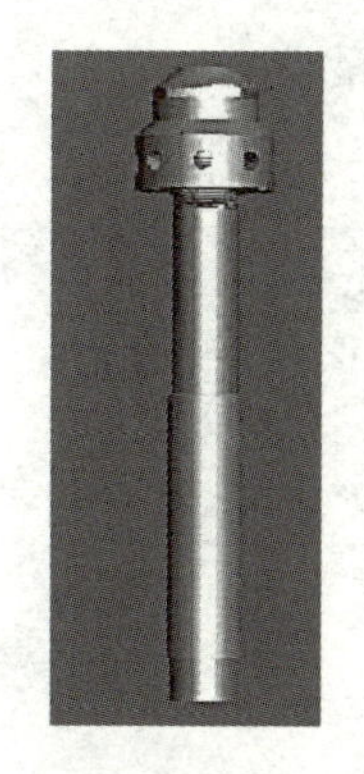
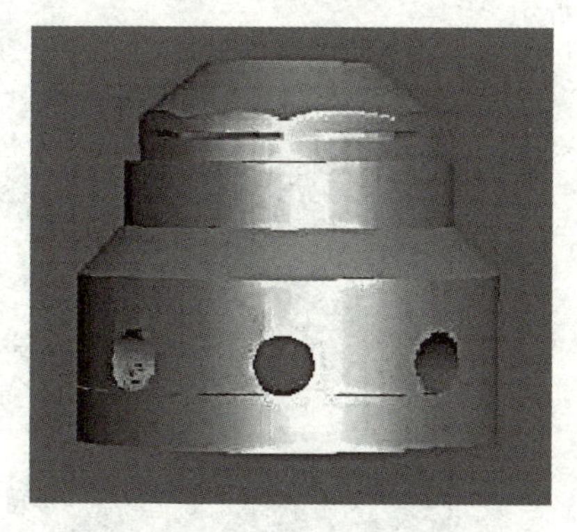

图 13-6　钟罩式风帽罩体和进风管螺纹连接实物图

图 13-7　钟罩式风帽生产现场布置图

4. 定向风帽（“7”字形）

定向风帽是一种开孔方向特定的风帽，其喷口的设计和布置不是垂直向上而是朝着一定的水平方向，或出口角度与帽身呈 15° 或 30°，斜向下吹。如图 13-8、图 13-9 所示。

定向风帽的特点：

① 利于排渣，且不易堵渣。定向风帽在炉底形成的气流流向可以将粗颗粒床料吹向排渣口，有利于渣的定向流动，能尽快将带有石块或其他杂质的床料排出。定向风帽的口径较大，出口向下倾斜，不易堵渣。

② 定向风帽磨损较为严重。风帽经常发生后帽吹前帽的情况，导致严重的磨损，定向风帽损坏多在顶部，由于风帽间距小，一个风帽损坏后，周边布风紊乱，加剧周围风帽的磨损，使风帽损坏形成连锁反应。同时定向风帽还容易出现床料倒流回布风风箱内等问题。

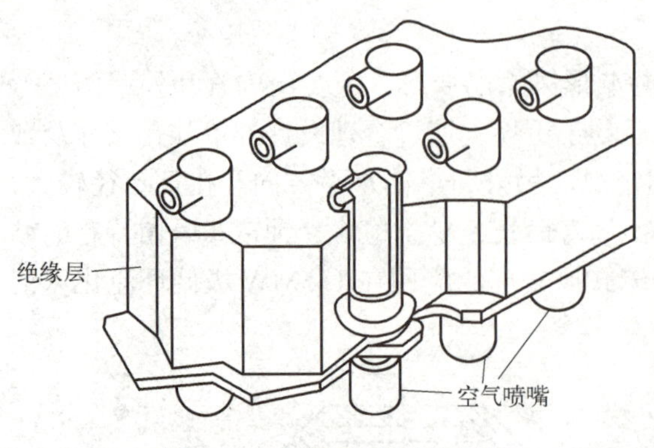

图 13-8 定向风帽结构示意图

图 13-9 定向风帽实物图

5. T 形风帽

T 形风帽如图 13-10 所示。这种 T 形风帽采用大喷口，射出的射流有足够的动量，能将沉积在床底部的大颗粒灰渣及杂物流化。采用大开孔的喷口，可以防止堵塞。大直径 T 形风帽在国内最初一批的 40t/h 锅炉上曾经广泛使用，但在大型循环流化床锅炉的实践中，这种风帽漏渣严重，已被大钟罩式风帽替换。

二、布风板

流化床锅炉燃烧室下部的炉箅称为布风板，是一个开有一定数量小孔的燃烧室底板，将其下部的风室与炉膛隔开，如图 13-11 所示。

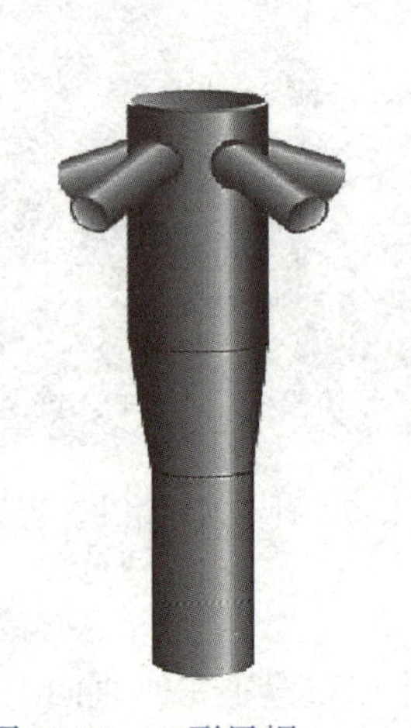

图 13-10 T 形风帽

图 13-11 布风装置

1. 布风板的作用

① 将固体颗粒限制在炉膛布风板上，并对固体颗粒（床料）起到支撑作用。

② 保证一次风穿过布风板进入炉膛，达到对颗粒的均匀流化。

2. 布风板的类型及结构

风帽式布风板按是否进行冷却分为非水冷式布风板和水冷式布风板两大类。

非水冷式布风板为一定厚度的钢板，钢板按布风要求和风帽形式开设一定数量的圆孔，即通常所说的花板，花板的作用是支承风帽和隔热层，并初步分配气流。

花板通常是由厚度为 12 ～ 20mm 的钢板或厚度为 30 ～ 40mm 的整块铸铁板或分块组合而成的。花板上的开孔也就是风帽的排列均匀分布，节距的大小取决于风帽的大小及风帽的个数与气流的小孔流速。花板结构如图 13-12 所示。

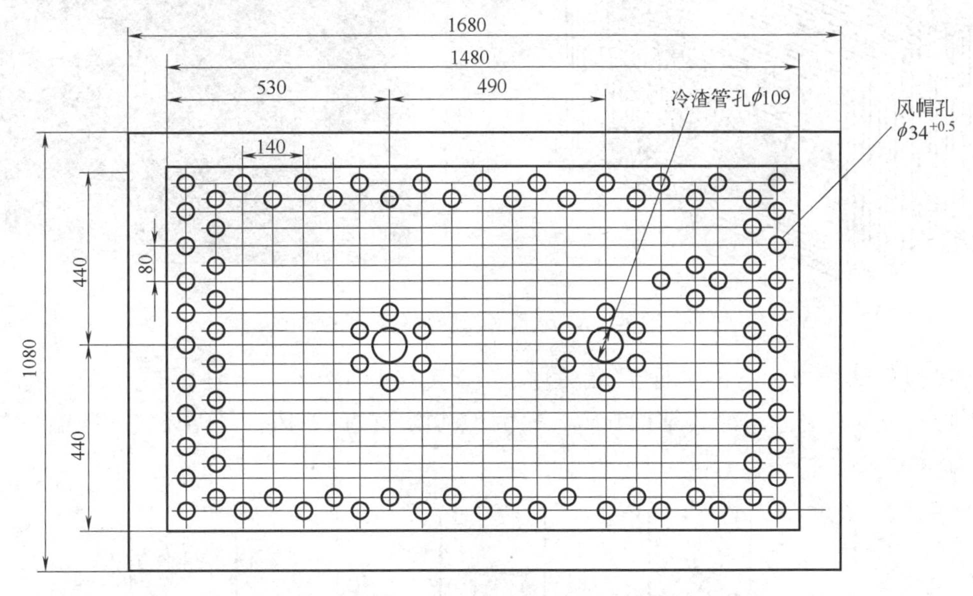

图 13-12　花板结构

因为高温一次风要通过风室和布风板，为了保护风室和布风板不受高温损坏，一般采用水冷式风室和布风板。水冷式布风板由炉膛四周的膜式水冷壁延伸弯曲构成，采用拉稀膜式水冷壁形式，在管与管之间的鳍片上开孔布置风帽，如图 13-13、图 13-14 所示。

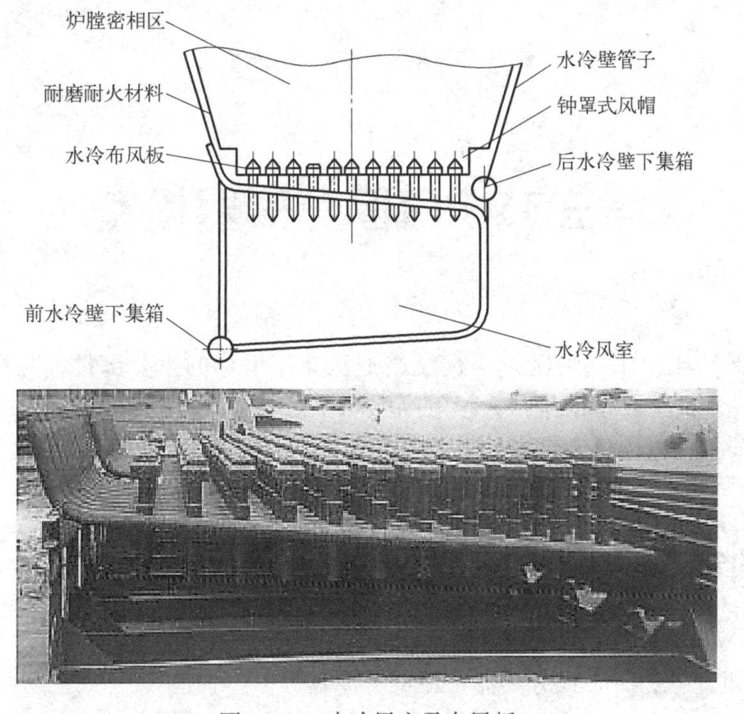

图 13-13　水冷风室及布风板

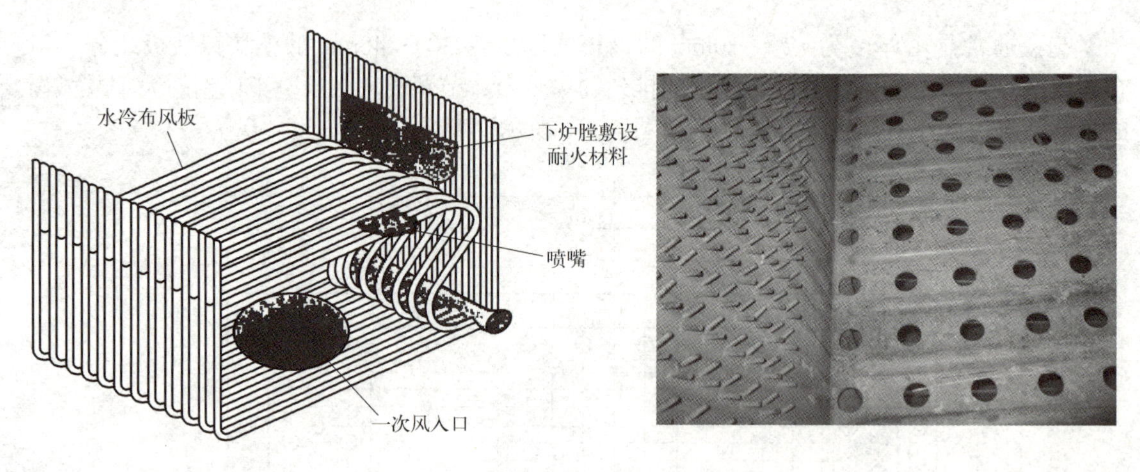

图 13-14　水冷风箱和水冷布风板

布风板的结构形式有许多种，如图 13-15 所示。其中图 13-15（c）、（d）所示的水平形和倾斜形布风板有利于水冷式结构布置，这两种结构形式的布风板是循环流化床锅炉中最常见的形式。

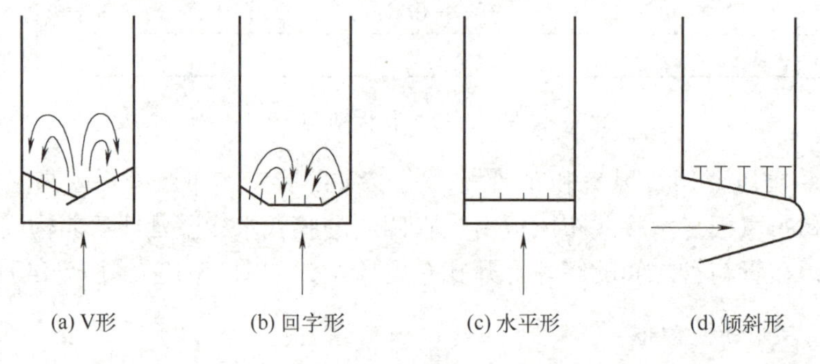

图 13-15　布风板结构形式示意图

第三节 • 气固分离器设备

分离器是循环流化床锅炉区别于传统鼓泡流化床锅炉的重要部件，是循环流化床锅炉的核心部件之一。其主要作用是将大量的高温固体物料从炉膛出口的气流中分离出来。通过返料装置送回炉膛，以维持燃烧室快速流态化状态，燃料剂和脱硫剂多次循环，反复燃烧和反应。

一、分离器的分类

分离器按分离机理和工作环境等的不同，主要有以下几种。

① 按分离机理分为离心式分离器、惯性分离器。

② 按是否有冷却分为绝热式分离器、水冷（汽冷）分离器。

③ 按横截面形状分为旋风筒分离器、方形分离器。

④ 按进口烟气温度分为高温分离器、中温分离器、低温分离器。

目前，使用较为普遍的是外置高温旋风分离器和内置惯性分离器。

资源 98：旋风分离器

二、旋风分离器

循环流化床锅炉的分离器不仅被要求能在高温度、高物料浓度下工作，还应保持较低的阻力和较高的分离效率。因此，大型循环流化床锅炉一般采用旋风分离器。

1. 主要结构

旋风分离器一般主要由切向进气管、筒体及圆锥体构成的分离空间、净化气排出部件及分离颗粒排出部件等几个部分组成，典型结构形式如图 13-16 所示。

2. 工作原理

烟气携带物料以一定的速度沿着切向方向进入分离器，在内部做旋转运动，固体颗粒在离心力和重力的作用下被分离下来，落入料仓内，经物料返回装置（即回送装置）返回到炉膛内，分离出颗粒后的烟气由分离器上部进入尾部烟道，如图 13-17 所示。

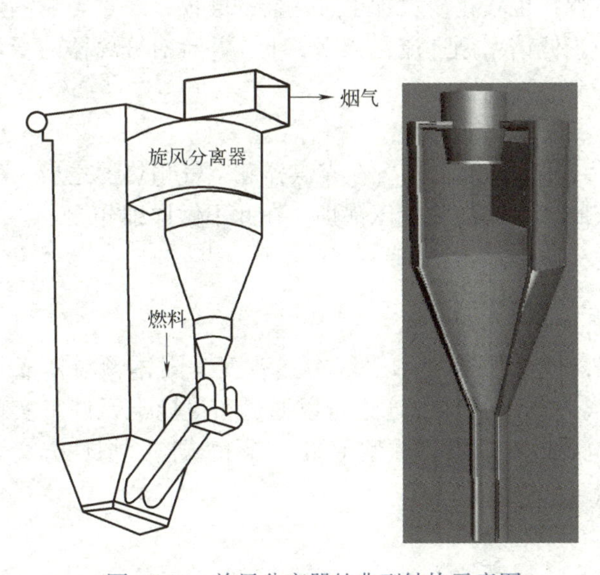

图 13-16 旋风分离器的典型结构示意图

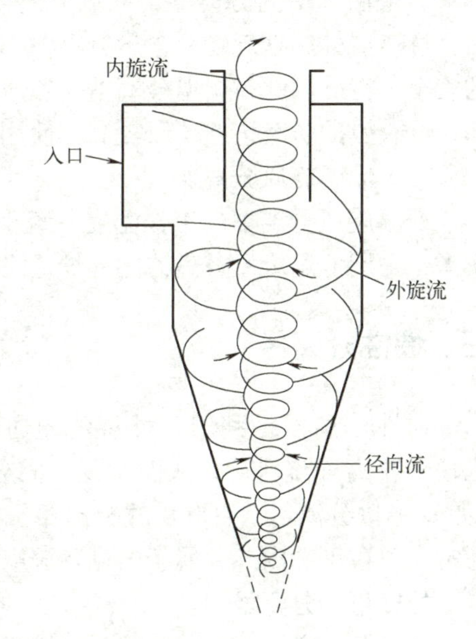

图 13-17 旋风分离器的分离原理

3. 特点

（1）优点

旋风分离器的优点是分离效率高，特别是对细小颗粒的分离效率远远高于惯性分离器。

（2）缺点

旋风分离器的缺点是体积比较大，使得锅炉厂房占地面积较大。另外，大容量的锅炉因受分离器直径和占地面积的限制，往往需要布置多台分离器。因此，旋风分离器的布置对于循环流化床锅炉的大型化显得非常重要。

4. 分类

根据分离器的工作条件，旋风分离器可分为高温、中温和低温三种。

（1）高温旋风分离器

高温旋风分离器通过一段烟道与炉膛连接，其布置根据锅炉结构及分离器数量的不同而有所变化，大多布置于炉膛后部，也有的布置在炉膛前墙或两侧墙，并多采用上排气形式。

高温旋风分离器的结构形式主要有两种，一种是由钢板和耐火材料构成不冷却的绝热旋风筒，另一种是由膜式壁构成通过水（或蒸汽）冷却的水（汽）冷却式旋风筒。

（2）中温旋风分离器

中温旋风分离器入口烟气温度较低，一般为 400 ～ 500℃，通常布置在过热器之后。与高温旋风分离器相比，有如下优点：

① 保温材料的耐高温要求降低，可以降低成本。

② 由于分离器温度降低，可以采用较薄的保温层，从而缩短锅炉的启停时间，另外，在保温相同的条件下，散热损失减小。

③ 由于入口烟气温度较低，分离器尺寸可以减小，加之烟气黏度降低，利于颗粒分离，可以提高分离器效率。

④ 分离器内不会发生燃烧，也不会造成超温结焦。

⑤ 分离下来的物料温度较低，这对控制床层温度，防止床内发生结渣以及调整负荷有利。

但是由于中温分离器与高温分离器不同，后者布置在过热器前，而前者布置在过热器后，过热器处的烟气物料含量较大，固体颗粒也较粗，增加了过热器的磨损，严重影响锅炉的安全运行。因此，中温分离器一般应用于低倍率循环流化床锅炉上，并且对分离器前受热面采取有效的防磨措施，以提高其使用寿命。

（3）低温旋风分离器

低温旋风分离器的工作温度一般小于 300℃，通常布置在省煤器和空气预热器之后。事实上，采用低温旋风分离器的锅炉是飞灰回燃型鼓泡流化床锅炉，在此不做详细介绍。

三、惯性分离器

惯性分离器是利用某种特殊的通道，使介质流动的路线突然改变，固体颗粒依靠自身惯性脱离气流轨迹，从而实现气固分离。这种特殊的通道可以通过布设撞击元件来实现（如 U 形槽分离器、百叶窗式分离器），也可以专门设计成型（如 S 形分离器）。惯性分离器通常布置在炉膛内部，属于内循环分离器。

1. U 形槽分离器

U 形槽分离器在炉膛顶部采用错列垂直（或倾斜）布置，如图 13-18 所示。

（1）工作原理

如图 13-19 所示，当物料随烟气上升时进入分离器，由于烟气和物料的密度差别很大，惯性不同，一部分物料进入异型槽钢内，实现与烟气的分离，另一部分细小颗粒随烟气从第一排异形槽钢缝隙处继续上升，进入第二排槽钢中再分离。因为分离器是垂直（或倾斜）布置，大多数的颗粒沿异形槽钢返回炉内循环，反复燃烧。

（2）特点

U 形槽分离器结构简单、容易布置，同时由于炉内分离，不需要回送装置。但分离器布置在炉膛内，环境温度高，物料冲刷磨损严重。另外，该分离器效率不高，目前仅应用于小容量循环流化床锅炉上。

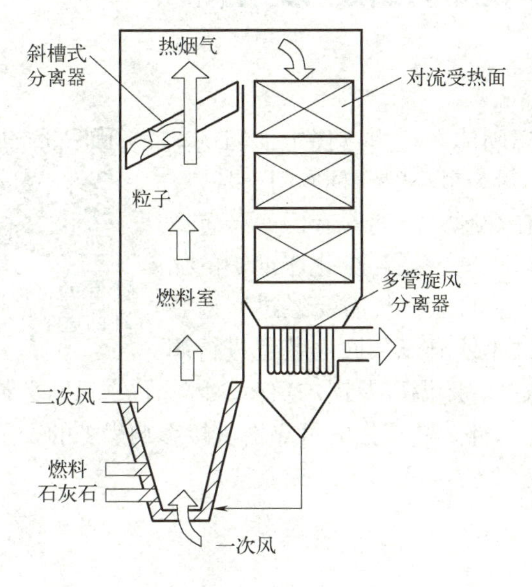

图 13-18　U 形槽分离器布置

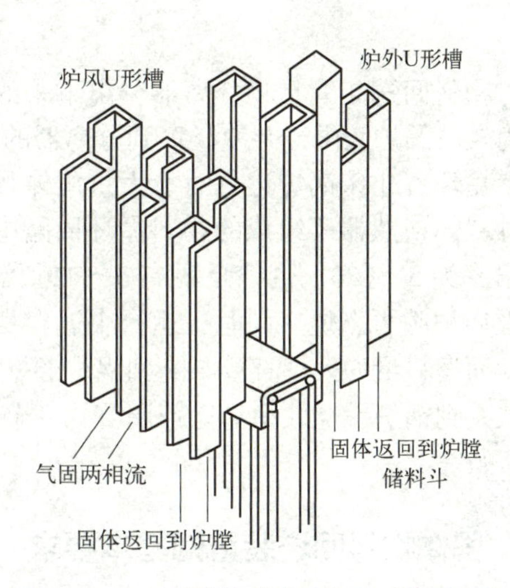

图 13-19　U 形槽分离器结构及工作示意图

2. 百叶窗式分离器

（1）结构

百叶窗式分离器是由一系列的平行叶片（叶栅）按一定的倾角组装而成的，其叶片分为平板形和波纹形。波纹形叶片效率高于平板形，因此目前采用百叶窗式分离器的循环流化床锅炉均采用波纹形叶片。

（2）工作原理

如图 13-20 所示，从入口进入的含尘气流依次流过叶栅，当气流绕流过叶片时，尘粒因惯性的作用撞在叶栅表面并反弹而与气流脱离，从而实现气固分离。分离出颗粒的气体从另一侧离开百叶窗式分离器，被分离出的颗粒浓集并落到叶栅的尾部。

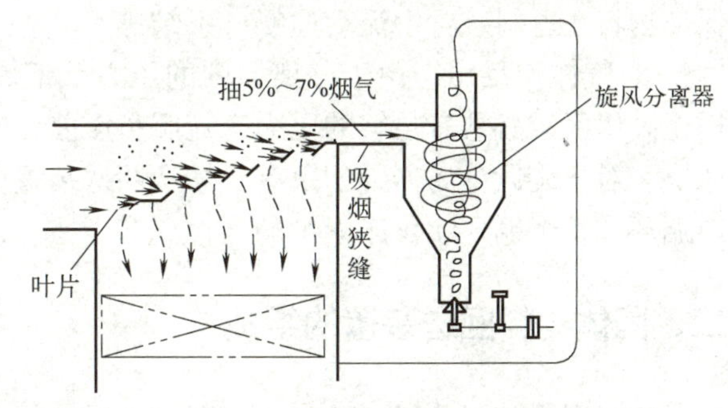

图 13-20　百叶窗式水平入口的分离器

（3）特点

百叶窗式分离器结构简单、布置方便，与锅炉匹配性好，热惯性小，流动阻力一般也不高，但分离效果欠佳，特别是对惯性小、跟踪性强的细微颗粒捕集效果更差。

四、组合式分离器

虽然高温旋风分离器分离效率较高，但体积庞大，结构相对复杂，制造安装困难，运行费用高。惯性分离器虽然结构简单、易布置，但分离效率太低。因此，许多学者提出了多级分离器方案或组合式分离器方案，可用惯性分离器和旋风分离器组合，也可以用多级惯性分离器组合。

第四节 · 固体物料回送设备

物料回送装置是将分离器分离下来的高温固体颗粒连续稳定地回送至压力较高的炉腔内，并使反窜到分离器的气体量为最小的一种专门设备。

资源 99：物料循环回送工作原理

循环流化床锅炉运行时、大量固体颗粒在炉膛、分离器和回送装置以及外置式换热器等组成的物料循环回路中循环。一般循环流化床锅炉的循环倍率为 5 ～ 20，也就是说有 5 ～ 20 倍给煤量的返料灰需要经过回送装置返回炉膛再燃烧。同时，运行中返料量的大小依靠飞灰回送装置进行调节，而返料量的大小直接影响到锅炉的燃烧效率、床温以及锅炉负荷。因此，物料回送装置是关系到锅炉燃烧效率和运行调节的一个重要部件，其工作的可靠性直接影响锅炉的安全经济运行。

一、固体物料回送装置的基本要求

固体物料返料装置应当满足以下基本要求：

① 物料流量可控。循环流化床锅炉的负荷调节主要依赖于循环物料量的变化，这就要求回送装置能够稳定地开启或关闭固体颗粒的循环，进而适应锅炉运行工况变化的要求。

② 物料流动稳定。由于循环的固体物料温度较高，返料装置中又有空气，在设计时应保证物料在返料装置中流动通畅、不结焦。

③ 气体不反窜。由于分离器内的压力低于炉膛内的压力，返料装置将返料灰从低压区送至高压区，必须有足够的压力来克服负压差，同时要求既能封住气体又能将固体颗粒送回床层。对于旋风分离器，如果有气体从回送装置反窜进入，将会降低分离效率，从而影响物料循环和整个循环流化床锅炉的运行。

二、固体物料回送装置的组成

物料回送装置一般由立管（料腿）和回料阀（送灰器）两部分组成。

1. 立管（料腿）

通常将物料循环系统中的分离器与送灰器之间的回料管称为回料立管，简称立管，又称为料腿或竖管。立管的主要作用如下。

① 输送物料，与送灰器配合连续不断地将物料由低压区向高压区（炉膛处）输送。

② 系统密封，产生一定的压头，防止回料风或炉膛烟气从分离器下部反窜，因此它在循环系统中起着压力平衡的重要作用。

2. 回料阀（送灰器）

回料阀和分离器构成了固体物料的循环回路，使循环流化床锅炉能够进行循环燃烧，因此是锅炉的关键部件。物料回送装置中的回料阀（也称为送灰器、返料阀）分机械式和非机械式两大类。

机械式回料阀靠机械构件动作来起到控制和调节固体颗粒流量的作用，如球阀、蝶阀、闸阀等。实际运行时，机械装置在高温状态下会产生膨胀，加上阀内的流动介质是固体颗粒，固体颗粒易卡涩，运动时也会产生较严重的磨损，因此循环流化床锅炉中很少采用机械式送灰器。

非机械式回料阀采用气体推动固体颗粒运动，无需任何机械转动部件，所以其结构简单、操作灵活、运行可靠，在循环流化床锅炉中获得广泛应用。

非控机械式送灰器根据工作特点可以分为阀型回料阀（可控式回料阀）和自动调节型回料阀（通流型回料阀）两大类。

（1）阀型回料阀（可控式回料阀）

阀型回料阀主要类型包括L形阀、V形阀、J形阀等，如图13-21所示。阀型回料阀不但能将颗粒输送到炉膛，可以开启和关闭固体颗粒流动，而且能控制和调节固体颗粒的流量，属于可控式回料阀。

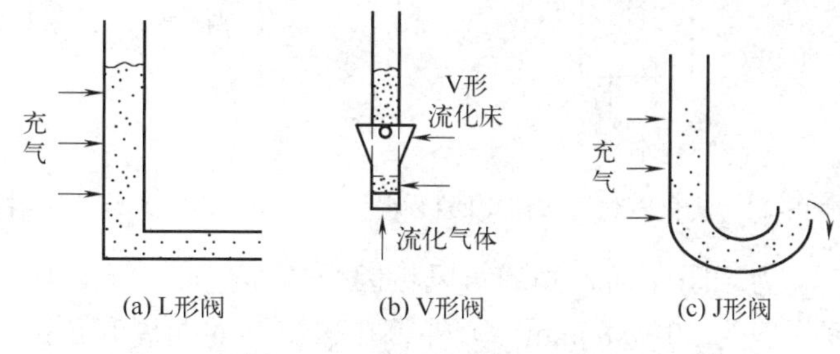

图13-21　阀型回料阀示意图

L形回料阀是最简单的一种非机械阀，如图13-21（a）所示，它由直角弯管、垂直管和水平管组成。它的优点是结构简单，回料量调节范围宽。缺点是放大性能不好，控制系统较复杂，故在大型循环流化床锅炉上应用较少。

J形回料阀最初是由L形回料阀演变而来的，后来也融合了V形回料阀的特点，如图13-21（c）所示。它的结构较简单，物料流率高，返料风量小，所以体积小，布置紧凑。特别是对灰熔点较低的燃料，采用J形回料阀并增加立管上的充气数可以有效减少回料器结渣的发生。

（2）自动调节型回料阀（通流型回料阀）

自动调节型回料阀主要有流化密封回料阀（又称U形阀）和密闭输送阀等，其中循环流化床锅炉普遍采用流化密封回料阀，如图13-22所示。自动调节型回料阀的特点主要有：

① 对固体颗粒流量的调节作用很小；

② 密封和稳定性很好，可以有效地防止气体反窜；

③ 随锅炉负荷的变化自动改变送灰量，而无须调整送灰风量。

流化密封回料阀由一个带回料管的鼓泡流化床和分离器立管组成，二者之间有一个隔板，采用空气进行流化，其结构如图13-23所示。回料器内的压力略高于炉膛，以防止炉膛内的空气进入立管。在立管内可以充气，以利于固体颗粒的流动。特别是在立管与流化床的连通部分布置水平喷管，更有利于物料的流动。但过多的充气可能会使气流反窜，破坏循环流化床的正常运行。

流化密封回料阀立管中，固体颗粒的料位高度能够自动调节，使其压力与送灰器（回料阀）的压降及驱动固体颗粒流动所需的压头相平衡。例如由于某种原因使物料循环流率下降，进入立管中的物料量减少，若物料回送装置还以原来的流率输送物料，则必然使立管中的料位高度降低，从而导致输送流率减小，直到与循环流率一致，建立新的平衡状态。所以当流化密封回料阀运行、充气状态一定时，料位高度可以自动适应，但是在变化。这种自适应能力需要适当的物料高度和适当的充气相配合。

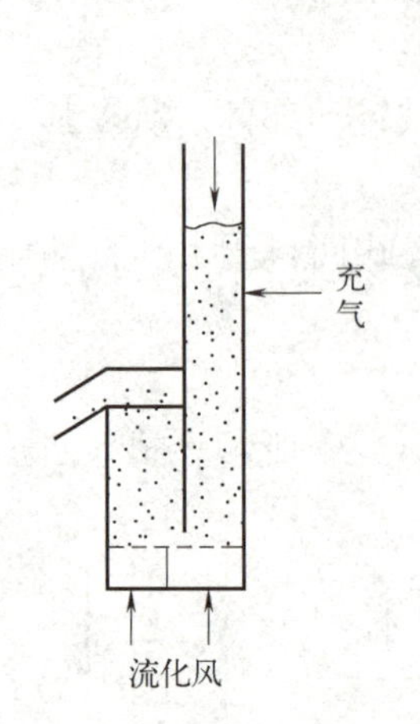

图 13-22 流化密封送灰器（回料阀）

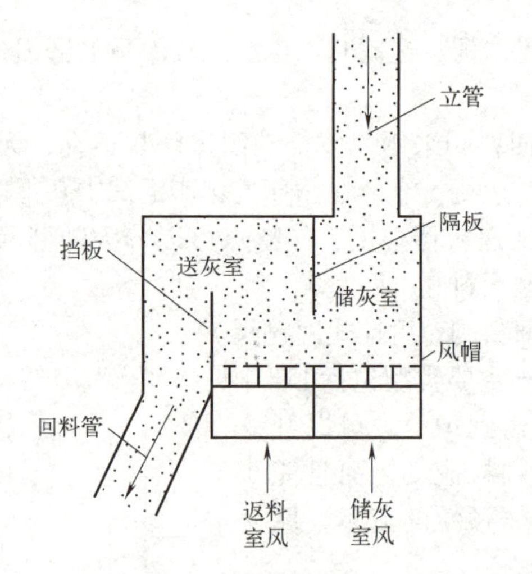

图 13-23 流化密封送灰器（回料阀）结构图

资源 100：流化密封送灰器结构与原理

为了防止回料阀的布风板因受热而挠曲变形，应在布风板上敷设耐火层和隔热层，厚度一般为 50 ～ 80mm。另外，在送灰器的四周和顶部内侧也要敷设耐火层和隔热层，其厚度应根据所输送物料的温度和耐火隔热材料的性质确定。整个回料器用钢板密封，以保证回料器有足够的刚度和密封性能。在回料器顶部还应开一个检修孔，以便在停运时拣出回料阀中的小渣块。

第五节 · 点火燃烧器

循环流化床锅炉一般燃用的是难以着火的劣质煤，所以点燃要比煤粉炉中的煤粉点燃困难得多。循环流化床锅炉点火方式也与煤粉锅炉不同，它是先将床料加热至燃料燃烧所需的最低稳定着火温度，然后用床料加热给入的燃料使燃料稳定燃烧。这种用于锅炉点火和启动主燃烧室的燃烧器称为点火燃烧器。

资源 101：流化床点火原理

循环流化床锅炉的点火燃烧器投运后，随着固体燃料的不断给入，床温不断升高，相应地减少点火燃烧器的热量输出，直到最后停止点火燃烧器的运行，并将床温稳定在 900℃左右，即完成了锅炉的点火启动过程。

一、点火启动过程

点火启动过程一般分为三个阶段：

① 床料加热。用外来燃料作热源，把床料从室温加热到投煤可以燃烧的温度。

② 试投燃料。床料达到一定温度后，试投燃料，观察是否着火，用燃料燃烧放热，进一步使床温上升。

③ 过渡到正常运行。用风量控制床温，并适时给煤，调节好风煤比，逐步过渡到正常运行参数。

二、点火燃烧器

循环流化床锅炉燃油或燃烧天然气的冷态启动燃烧器有三种不同的布置方式，即床上布置、床内布置和床下布置，如图 13-24 所示。其中，床内布置指布置在布风板上，床下布置多指一次风道内布置。

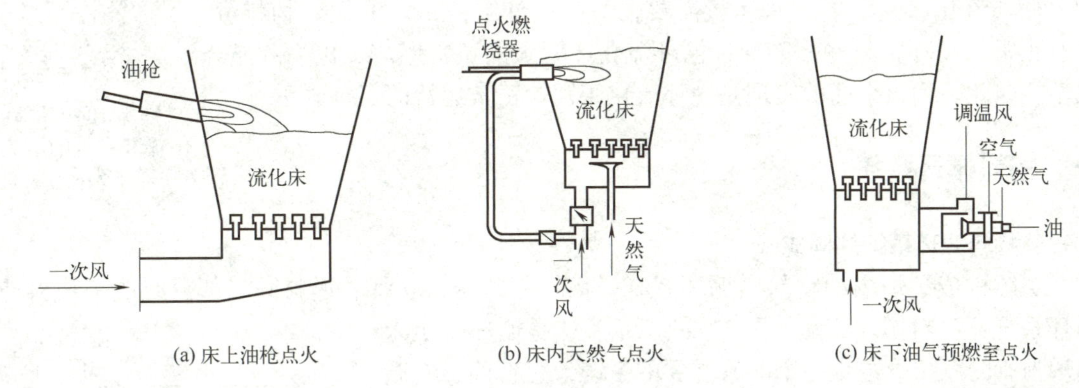

图 13-24　床上、床内和床下点火方式示意图

资源 102：床上点火燃烧器

1. 床上和床内布置的启动燃烧器

燃烧器略向下倾斜安装，目的是使火焰能与流化床层接触，更好地加热床料。床上启动燃烧器是用火焰直接加热床料，床料升温比较快，但是不够均匀，投入煤后，油和煤混烧阶段容易使煤结焦。一般对于稳定着火温度比较高的煤种，再点火时使用床上启动燃烧器。

资源 103：床下点火燃烧器

2. 床下布置的点火燃烧器

图 13-25 为床下布置在一次风道内的燃烧器点火示意图。在循环流化床锅炉冷态启动时，风道燃烧器先将一次风加热至 700 ～ 800℃的温度，高温一次风进入水冷风箱，再通过布风板将惰性床料流化，并在流态化的条件下对床料进行均匀的加热。

与启动燃烧器床上或床内布置方式相比，有以下特点：

① 床内温度分布比较均匀。风道点火器先将一次风加热到高温，然后来预热床料，使床内温度分布非常均匀。

② 床内强烈的湍流混合和传热过程，对床料的加热非常迅速，炉膛散热损失也很小，可大大缩短启动时间，节省启动用燃料。

③ 可以提高床温加热速率。

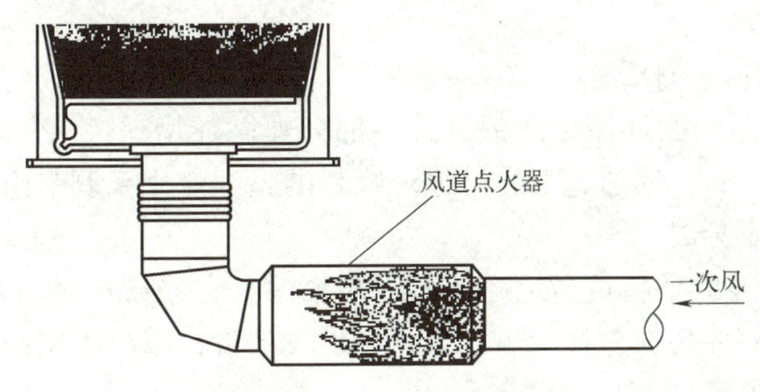

图 13-25　床下风道内的燃烧器点火示意图

第六节 · 物料循环系统及物料平衡

物料平衡、热量平衡和高的燃烧效率是循环流化床锅炉正常运行的基础。循环流化床锅炉的正常运行需要在炉膛内外维持一定的循环物料量，只有正常的循环物料量才能保证循环流化床锅炉的正常燃烧、出力和燃烧效率。因此，物料平衡的实现是循环流化床锅炉正常运行的关键。

资源 104：物料循环系统的组成及作用

一、物料循环系统

1. 物料循环系统的构成

炉膛构成了炉内的物料内循环系统，物料分离器、立管和返料阀三部分组成了物料外循环系统，物料循环流动如图 13-26 所示。这是循环流化床锅炉独有的系统，也是一个非常重要的系统，它直接影响循环流化床锅炉的燃烧、传热和稳定运行。

物料内循环系统为物料外循环系统提供循环物料。物料外循环系统保证内循环物料的质量（数量和粒度）稳定，为外置换热器提供热载体，保证焦炭的循环燃烧。因此，物料内循环系统和物料外循环系统相互依存，相互作用。物料外循环系统是整个循环流化床锅炉稳定运行的体现，物料内循环系统是稳定运行的基础。

循环流化床锅炉之所以能实现循环燃烧和高效脱硫，物料循环系统起到了关键作用，因此它也是循环流化床锅炉的核心系统。深入理解和掌握这一系统的结构和原理，对锅炉的安全、稳定、经济运行有重要的意义。

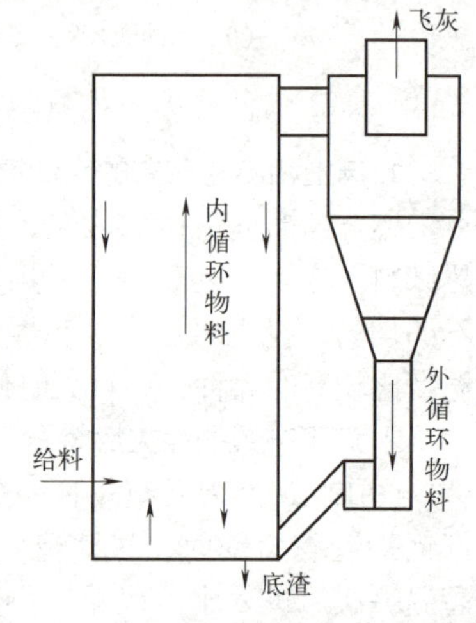

图 13-26 物料循环流动示意图

2. 物料内循环系统的作用

炉膛下部积累的稳定物料是燃料稳定燃烧的热源保证。物料内循环系统内的物料积累了一定的焦炭，这使得锅炉在断煤的情况下也可以保证机组稳定运行一段时间。

3. 物料外循环系统的作用

（1）防止炉内烟气由回料系统窜入分离器

物料通过立管和返料阀由低压部位送入炉膛下部的高压部位，因此系统必须有一足够的压头克服这个压差。

（2）提供热载体并调节床温

对带有外置换热器的循环流化床锅炉，一部分外循环物料进入外置换热器作为热载体为受热面提供热源。同时，通过这部分外循环物料的温度变化来调节床温。

（3）保证物料高效分离

无论循环流化床锅炉是高负荷运行还是低负荷运行，系统中的分离器均应有较高的分离效率，使烟气中的固体物料被捕捉下来，减小了飞灰量，减小了尾部受热面磨损和降低了机械不完全燃烧热损失。

（4）保持循环物料的稳定

炉膛内流化状态、燃烧和传热都与回料的质量（数量和粒度）有关。要保证锅炉安全、稳定运行并达到较高的燃烧效率和额定出力，就必须保持一定的回料量并保证回料的连续稳定。

二、循环物料分布特征分析

1. 循环物料构成

通常条件下，炉膛内物料主要由SiO_2、Al_2O_3、Fe_2O、CaO、$CaSO_4$和焦炭等构成。物料中SiO_2、Al_2O_3和Fe_2O_2为主要成分，SiO_2含量一般为40%～60%，Al_2O_3含量般为20%～30%，Fe_2O_2含量一般为3%～10%。随着脱硫用石灰石的增加，CaO和$CaSO_4$含量也不断增加。

焦炭在炉内的平均含量与燃料的燃烧特性有关。对褐煤，底渣可燃物含量一般低于0.5%；对烟煤，底渣可燃物含量一般为1.5%左右；对贫煤，底渣可燃物含量一般为2%～3%；对无烟煤，底渣可燃物含量一般为3%以上。此外，底渣可燃物含量明显与底渣份额和燃煤粒径有关。

2. 循环物料分布状态与分布特征

对循环流化床锅炉，按炉内的物料浓度通常将炉膛分为密相区、过渡区和稀相区三个区域。循环流化床运行状态下，在物料循环回路的不同部位，物料粒径的分布和可燃物含量有很大区别。物料在炉内的分布大致分为内循环物料、底渣、外循环物料（循环灰）和飞灰4种类型。

（1）内循环物料和底渣

内循环物料的稳定是循环流化床锅炉热量平衡的基础，也是循环流化床锅炉正常运行的关键。在密相区、过渡区和稀相区存在不同的循环方式，同时三个区域的物料特性有很大区别。沿炉膛高度，物料粒径和焦炭含量逐渐减小，密相区物料与底渣相似，稀相区物料与外循环物料相似。因此，炉膛在对循环物料分布的作用上起到一个自然的“筛选”作用，大的颗粒在炉膛下部密相区循环，细的颗粒进入炉膛上部参与内循环和外循环，过渡区成为粗细颗粒的分界区域。

底渣由密相区内排出的物料组成，主要是煤中所含的矸石、未破碎的大煤颗粒、返料管回送的循环灰等。底渣中的可燃物含量一般比炉内的平均可燃物含量大。由于煤的破碎作用，底渣的粒度分布可能会比入炉煤细。

（2）外循环物料和飞灰

外循环物料指通过炉膛出口进入分离器并回到炉内的物料。外循环物料的粒径一般在0～0.3mm，可燃物含量一般在1%以下。

采用旋风分离器结构的外循环物料的粒径一般小于0.15mm，飞灰粒径一般小于0.1mm，由进入分离器未分离下来的内循环物料构成。

飞灰可燃物含量是以上4种物料类型中最高的，也是分析评价循环流化床锅炉燃烧效率的基础参数。同一种煤种在相同的运行条件下，随着脱硫用石灰石的增加，飞灰总流量相应增加，但飞灰可燃物总量基本不变，则飞灰可燃物含量会相应减小。

一般情况下，通过燃烧优化调整，可提高分离器分离效率，减小飞灰粒径，同时可有效降低飞灰可燃物含量。

三、物料平衡

1. 物料平衡的意义

在正常的运行状态下，炉膛中上部的压力按一定规律衰减，同时对炉膛中部的压力值有一定要求，以保证足够的物料浓度。对循环流化床锅炉，炉膛上部的表面传热系数取值大，表面传热系数的增加很大一部分靠物料的对流换热得到。因此，只有维持炉膛中上部一定的物料浓度，才能使炉膛下部热量能及时带到炉膛上部，以保证整体温度分布均匀。

对循环流化床锅炉，烟气将炉膛内的热量和物料带到炉膛上部的同时，必然在离开炉膛的同时将循环物料和热量带出炉膛，热量以烟气为热载体通过尾部烟道的受热面吸收，而循环物料需要分离器分离，送回炉膛继续参与循环。但是分离器并不能将离开炉膛的全部循环物料进行分离，总有一部分与烟气一同进入尾部烟道形成飞灰。这样，对循环流化床锅炉需要分离器满足一定的分离效率，以保证足够的物料在炉膛内循环。循环流化床锅炉带分离器的结构造成物料循环上存在两种循环方式：炉膛内的物料内循环和炉膛与分离器组成的物料外循环。炉膛出口结构对循环流化床锅炉的物料内循环是有一定影响的，因为带到炉膛上部的循环物料并不全部离开炉膛，一部分会直接返回炉膛，这种物料的内循环现象还有待于进一步研究。

2. 实现物料平衡的指标

判断循环流化床锅炉物料分布特征和物料平衡的一个重要指标就是炉膛内的物料浓度分布。正常条件下，循环流化床锅炉炉膛内的压力分布沿炉膛高度按一定的指数规律衰减，相应的炉膛内的空隙率和物料浓度沿炉膛高度呈指数衰减。但沿炉膛高度的空隙率和物料浓度分布整体变化的直接测量是非常困难的，工程上一般从炉膛压力分布的测量入手，通过沿炉膛高度的压力分布确定炉膛的物料浓度分布。

对炉内物料平衡的要求分为对炉膛下部（密相区、过渡区和稀相区）和中上部（稀相区）的物料浓度分布或物料量的要求。实际的运行经验证明，内循环物料平衡特别是炉膛上部的物料平衡对循环流化床锅炉的运行有重要意义。因此，循环流化床锅炉的物料平衡要求是指燃料带入的灰是否满足锅炉正常运行对炉膛中上部的物料浓度或物料量的要求。

随着机组负荷的增加，炉膛的空床速度逐渐增加，带到炉膛上部的物料量增加，炉膛上部的物料浓度也逐渐增大，对应的炉膛中部压力也逐渐加大，炉膛整体的床温增加并趋于均匀分布。

因此，在循环流化床锅炉的实际运行中，锥段上部与炉膛出口的压差是评价物料平衡实现的重要指标。该参数的监视可以通过实际的运行数据进行实时的在线监视。对炉膛下部的物料浓度和物料量应保证下部物料均匀分布即可，炉膛下部过高的物料浓度和物料量会增加整体的床压降和厂用电率的增加。

3. 影响物料平衡的因素

（1）燃料灰分的影响

燃料灰分是影响物料平衡的基本因素。在循环流化床锅炉启动的初期，机组过早带满负荷很困难，需要通过提高炉膛温度来满足。这是因为机组停炉期间的外循环物料损失较大，外循环物料的积累时间长于机组的升负荷时间要求。因此，在机组启动过程中可通过添加一定的外循环物料来解决该问题。添加的循环物料主要有三种来源：

① 其他煤种的循环物料。对电厂燃烧的煤质多变时，在燃烧高灰分煤种可适当存储一

定的循环灰。

② 脱硫用石灰石。石灰石在进行炉内脱硫的同时，也参与了炉内的物料循环。对高硫分的石油焦，如硫分在3%以上，脱硫后的折算灰分为21%左右，燃料灰分提供的循环倍率能够满足物料平衡的需要，可以不需要添加细砂就可以实现循环流化床锅炉对物料平衡的要求。

③ 细砂。添加的细砂应注意满足一定的粒度要求。由于砂的颗粒密度大于灰的密度，细砂在分离器的分离效率更高，因此，对细砂量的要求并不是很高，定期添加一定的可循环细砂即可。

（2）燃料粒度的影响

由于煤的破碎特性不同，煤灰形成外循环灰的时间和量是不同的。对高挥发分低灰分的燃料（如褐煤），可适当增加煤的粒度以减少对添加的循环物料量的要求。

（3）分离器和返料阀的影响

分离器的分离效率对物料平衡和燃烧效率起着关键作用。在正常运行条件下，通过底渣的排放和立管内物料料位的自平衡调节，进入炉内可生成的可循环物料量与飞灰量相当，外循环物料的粒径保持在0～0.3mm，炉内维持相当的物料量且平均粒径小于一定值。只有在满足此运行条件下，大量的焦炭才可在炉膛中上部燃烧，密相区释放的热量带到炉膛上部，炉膛设计中所取的换热系数与运行值相当，热量沿炉膛高度较为均匀地释放。

如果分离器分离效率降低，可循环物料量减小。一般分离效率的降低，同时意味着分离器捕捉细颗粒的能力也降低，这会造成内循环物料和外循环物料的平均粒径增大，炉膛设计中所取的换热系数偏离（大于）实际能够达到的运行值。随着分离器分离效率的进一步降低，即使在满负荷条件下，循环流化床锅炉仍将以鼓泡床方式运行。

在实际运行中，由于分离器分离效率、运行控制、煤质特点等原因，常常无法满足循环流化床运行方式所需要的内循环物料量、外循环物料量及颗粒粒径的要求，常常以鼓泡床方式运行。为达到锅炉满负荷出力，通常加大给煤量运行，炉膛下部温度一般在950℃以上。为减小密相区温度，通常采用较大的过量空气系数和一次风份额，而炉膛上部温度一般在850℃以下，同时还出现水平烟道积灰、飞灰粒径偏大、省煤器频繁爆管等现象。

返料阀的影响主要是通过对分离效率的影响发生作用的。当立管的风量过大时，回料阀窜风严重，分离器效率降低。

（4）设计参数的影响

在其他参数相同的条件下，炉膛内的表面传热系数随着物料浓度的增大而增大。因此，对低灰分燃料，可适当减小炉腔内的表面传热系数设计值。

第七节 · 循环流化床锅炉运行常见问题及注意事项

随着我国大型CFB锅炉不断发展及壮大，几年来从设计、制造及运行、安装、调试和商业运营等方面都积累了丰富的经验，对暴露出的一些问题，如风帽漏渣，床层结焦，水冷壁磨损爆管，耐火耐磨层开裂、脱落，冷渣器排渣困难，锅炉运行周期短，各电厂根据自己的情况进行改造和完善，现基本解决了以上问题，但随之而来又暴露出锅炉效率达不到设计值，飞灰、底渣碳含量高，锅炉压火及启动时易发生点火风道再燃，厂用电率偏高，同煤粉炉相比安全运行周期短，维护量大，停炉检修工期长等问题，从而影响 CFB 锅炉的发展。

资源 105：床层结焦问题

一、启动过程

（1）启动过程中，点火风道内易出现浇注料开裂、脱落、风道烧损

主要原因有以下几点。

① 浇注料产品质量不合格，性能指标达不到设计要求。

② 浇注料在施工时工艺不佳，没有按照材料厂家要求进行施工，膨胀纹留得过大或过小。

③ 冬季施工时作业面温度过低，没有采取一定的保温措施，影响浇注料的使用性能。

④ 浇注料在烘炉时没有按照厂家规定的烘炉曲线进行烘炉工作，使浇注料没能达到设计性能要求。

⑤ 启、停炉时没有按照规定进行降温降压，如果采用不正常的快速冷炉方法将造成浇注料开裂和脱落。

⑥ 点火启动时油枪出力过大，造成点火风道内超温达 1200℃以上，火焰从浇注料膨胀纹中窜入保温浇注料内，使保温浇注料烧损，造成浇注料销钉碳化（销钉使用温度为 1050 ～ 1100℃），严重时烧坏点火风道，甚至被迫停炉抢修。

⑦ 风帽漏渣严重，造成点火风道通风面积减小，影响一次风量，致使点火风道内物料燃烧，烧损点火风道内浇注料，造成开裂或脱落。另外，大量物料在点火风道内，在风的吹力下，由于长期冲刷点火风道内的浇注料，造成浇注料磨损脱落。

⑧ 油枪雾化不良，点火时使局部产生高温，烧损点火风道内的销钉，造成浇注料脱落。

⑨ 点火时点火风道内配风不好，一次风量过大或过小，造成火焰偏斜，引发点火风道内浇注料烧损脱落。

（2）防止点火风道内浇注料开裂及脱落的措施

① 选用优质浇注料厂家的产品，并尽量由生产厂家人员来施工，加强对施工工艺及过程的全面监督，以保证施工质量。

② 改进风道内销钉布置方式及材质。

③ 在耐火耐磨层与保温层之间增加防止火焰窜入的耐磨隔热材料，以防止火焰窜入保温浇注料内烧损销钉及保温浇注料。

④ 烘炉时严格按照材料厂家的烘炉曲线进行，合理分布通气孔和孔径。

⑤ 点火启动时，必须严格控制油枪出力，保证点火风道内温度不超过 1200℃，有条件时，可在点火风道火焰中心处加 3 个温度测量点，以监视点火风道内的温度变化。

⑥ 合理选用油枪出力，每次点火前要进行油枪雾化试验，不合格的必须进行处理，以防止火 焰偏斜或雾化不良。

⑦ 严格控制床温升温速度。

⑧ 根据设计要求，合理控制一次风量与点火增压风量的配比，以防止火焰偏斜。

⑨ 如果风帽漏渣严重，点火风道内积存大量物料，在停炉检修时，应在点火风道下部加装排渣设备，以保证点火风道内的通风面积。

⑩ 停油时，油门不严或未关严，使点火风道内因漏油而沉积大量可燃气体，启动时又未进行吹扫，造成点火风道炉膛爆燃。

二、点火风道炉膛爆燃

1. 点火风道炉膛爆燃的原因

① 由于启动初期炉膛内温度低，当燃料中可燃气体挥发分析出后，未完全燃烧或未达到燃烧条件时，沉积在炉膛或点火风道内部，遇火星和火苗，瞬间突然燃烧而产生爆燃。

② 风量配比不当，可燃物析出后没有足够的燃烧氧量，当达到一定程度时突然爆燃。

③ 司炉人员操作不当，启动中当床温降温时，未查明原因，盲目加大煤量，使炉内产生大量可燃气体（炉内缺氧），达到一定程度（即达到可燃物与氧气爆炸比例）时引起点火风道炉膛爆燃。

④ 点火风道内由于风帽漏渣，积蓄大量可燃物料（特别是热态压火时），当启动风机投油操作不当时，引起点火风道内大量可燃物瞬间爆燃。

⑤ 投油点火启动时，一次风量不足，未能使床面很好地流化，造成点火风道通流面减小，使大量火焰后移，反窜到点火风道及一次风道内，烧损风道及设备。

⑥ 燃用高挥发分的煤种。

2. 防止点火风道、炉膛爆燃的措施

① 点火启动前应认真检查各处的温度，并启动引风机吹扫可能产生的可燃气体残留物。

② 认真执行操作规程，投煤初期应间断性点动给煤，并及时观察床温变化与氧量变化情况，如变化异常应立即停止给煤。

③ 在停炉压火前，应尽量将炉内物料燃烧完全，再停炉压火。特别是燃用高挥发分的煤种的锅炉，压火 1h 后应开启风机挡板进行吹扫，防止未燃物料产生大量可燃气，从而产生爆燃。

④ 投油时要保证一定的流化风量，合理控制一次风量与增压点火风量的配比。

⑤ 当达到投煤条件时，认真检查炉内及点火油枪燃烧情况，采用点动投煤时，加强对床温各点的监督。

⑥ 当发生点火风道内有大量积渣现象时，应采用大风量进行吹扫（有条件的可进行排渣），然后降一次风量进行点火启动，以防止风道内积有大量可燃气体，从而投油后产生爆燃。

⑦ 停油前，应认真观察炉内燃烧情况，确认燃料已经燃烧，逐渐减小油枪出力，加大给煤量，最后退出油枪，运行期间应加强对炉内煤着火情况的观察（有看火孔），以确认煤是否着火，合理控制二次风量配比，控制氧量在规定范围内。

⑧ 如果遇到紧急停炉，应加强对炉内及点火烟道内温度的监视，有条件时可开启引风机进行吹扫，如厂用电气中断，可采用开风机挡板的方法抽几分钟，确认炉内及风道内的挥发分可燃物已抽净，然后再采取压火方式等待启动。

⑨ 当遇到紧急停炉（如厂用电中断）重新启炉时，如果床压为 8 ～ 10kPa，启动前应进行排渣工作，使炉内床压控制在 5 ～ 7kPa 为佳，以防止因床压过高，造成启炉时费油或妨

碍烟气的穿透能力，同时也防止点火风道内温度过高而烧损风道。

⑩ 每次停油时，都要认真检查油门情况，如油门不严，要及时处理。

三、点火启动

点火启动时间长，耗油量大的原因及注意事项如下。

1. 原因

① 床料过厚，造成流化风量大，床温升速慢。

② 一次风量过大，造成细床料被风带走，使炉内物料颗粒度比例失调。

③ J 形阀内物料存储量慢（由于风量过大），使烟气从 J 形阀中直接排出，影响回料及升床温。

④ 初期启动床温升速过慢，造成启动时间过长。

⑤ 运行人员操作不当，流化风量过大，造成物料损量大，不得以须补充床料，造成床温下降。

⑥ 高压流化风量调节不当，回料不正常或不回料，使炉内循环不正常。

⑦ 油嘴雾化不良，燃烧时风配比不当。

2. 办法与措施

① 首先应将油枪雾化试验做好，以备点火之用。

② 如果床压较高，应进行排渣工作，床压维持在 5 ～ 7kPa 为佳。

③ 如果正常压火启动，其炉内床料可燃物基本燃尽。当床温在 400℃以下时，可采用床面物料微流化状态进行点火启动；当床温升到 400℃以上时，应加大一次风量，调整到正常流化风量；当床温在 400℃以下时，床料升温速度可提到 3 ～ 4℃ /h，因为此时床面物料无可燃物，不会引起炉内结焦。

④ 合理调整高压流化风量，使回料系统尽快循环起来，以达到锅炉燃烧正常化。

⑤ 有条件时，在投煤初期应选用挥发分较高的煤种，以达到煤尽快燃烧的目的。

⑥ 当床温达到投煤温度时，应点动投煤，加强观察炉内燃烧情况，如投煤不着火，则停止给煤，如已着火则要控制一次风量和给煤量，注意监视氧量变化，防止因氧量不足而影响原煤燃烧。

⑦ 当炉内原煤已着火，根据燃烧情况，可减少燃油量，达到减油的目的。

⑧ 如果启动时床温在 800℃左右，在启动风机的同时，应间断给煤，达到快速启动的目的，而不用投油，但应严格监视床温变化，防止发生爆燃和炉内结焦事故。

四、投煤

投煤后不着，床温下降或床温各测点温度偏差大的原因及注意事项如下。

1. 原因及注意事项

① 炉膛温度低，达不到煤着火条件。

② 一次风量过大，使床面局部被吹空，投煤后煤被吹向周围，煤不能同床料很好地混合，从而达不到着火条件。

③ 投煤量大，风量过小，炉内氧量不足，满足不了着火条件。

④ 一次风量过小，造成点火风机风量降低，使风压降低，加之床料过厚，一次风压力

高于点火风机出口压力，使料层阻力在降低风量后流化效果变差，造成大量高温烟气无法穿透料层，从而无法引燃炉内原煤。

⑤ 由于一次风量过小，造成料层流化效果变差，加之投入大量原煤，都积聚在料层上部，不能很好地与热物料和氧气相接触，造成投煤后不能顺利着火，还要吸收床料热量引起床温下降，如果此时为局部投煤，将引起床面各部温度偏差较大。

⑥ 由于一次风量过大，加之床面物料不多，经大风量吹动后使床面细物料被抽走排出，返料器又产生短路，引发返料器不返料，时间一长造成布风板流化严重不均，局部吹空，此时投入的煤不能均匀撒播整个床面，而是积聚到局部，使床面温度严重不均，即有的局部超温，有的局部温度过低。

2. 预防措施及方法

① 应根据煤的着火特性，在达到着火条件时，间断给煤，如果投煤不着，应立即停止给煤，提高床温后试投。

② 控制一次风量在最佳范围内，防止风量过大把炉内细粉吹走。另外，也应注意炉膛床温是否按规定比较平衡，偏差不得超过规定值。

③ 保证床压在规定范围内，防止偏床和床面不平衡影响煤的燃烧。

④ 监视回料系统是否正常回料，如不正常应进行调整，正常后再间断投煤。

⑤ 间断投煤时应分布均匀，即各给煤机互相间断投煤，以保证炉内给料均匀，防止局部给煤量大而产生燃烧缺氧现象。

⑥ 如果投煤后发生局部床温变化过快，应立即停止给煤，分析原因。如果是一次风量过小，应加大一次风量；如果是一次风量过大，应减小一次风量。

⑦ 如果床内流化不良，床压高时可采用排渣方式，以减小炉膛床面颗粒的比例，使之达到合理。

复习思考题

1. 简述循环流化床锅炉燃烧系统及设备组成。
2. 比较小孔径风帽、T形风帽、钟罩式风帽的特点。
3. 简述风帽式布风装置的组成及其基本要求。
4. 简述循环流化床锅炉循环系统的作用，画出物料循环系统的示意图，并标注出主要设备名称。
5. 固体物料回送装置由哪些部件组成？它们各有何作用？
6. 循环流化床锅炉不布置回料阀可以吗？为什么？
7. 循环流化床锅炉运行过程中的常见问题有哪些？

典型循环流化床锅炉技术特点及结构

知识目标

① 熟悉国外循环流化床锅炉的主要技术特点和结构形式。
② 熟悉国内循环流化床锅炉的主要技术特点和结构形式。

能力目标

① 能正确绘制国外典型循环流化床锅炉结构简图，并能标注主要设备名称。
② 能正确绘制国内典型循环流化床锅炉结构简图，并能标注主要设备名称。
③ 能准确说出国内外典型的循环流化床锅炉工作特点。

第一节 · 国外循环流化床锅炉技术介绍

资源 106：国外CFB 锅炉的主要形式

循环流化床燃烧技术是德国鲁奇公司的一个专利。早期循环流化床锅炉的代表技术主要有德国 Lurgi 型、芬兰 Pyroflow 型、美国 FW 型、德国 Circofluid 型和内循环 IR 型等，如图 14-1 所示。

1. Lurgi 型循环流化床燃烧技术

Lurgi 型循环流化床燃烧技术最早由德国鲁奇（Lurgi）公司生产。炉膛布置膜式水冷壁受热面，采用工作温度与炉膛温度相近的高温旋风分离器，其主要技术特点是采用了外置式换热器，把一部分蒸发受热面、过热受热面或再热受热面布置在外置换热器中，使得锅炉受热面的布置更加灵活，这对锅炉的大型化有很重要的意义。它可以设计成双室布置，分别布置过热器和再热器，可以通过两个室灰量的控制来调节过热器壁温和再热器壁温，热交换后的冷物料送回炉膛可控制炉温，同时有利于提高循环流化床锅炉的燃料适应性。

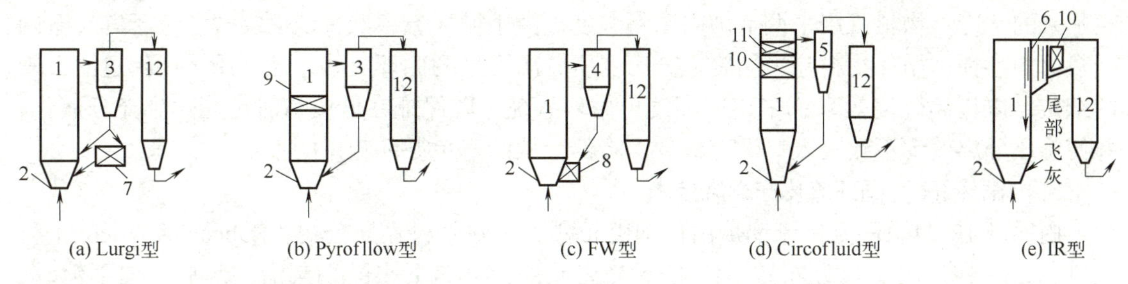

(a) Lurgi型　(b) Pyrofllow型　(c) FW型　(d) Circofluid型　(e) IR型

图 14-1　国外循环流化床锅炉的主要形式

1—炉膛；2—布风装置；3—高温绝热旋风分离器；4—水冷式高温旋风分离器；5—中温旋风分离器；6—炉内循环灰分分离装置；7—外置流化床换热器；8—整体式再循环换热器；9—屏式过热器；10—过热器；11—高温省煤器；12—尾部烟道

2. Pyroflow 型循环流化床燃烧技术

Pyroflow 型循环流化床锅炉由芬兰奥斯龙（Ahlstrom）公司推出。采用绝热高温旋风分离器，无外置换热器，其主要技术特点是比其他形式的循环流化床锅炉结构简单，总占地面积少；采用两级燃烧，炉底送入一次风，密相层上方送入二次风，通过调节炉内的一、二次风的比例进行床温控制和过热汽温调节。燃烧室内放置 Ω 管构成的过热器；采用高温旋风分离器，旋风分离器和 Lurgi 型的相似，壳体为绝热钢结构，内有一层耐火材料和一层隔热材料，里面一层为耐高温耐磨材料；分离下来的循环物用 U 形料阀直接送回燃烧室；根据改变炉膛下部密相床内固体物料的储藏量和参与循环物料量的比例，也就是改变炉膛内各区域的固气比，从而改变各区域传热系数的方法来调节锅炉负荷的变化。

3. FW 型汽冷旋风筒循环流化床燃烧技术

FW 型循环流化床锅炉由美国福斯特惠勒（foster wheeler，FW）公司研制。燃烧技术特点是：炉腔上下截面基本一致，下部为密相区，分级送风，二次风从过渡区送入，布风板采用水冷壁延伸做成的水冷布风板，定向大口径单孔风帽；采用床下热烟气发生器点火、高温冷却式圆形旋风分离器，由膜式壁组成的旋风筒用蒸汽冷却（过热器）；启动速度比高温旋风筒的循环流化床锅炉快得多，从 10h 缩短到 4h；使用汽冷旋风筒使投资提高，但使用可靠性高，运行维修费用低；对待再热器超高压大容量锅炉回灰系统上设置 Intrex（利用非机械方式使固体转向的外置鼓泡流化床），布置有再热器受热面，将高温分离下来的飞灰在该低速流化床中进一步冷却，然后回送到炉膛下部调节床温。这样不仅能采用控制回灰温度和回灰量的手段来调节负荷，而且结构紧凑，Intrex 与炉膛下部紧紧相连，在结构上比外置式换热器更紧凑，操作方便简单。

4. Circofluid 型循环流化床燃烧技术

Circofluid 型循环流化床锅炉由德国巴布科克（Babcock）公司推出，与上述三种形式的循环流化床锅炉不同，它是在总结鼓泡床和循环流化床锅炉的基础上，着眼于充分发挥循环流化床燃料适应性广、燃烧及脱硫效率高、易大型化等优点的同时，发展了一种低循环量的循环流化床锅炉，该技术称为 Circofluid 技术。

Circofluid 型循环流化床燃烧技术特点是：锅炉呈半塔式布置，炉底部为大颗粒密相区，类似于鼓泡床，但不放置埋管，仅四周布置带有绝热层的水冷壁，燃料热量的 69% 在床内释放，上部为悬浮段和对流受热面段（过热器、再热器和省煤器），小于 0.4mm 的煤粒和部分挥发分在这一区域，燃烧炉内流化速度为 3.5 ～ 4m/s；采用工作温度为 400℃左右的中温旋风分离器，改善了分离器的工作条件，旋风筒的尺寸减小可不再用厚的耐火材料内衬，分离下来的“冷”物料可用来调节炉内床料温度，由于循环流率低，从而缓解了位于燃烧室内受热面的磨损；循环物料除采用旋风分离器所分离下来的循环灰外，还采用了尾部过滤下来的细灰，以提高燃烧效率；采用冷烟气再循环系统，以保证在低负荷时也能达到充分流化，并使旋风分离效率不致因入口烟速减少而降低，从而避免循环灰量的不足。

5. 内循环 IR 型循环流化床燃烧技术

内循环 IR 型循环流化床锅炉由德国巴布科克·威尔科克斯公司（Babcock&Wilcox）公司推出，它在炉膛出口处布置一级 U 形分离元件，分离下来的烟灰沿炉膛后墙向下流动，形成内循环，故称为内循环（internal recirculation）型，这种形式的循环流化床锅炉结构简单，外形与常规煤粉锅炉类似，比较适合于现有煤粉锅炉的改造。

第二节 · 国产 220t/h 循环流化床锅炉

我国 220t/h 循环流化床锅炉主要有次高压水冷方形分离循环流化床锅炉和高压水冷旋风分离器循环流化床锅炉。

资源 107：220t/h 循环流化床锅炉

一、220t/h 次高压水冷方形分离器循环流化床锅炉

锅炉外形尺寸为高 43600mm，宽 21400mm，深 20700mm，汽包中心标高 39600mm。炉膛设计温度为 912℃，灰渣比例为 7 ∶ 3，其技术规范和主要的设计参数如表 14-1 所示。

表 14-1　220t/h 次高压水冷方形分离器循环流化床锅炉设计参数

参数	给水温度 /℃	排烟温度 /℃	风温 /℃			流量 /（t/h）	主蒸汽	
			冷风	一次风	二次风		温度 /℃	压力 /MPa
设计值	150	134	20	134	220	220	485	5.29

锅炉采用单汽包横置式自然循环，Ⅱ型布置，自炉前向后依次布置燃烧室、分离器、尾部烟道。锅炉采用双框架结构。

省煤器之前的所有炉墙均为膜式壁吊挂结构，锅炉从水冷风室到尾部包墙采用了膜式壁结构，联为一体，采用刚性平台固定中心，解决了锅炉的膨胀和密封问题；省煤器之后为轻型护板炉墙，支撑结构。炉膛由膜式水冷壁构成，炉膛下部前后墙收缩成锥形炉底，前墙水冷壁延伸成水冷布风板并与两侧水冷壁共同形成水冷风室。燃烧室下部水冷壁焊有密度较大的销钉，敷设较薄的高温耐磨材料。

炉膛出口布置两个膜式水冷壁构成的方形分离器，分离器前墙与燃烧室后墙共用，分离器入口加速段由燃烧室后墙弯制形成；分离器后墙同时作为尾部竖井的前包墙，该面水冷壁向下收缩成料斗，向上的一部分直接引出吊挂，另一部分向前至燃烧室后墙向上，构成分离器顶棚和出口烟道前墙；分离器两侧墙水冷壁向上延伸形成出口区侧墙；分离器出口区汽冷顶棚至转向室后墙向下作为尾部竖井的后墙，与汽冷侧包墙、分离器后墙一起围成膜式壁包墙，分离器、转向室与尾部包墙结合起来成为一体，避免使用膨胀节，既保持紧凑布置，又保证良好的密封性能。

燃烧室上部布置有三片翼形墙蒸发受热面和六片翼形墙过热器，作为高温过热器。低温过热器布置在尾部汽冷包墙内，省煤器也位于汽冷包墙内。若为高温高压参数，低温过热器和省煤器下移，在汽冷包墙内增加末级过热器。

锅炉所需空气分别由一、二次风机提供。一次风经预热后，由左右两侧风道引入水冷风室中，流经安装在水冷布风板下的风帽进入燃烧室，保证流化质量和密相区的燃烧；二次风经预热后经过位于燃烧室四周的两层二次风口进入炉膛，补充燃烧空气并加强扰动混合。燃料在炉膛内燃烧产生的大量烟气携带物料经分离器的入口段加速进入水冷方形分离器，烟气和物料分离。分离出的物料经料斗、立管、送灰器再返回炉膛；烟气自分离器的中心筒进入分离器出口区，流经转向室、低温过热器、省煤器、空气预热器后排出。大渣由炉底水冷排渣管排出。

锅炉给水经省煤器加热后进入汽包；汽包内的饱和水经集中下降管、分配管分别进入燃烧室水冷壁、水冷屏和分离器水冷壁下联箱，加热蒸发后流入上联箱，然后进入汽包；饱和蒸汽流经顶棚管、后包墙管、侧包墙管，进入低温过热器入口联箱，由低温过热器加热后进入减温器调节汽温，然后经布置在燃烧室顶部的高温过热器将蒸汽加热到额定蒸汽温度，进入集汽联箱到主汽阀和主蒸汽管道，如图 14-2 所示。

采用水冷风室和水冷式布风板，床下点火；回料装置由灰斗、立管、U 形送灰器构成。按分离器的设置安装两套回料装置。立管为圆柱形，悬吊在水冷灰斗上。送灰器的松动风来自高压风机。

尾部烟道从上到下分别为低温过热器、省煤器、二次风空气预热器和一次风空气预热器。

二、220t/h 高压水冷旋风分离器循环流化床锅炉

锅炉外形尺寸为宽 11800mm，深 22650mm，汽包中心标高 42830mm。炉膛设计效率为 90.22%，其技术规范和主要的设计参数如表 14-2 所示。

表 14-2 220t/h 高压水冷旋风分离器循环流化床锅炉设计参数

参数	给水温度 /℃	排烟温度 /℃	空气预热器进风温度 /℃	蒸发量 /（t/h）	蒸汽	
					温度 /℃	压力 /MPa
设计值	215	135	25	220	540	9.81

1. 锅炉燃烧系统布置

① 床下热烟气发生器点火。

② 炉膛由膜式水冷壁构成，前后墙在炉膛下部收缩形成锥形炉底，后墙水冷壁向前弯，与两侧水冷壁共同形成水冷布风板和风室，为床下点火提供必要条件。

③ 布置两个水冷式旋风分离器。

④ 炉膛上部沿炉膛高度在炉膛前侧设置了屏式过热器，在尾部竖井中布置了高温过热器、低温过热器，在低温过热器和屏式过热器、屏式过热器与高温过热器之间设置了两级给水喷水减温器，以控制蒸汽温度在允许范围内。

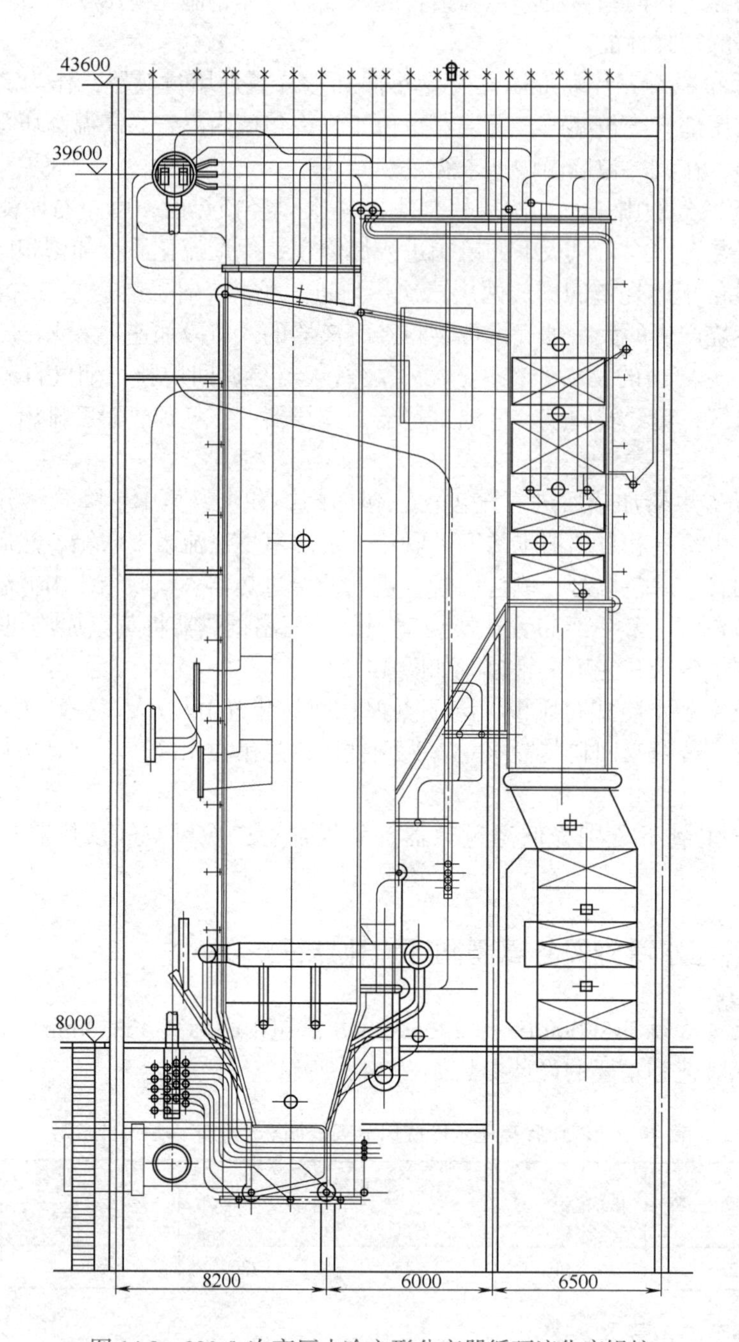

图 14-2　220t/h 次高压水冷方形分离器循环流化床锅炉

⑤ 设置两个送灰器，分别由水冷灰斗、立管、J 形阀构成。

⑥ 全膜式壁结构。锅炉的炉膛、分离器及尾部烟道均采用膜式壁结构，较好地解决了锅炉的膨胀和密封问题。

⑦ 锅炉采用单汽包横置式自然循环，水冷旋风分离器、膜式壁炉膛、前吊后支、全钢架结构。

⑧ 采用水冷布风板和水冷风室，为床下点火创造了条件。设置两个热烟气发生器作为点火热源，设置在锅炉中部左右两侧风室中。

⑨ 将石灰石与煤一起加入炉前埋刮板给煤机的前端，随燃煤一起进入炉膛燃烧，实现炉内脱硫。

2. 锅炉燃汽水系统布置

锅炉给水经给水混合联箱，由省煤器加热后进入汽包。汽包内的饱和水从集中下降管分配管进入炉膛水冷壁下联箱、三片水冷屏以及水冷旋风分离器下部环形联箱、被加热后形成汽水混合物，随后经各自的上部出口联箱，通过汽水引出管进入包墙管，再到尾部竖井包墙中低温过热器，经过一级喷水减温器后，通过布置在炉腔上的屏式过热器，再经过二级喷水减温器调节后进入高温过热器，被加热到额定参数后进入集汽联箱，最后通过主汽阀至主蒸汽管道。汽水系统如图 14-3 所示。

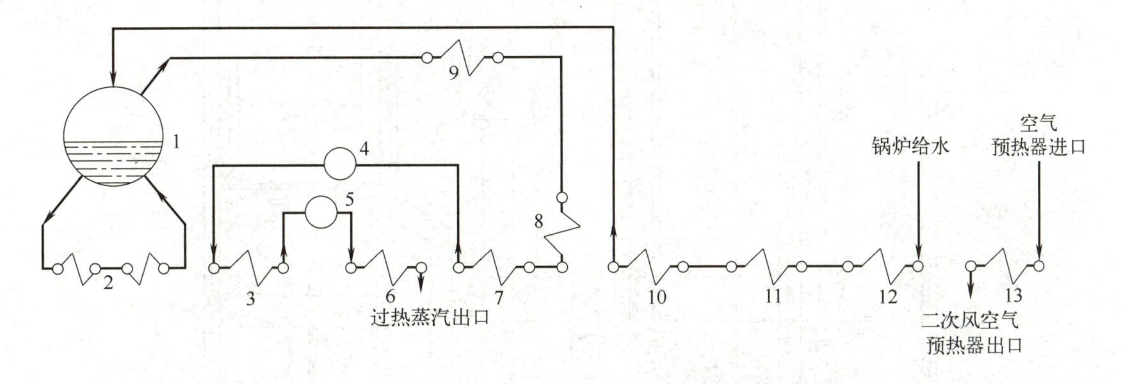

图 14-3　汽水系统流程图

1—汽包；2—水冷壁；3—屏式过热器；4—第一级减温器；5—第二级减温器；6—高温过热器；7—低温过热器；8—尾部竖井包覆墙过热器；9—顶棚管过热器；10—省煤器吊挂引出管；11—第二级省煤器；12—第一级省煤器；13—空气预热器

过热器系统采用辐射和对流相结合并配以两级喷水减温，由包墙管、低温过热器、屏式过热器、高温过热器及喷水减温系统组成。饱和蒸汽从汽包至前包墙入口联箱，通过前包墙管，进入两侧包墙管，再引入后包墙入口联箱，通过后包墙管，进入后包墙管下联箱；前包墙下联箱与侧包墙下联箱通过直角弯头连接，后包墙与侧包墙、前侧包墙相焊，形成一个整体；后包墙管上部向前弯曲形成尾部竖井烟道的顶棚（这十分有利于锅炉的膨胀密封）。过热蒸汽从后包墙下联箱进入低温过热器；低温过热器布置在尾部竖井中，由两级构成。

过热蒸汽从低温过热器出来通过第一级喷水减温器后进入布置在炉膛前上方的屏式过热器，屏式过热器由膜式壁构成。

尾部竖井中设有两级省煤器。高温段省煤器为错列布置。省煤器进口联箱位于尾部竖井两侧，给水由前端引入。

省煤器后布置有上下两级管式空气预热器，主要用于加热一、二次风。

220t/h 高压水冷旋风分离器循环流化床锅炉如图 14-4 所示。

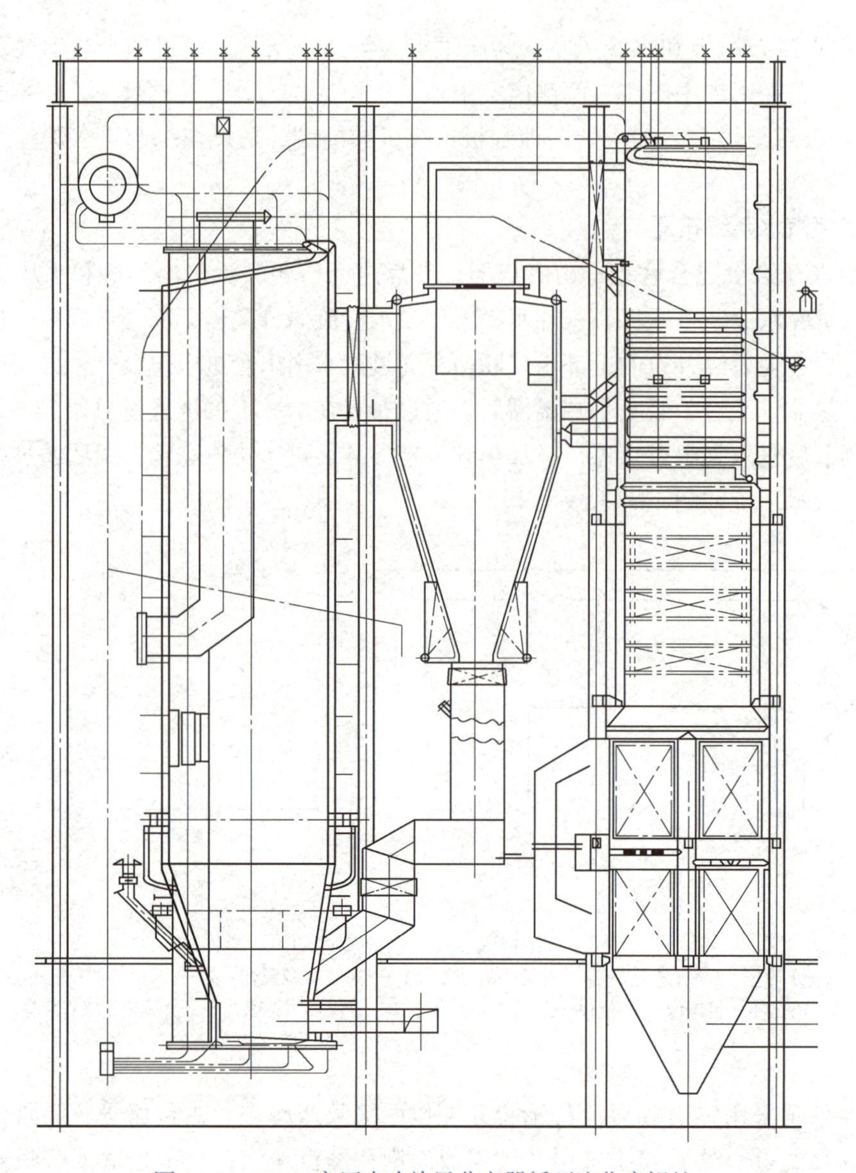

图 14-4 220t/h 高压水冷旋风分离器循环流化床锅炉

第三节 · 国产 440t/h 超高压再热循环流化床锅炉

一、锅炉技术规范及主要设计参数

现以哈尔滨锅炉厂有限责任公司建设的河南新乡火电厂锅炉为例，该锅炉的设计燃料为贫煤，锅炉热效率 91.3%，其他技术规范和主要参数如表 14-3 所示。

表 14-3　440t/h 超高压再热循环流化床锅炉技术规范和设计参数

参数	给水温度 /℃	再热蒸汽量 /（t/h）	再热蒸汽进 / 出口压力 /MPa	再热蒸汽进 / 出口温度 /℃	过热蒸汽量 /（t/h）	过热蒸汽	
						温度 /℃	压力 /MPa
设计值	250.6	362	2.615/2.49	328.2/540	440	540	13.7

二、锅炉整体布置

440t/h 循环流化床锅炉为超高压参数一次中间再热设计，与 135MW 等级汽轮机发电机组相匹配。循环物料的分离采用高温绝热旋风分离器，如图 14-5 所示。

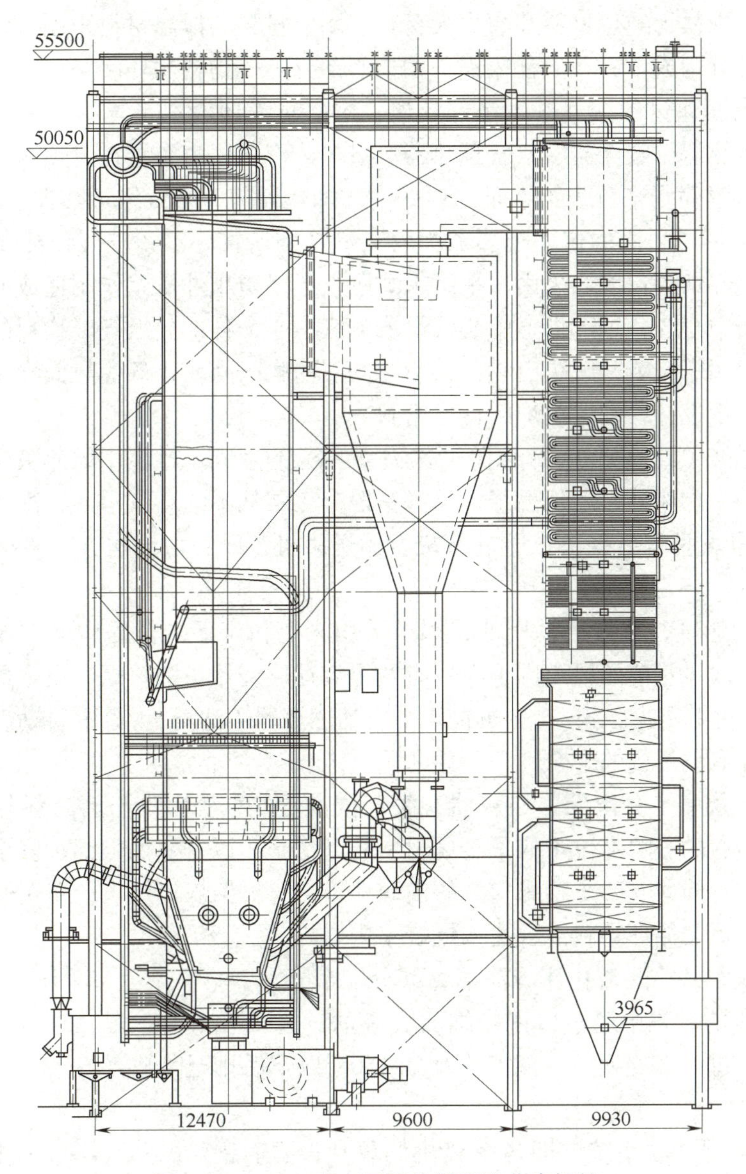

图 14-5　440t/h 超高压再热循环流化床锅炉

锅炉主要由炉腔、高温绝热旋风分离器、双路送灰器、尾部对流烟道和冷流器等组成。采用支吊结合的固定方式，除分离器筒体、冷渣器和空气预热器为支撑结构外，其余均为支吊结构。

燃烧室蒸发受热面采用膜式水冷壁，水循环为单汽包、自然循环、单段蒸发系统，水冷布风板安装大直径钟罩式风帽。燃烧室内布置双面水冷壁以增加蒸发受热面；同时，布置屏式第二级过热器和末级再热器，以提高整个过热器系统和再热器系统的辐射传热特性，使锅炉过热汽温和再热汽温具有良好的调节特性。

两个高温绝热旋风分离器分别布置在燃烧室与尾部对流烟道之间，外壳由钢板制造，内衬为绝热材料及耐磨耐火材料。分离器上部为圆筒形，下部为锥形。高温绝热分离器立管下布置一个非机械型送灰器，回料为自平衡式，流化密封风用高压风机单独供给。送灰器外壳由钢板制造，内衬为绝热材料及磨耐火材料。耐磨材料和保温材料采用拉钩、抓钉、支架固定。以上三部分构成了循环流化床锅炉的核心部分——物料循环回路。

经过分离器净化过的烟气进入尾部烟道。尾部对流烟道中布置第三级过热器、第一级过热器、冷段再热器、省煤器、空气预热器。过热蒸汽温度由布置在过热器之间的两级喷水减温器调节，减温喷水来自于给水泵出口的高压加热器前。第三级过热器、第一级过热器、冷段再热器区域烟道采用的包墙过热器为膜式壁结构，省煤器、空气预热器烟道为护板结构。燃烧室与尾部烟道包墙均采用水平绕带式刚性梁以防止外压差作用造成的变形。将炉膛中心线、分离器中心线、尾部烟道中心线设成膨胀中心，各部分烟气、物料的连接位置设置性能优异的非金属膨胀节，解决由热位移引起的三向膨胀问题，各受热面穿墙部位均采用成熟的二次密封技术设计，确保锅炉的良好密封。

采用低温燃烧（约为 880℃）以降低热力型 NO_x 的生成。燃烧用风分级送入燃烧室，除从布风板送入的一次风外，还从燃烧室下部锥段分三层从不同高度引入二次风，以降低燃料型 NO_x 的生成量。脱硫剂石灰石通过石灰石输送风机，以气力输送方式直接从送灰器斜管上给入给料口内。

为加快启动速度，节省启动用油，锅炉采用床上和床下结合的启动方式。床下（在水冷布风板下面一次风室前的风道内）布置有两个启动燃烧器（即热烟气发生器或称风道燃烧器）。床上（在布风板以上 3m 处）布置 4 个启动燃烧器（油枪）。每个启动燃烧器均配有火焰检测器，确保启动过程的安全性。

锅炉除在燃烧室、分离器、送灰器有关部位设置非金属耐火防磨材料外，还在尾部对流受热面、燃烧室的有关部位采取了金属材料防磨措施，以有效保障锅炉安全连续运行。锅炉采用四点给煤，即共有四个给煤口。炉前煤斗里的煤经给煤机送至位于炉膛后部的加料装置的加料管线，再与循环物料混合送入燃烧室内燃烧。

采用 2 台风水共冷式流化床冷渣器，共分三个分室，第一个分室采用气力选择性冷却，在气力冷却灰渣的过程中还可以把较细的底渣重新送回燃烧室；第二、第三分室内布置埋管受热面与灰渣进行热交换，将灰渣冷却到 150℃以下后排至除渣系统。每个分室均有独立的布风板和风箱。

锅炉配风采用并联系统，即各个风机均单独设置。锅炉共设有一次风机、二次风机、高压风机、冷渣器风机、石灰石风机及引风机，采用平衡通风方式。

第四节　国产 1025t/h 亚临界再热循环流化床锅炉

资源 108：300MW 循环流化床锅炉

一、锅炉技术规范及主要设计参数

现以东方锅炉股份有限公司自主开发设计的亚临界再热循环流化床锅炉为例，该锅炉的设计燃料为贫煤，锅炉热效率 89.5%，其他技术规范和主要参数如表 14-4 所示。

表 14-4　1025t/h 亚临界再热循环流化床锅炉技术规范和设计参数

参数	给水温度 /℃	再热蒸汽量 /（t/h）	再热蒸汽进 / 出口压力 /MPa	再热蒸汽进 / 出口温度 /℃	过热蒸汽量 /（t/h）	过热蒸汽	
						温度 /℃	压力 /MPa
设计值	282.1	844.87	3.665/3.485	321.8/540	1025	540	17.45

二、锅炉整体布置

锅炉整体采用 M 形布置，为单汽包自然循环、一次中间再热、高温分离器、平衡通风、前墙给料的循环流化床锅炉。采用高温汽冷旋风分离器进行气固分离，如图 14-6 所示。

锅炉主要由三大部分组成：炉膛（包括屏式过热器、屏式再热器、水冷蒸发屏）、物料循环回路（包括汽冷却式旋风分离器、送灰器）和尾部竖井烟道。

炉膛内布置了屏式受热面。锅炉采用炉前给煤，后墙布置了 6 个回料点。在锅炉前墙同时设有石灰石给料口，在前墙水冷壁下部收缩段沿宽度方向均匀布置。炉膛底部有水冷壁管弯制围成的水冷风室。每台炉设置了 2 个床下点火风道，每个床下点火风道配了 2 个油燃烧器（带高能点火装置），其目的在于高效地加热一次流化风，进而加热床料。另外，在炉膛下部还设置了床上助燃油枪，用于锅炉启动点火和低负荷稳燃。装有 4 台滚筒式冷渣器，采用炉后排渣。

炉膛与尾部竖井烟道之间，布置了 3 台汽冷却式旋风分离器，其下部各布置 1 台送灰器。为确保回料均匀，送灰器采用一分为二的形式，将旋风分离器分离下来的物料经送灰器直接返回炉膛。作为备用手段，送灰器放灰通过送灰器至冷渣器灰道接入冷渣器。尾部受热面为典型的双烟道结构，采用成熟的汽冷膜式壁包墙（下部为护板包墙）。在包墙过热器前墙上部烟气进口及中间包墙上部烟气进口处，管子拉稀使节距增大形成进口烟气通道。中间包墙将烟道一分为二，前烟道布置了低温再热器，后烟道从上到下依次布置有高温过热器、低温过热器，向下前后烟道合成一个烟道，在其中布置有螺旋鳍片管式省煤器。烟气继续冲刷省煤器和空气预热器进行换热。

低温再热器、高温过热器和低温过热器均采用光管结构，顺列逆流布置。管束通过固定块固定在尾部包墙上，随包墙一起膨胀。

采用管式空气预热器，双进双出，一、二次风左右布置。

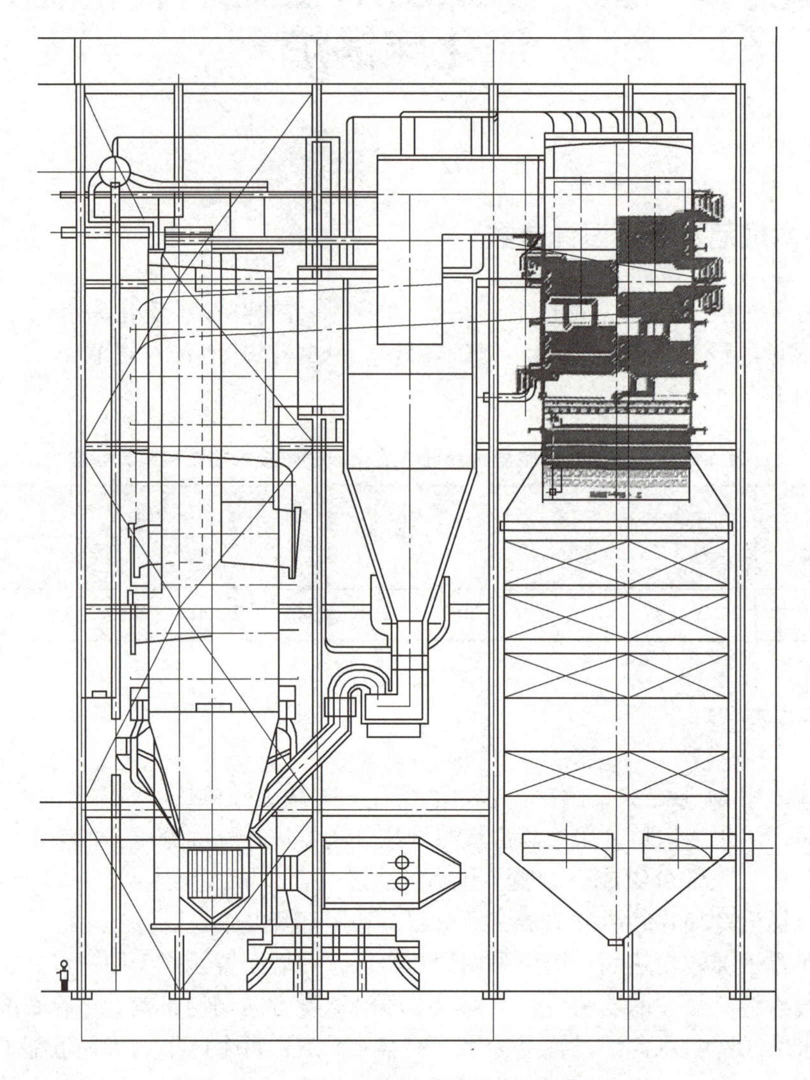

图 14-6　1025t/h 亚临界再热循环流化床锅炉

第五节・国产 600MW 超临界循环流化床锅炉

资源 109：600MW 循环流化床锅炉

一、锅炉技术规范及主要设计参数

现以东方锅炉股份有限公司设计制造的四川白马电厂 600MW 超临界

循环流化床锅炉机组为例，该锅炉的热效率为 91.3%，其他技术规范和主要参数如表 14-5 所示。

表 14-5 600MW 超临界循环流化床锅炉技术规范和设计参数

参数	给水温度 /℃	再热蒸汽量 /（t/h）	再热蒸汽进 / 出口压力 /MPa	再热蒸汽进 / 出口温度 /℃	过热蒸汽量 /（t/h）	过热蒸汽	
						温度 /℃	压力 /MPa
设计值	287	1552.96	4.628/4.413	322/569	1900	571	25.4

二、锅炉整体布置

锅炉本体为裤衩腿形单炉膛结构（即燃烧室下部呈分叉腿形式）。与一般的循环流化床锅炉本体布置形式不同，锅炉整体呈左右对称布置（H 形布置）并支吊在钢架上。锅炉采用双布风板、平衡通风、固态排渣、一次中间再热。

锅炉主要由三部分组成：一是主循环回路，包括炉膛、汽冷却式旋风分离器、回料器（送灰器）、外置冷灰床（即外置式换热器）、冷渣器以及二次风系统等；二是尾部烟道，包括低温过热器、低温再热器和省煤器；三是单独布置的 2 台四分仓回转式空气预热器。锅炉各部分布置如图 14-7 所示。

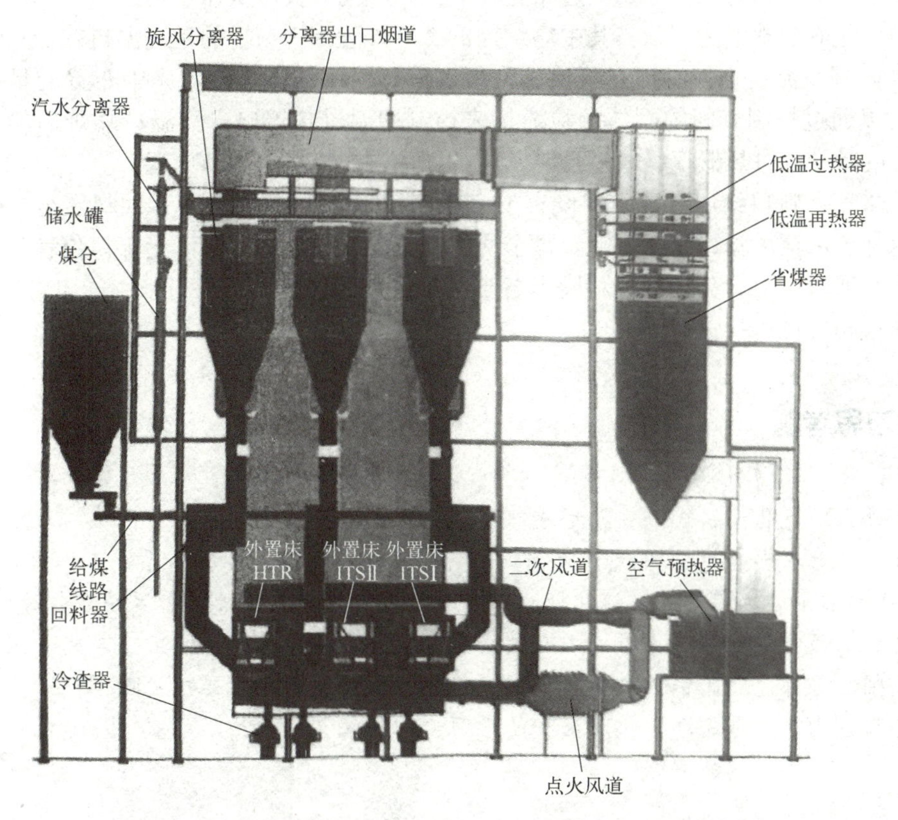

图 14-7 1900t/h 超临界参数循环流化床锅炉整体布置示意图

炉膛由水冷壁前墙、后墙、两侧墙以及炉内中隔墙构成，分为风室水冷壁、水冷壁下部组件、水冷壁上部组件、水冷壁中部组件和单面曝光中隔墙。正如前述，炉膛用中隔墙将下炉膛一分为二，中隔墙为单面曝光水冷壁，其膜式壁上留有烟气通道，便于平衡炉内压力。布风板之下为由水冷壁管弯制围成的水冷风室。为避免炉膛内高浓度灰的磨损，水冷壁管采用全焊接的垂直上升膜式管屏，炉膛采用光管（部分区域采用内螺纹管），炉膛内布置有16片屏式过热器管屏，管屏采用膜式壁结构，垂直布置。在屏式过热器下部转弯段及穿墙处的受热面管束上均敷设耐磨材料，防止受热面管磨损，炉膛出口和炉膛顶部的密布销钉区域均施衬高强度和高导热性的耐磨衬里。

锅炉的循环系统由汽水分离器（启动分离器）、储水罐、下降管、下水连接管、水冷壁上升管、汽水连接管、再循环泵等组成。2个汽水分离器布置在炉前，采用旋风分离形式。在负荷不小于30%时，直流运行，一次上升，汽水分离器入口具有一定的过热度。

锅炉布置有4个床下点火风道，每2个床下点火风道合并后，分别从分体炉膛的一侧进入等压风室。每个床下点火风道配有2个油燃烧器，能高效地加热一次流化风，进而加热床料。另外，在炉膛下部还设置有16支床上助燃油枪，用于锅炉启动点火和低负荷稳燃。6台滚筒式冷渣器被分为两组布置在炉膛两侧。

6台汽冷却式高温旋风分离器布置在炉膛两侧的钢架副跨内，在每台分离器下各布置一台回料器。在旋风分离器的上方，将每侧的烟气连通汇集后引入汽冷式包墙的尾部烟道内，出口烟道为绝热式炉衬，钢板厚度为20mm。由高温旋风分离器分离下来的物料一部分经回料器直接返回炉膛，另一部分则经过布置在炉膛两侧的外置冷灰床后再返回炉膛。

锅炉设置6台外置冷灰床，其中靠炉前的2个外置床中布置的是高温再热器，通过控制其间的固体颗粒流量来控制再热蒸汽的出口温度；中间的2个外置床中布置的是中温过热器Ⅱ。可以通过控制其间的固体颗粒流量来控制中温过热器出口汽温；靠炉后的2个外置床中布置的是中温过热器Ⅰ，通过控制其间的固体颗粒流量来调节床温。

锅炉采用回料口给煤方式，共设有12个给煤点，分别布置在6台回料器至炉膛的返料腿和6台外置床至炉膛的返料腿上。每个回料器给煤口及外置冷灰床给煤口位置各设有一个出煤口，并通过落煤管分别与返料腿上各自的给煤装置连接。石灰石采用气力输送，6个石灰石给料口布置在返料腿上。

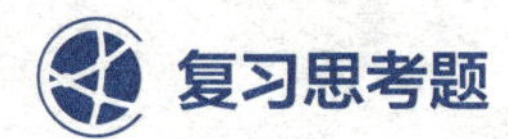

复习思考题

1. 国外循环流化床锅炉的主要形式有哪些？它们的技术特点是什么？
2. 440t/h超高压再热循环流化床锅炉有什么结构特点？简述其各系统工作流程。
3. 1025t/h亚临界再热循环流化床锅炉有什么结构特点？简述其各系统工作流程。
4. 600MW超临界循环流化床锅炉有什么结构特点？简述其各系统工作流程。
5. 超临界循环流化床锅炉和亚临界压力相比，要跨越哪些主要技术障碍？
6. 通过国内外典型循环流化床锅炉的学习，你了解了什么？

第四篇

垃圾焚烧炉

垃圾焚烧技术概述

知识目标

① 了解垃圾焚烧技术的发展历史。
② 了解国内外垃圾焚烧技术的应用现状。
③ 理解焚烧技术的发展前景及存在的问题。

能力目标

① 能正确说出垃圾焚烧技术的一些主要发展过程。
② 根据国内外垃圾焚烧技术的应用现状，采取有效办法解决存在的问题。
③ 顺应焚烧技术的发展前景，结合工作实际情况对其现有设备进行有效改造和升级。

第一节 · 垃圾焚烧技术的发展历史

从古至今，生活垃圾是人类生活的必然产物，有人存在，就有垃圾产生。生活垃圾主要包括民生日常垃圾、集市贸易和商业垃圾、公共场所垃圾、街道清扫垃圾及企事业单位垃圾等，其中主要成分有家用器具、厨余物、陶瓷碎片、庭院废物、废纸、废织物、废塑料、灰渣、玻璃等。

随着人类文明的进步和人口的增长，生活垃圾的产生量不断增加，垃圾的成分随着物质生活的丰富而日趋复杂，有害成分也日渐增多。垃圾问题已经给人类生活带来了重大影响，如何对垃圾进行有效处理是不容忽视的。从世界范围看，目前比较成熟的城市生活垃圾处理方法主要有卫生填埋、堆肥和焚烧，其中垃圾焚烧处理及综合利用技术是实现垃圾处理的无害化、资源化、减量化最为有效的手段，具有良好的环境效益和社会效益。

资源 110：垃圾焚烧处理是最有效手段

一、垃圾焚烧发展历史

垃圾焚烧技术作为一种以燃烧为手段的固体废物处理方法，其应用可以追溯到人类文明的早期，但焚烧作为一种处理生活垃圾的专用技术，其发展与其他垃圾处理方法相比要短得多，大致经历了三个阶段：萌芽阶段、发展阶段和成熟阶段。

对生活垃圾和危险废物进行焚烧处理的萌芽阶段始于 19 世纪中后期。当时主要是为了公共卫生和安全，焚毁传染病疫区的可能带有诸如霍乱、伤寒、疟疾、等传染性病毒的垃圾，以控制对人体健康有巨大危险的传染性疾病的扩散和传播。从某种意义上讲，这是世界上最早出现的危险废物和生活垃圾焚烧处理工程。最早的垃圾焚烧炉是 1874 年在英国诺丁汉制造的平炉，代表了生活垃圾焚烧技术的兴起。1885 年美国纽约、1896 年德国汉堡以及 1898 年法国巴黎先后建立了世界上较早的生活垃圾焚烧厂，开始了生活垃圾焚烧技术的工程实践应用。但是由于技术原始和垃圾中可燃物的比例较低，在焚烧过程中产生的浓烟和臭味对环境的二次污染相当严重，直到20世纪60代垃圾焚烧并没有成为主要的垃圾处理方法。

但在此期间，垃圾焚烧技术得到了很大的改变，其炉排、炉膛等方面的技术逐渐有了现在的形式。德国威斯巴登市于 1902 年建造了第一座立式焚烧炉的垃圾焚烧厂，此后在欧洲各国又出现了各种改进型的立式焚烧炉。与此同时，随着燃煤技术的发展，焚烧炉从固定炉排到机械炉排，从自然通风到机械供风，人们先后开发和应用了阶梯式炉排、倾斜炉排和链条炉排以及转筒式垃圾焚烧炉。

对生活垃圾和危险废物进行焚烧处理的发展阶段是从 20 世纪 60 年代开始，世界发达国家的垃圾焚烧技术已初具现代化，出现了连续运行的大型机械化炉排和由机械除尘、静电除尘和洗涤等技术构成的较高效率的烟气净化系统。焚烧炉型向多样化、自动化方向发展，焚烧效率和污染治理水平也进一步提高。

对生活垃圾和危险废物进行焚烧处理的成熟阶段是从 20 世纪 70 年代开始，能源危机引起人们对垃圾能量的兴趣。随着人们生活水平的提高，生活垃圾中可燃物、易燃物的含量大幅度增长，提高了生活垃圾的热值，为这些国家应用和发展生活垃圾焚烧技术提供了先决条件。这一时期垃圾焚烧技术主要以炉排炉、流化床和旋转窑式焚烧炉为代表。进入 20 世纪 90 年代，随着人们对垃圾焚烧废气中的有害物质，特别是二噁英、呋喃等对人体健康造成危害的物质有了进一步认识，各国对新建垃圾焚烧厂开始持慎重态度，并注意焚烧废气排放控制及污染治理研究。

二、垃圾焚烧技术概况

焚烧是垃圾处理的一种有效方式，它能使复杂的化合物转变为简单物质。典型的生活垃圾焚烧系统组成如图 15-1 所示，它的工艺单元主要包括：

① 进厂垃圾计量系统；

② 垃圾卸料及储存系统；

③ 垃圾进料系统；

④ 垃圾焚烧系统；

⑤ 焚烧余热利用系统；

⑥ 烟气净化和排放系统；

⑦ 灰渣处理或利用系统；

⑧ 污水处理或回收系统；

⑨ 烟气排放在线监测系统；

⑩ 垃圾焚烧自动控制系统等。

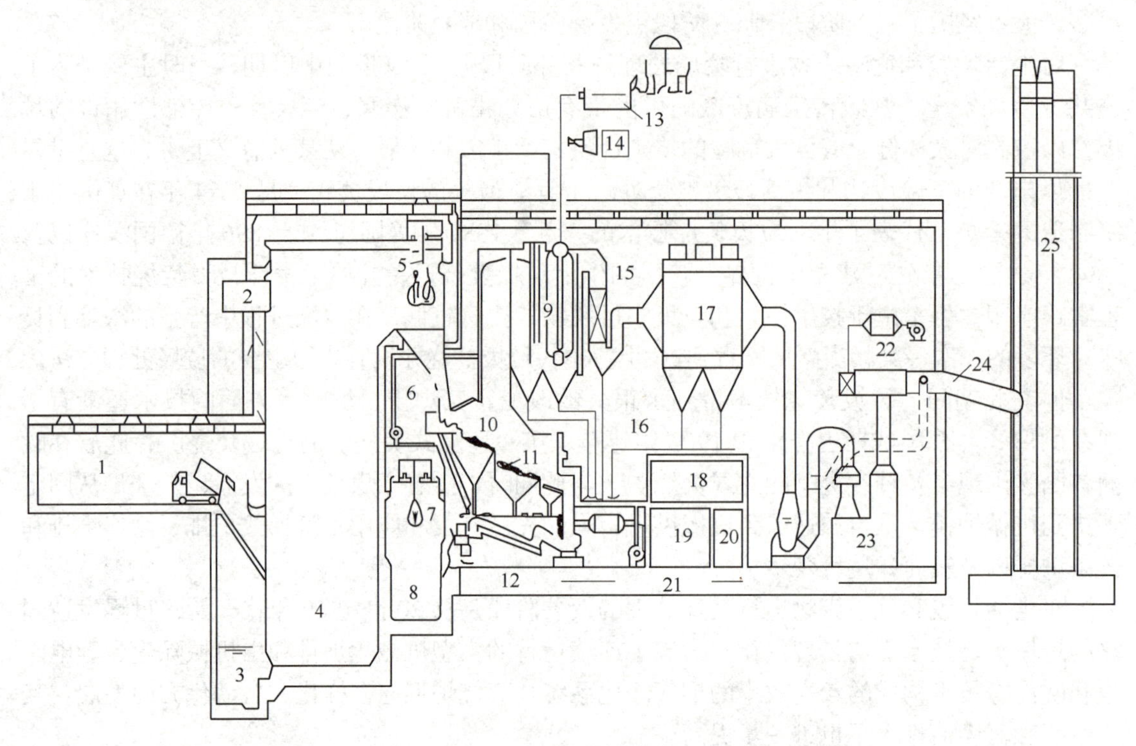

图 15-1　生活垃圾焚烧系统示意图

1—垃圾卸料区；2—吊车控制室；3—渗滤水贮槽；4—垃圾贮坑；5，7—吊车；6—给料器；8—炉渣贮坑；9—余热锅炉；10—燃烧室；11—炉排；12—炉渣输送带；13—温水游泳池；14—汽轮发电机；15—省煤器；16—飞灰输送带；17—除尘器；18—中央控制室；19—空气预热器；20—变电室；21——次送风机；22—尾气加热器；23—洗涤塔；24—引风机；25—烟囱

第二节 · 国外垃圾焚烧技术的应用现状

垃圾焚烧在国外是一种处理生活垃圾的成熟技术，已经成为许多发达国家处理城市生活垃圾的主要方式。目前，垃圾焚烧技术以日本和欧美等发达国家最具代表性。发达国家应用的垃圾焚烧技术，其特征代表了当前生活垃圾焚烧技术的最前沿，同时其所应用的垃圾焚烧技术对今后垃圾焚烧技术的发展也具有相当的指导作用。

一、焚烧在垃圾处理方式中的地位

自 20 世纪 70 年代以来，垃圾焚烧技术在发达国家得到了较快的发展。日本的垃圾焚烧比例在 90 年代中期已达 75%，全世界现有大小垃圾焚烧厂将近 2000 座，垃圾焚烧发电厂约1000座。瑞士、比利时、丹麦、法国、卢森堡、瑞典、新加坡等国焚烧的比例也都已接近或超过填埋，如表15-1所示。可见，垃圾焚烧技术正逐步为越来越多的国家所采用。

表15-1 发达国家生活垃圾处理方法占比 单位：%

序号	国家名称	回收	焚烧	堆肥	填埋
1	新加坡	0	85	0	15
2	日本	0	75	5	20
3	卢森堡	2	75	1	22
4	瑞士	22	59	7	12
5	比利时	3	54	0	43
6	瑞典	36	48	14	2
7	丹麦	19	48	4	29
8	法国	3	42	10	45

瑞典是世界上垃圾回收率最高的国家之一，将近50%的垃圾被回收利用，2%的垃圾被填埋，48%的垃圾则通过焚烧转换成能量（电或热）。此外，瑞典还鼓励并继续增加垃圾发电容量，并不断自行关闭化石燃料发电厂。

丹麦居民环保意识很高，多年以来垃圾填埋被认为是不能接受的垃圾处置方式，从1903年就开始以焚烧方式处置垃圾。丹麦有欧洲垃圾焚烧发电的最佳垃圾焚烧厂，将近19%的垃圾被回收利用，4%的垃圾被堆肥，29%的垃圾被填埋，48%的垃圾则通过焚烧转换成能量（电或热）。该国垃圾焚烧厂往往建造在人口最密集的市中心区域，以便产出的电力能够直接被居民利用以减少损耗，所产热能也直接接入集中供热系统。

日本是世界上垃圾焚烧发电装机量最大的国家，自20世纪60年代就开始大力建设垃圾焚烧厂。日本的垃圾焚烧厂多达1374座，其中，314处有发电设备，780处有余热利用设备，2012年79.8%的垃圾通过焚烧转换成能量（电或热），填埋的垃圾仅占1.3%。在日本，垃圾通过焚烧处理已是普遍做法，垃圾处理厂不仅通过焚烧可燃垃圾实现了垃圾减量，还可同时发电并利用余热提供暖气和温水泳池等。焚烧后的灰烬经过无害化处理可用于填埋造地等，不会污染环境。垃圾焚烧无害化处理的前提是对垃圾进行分类处理。20世纪90年代以后，日本回收垃圾的分类标准日益细致，开始分为旧书报类、塑料类、废电池、荧光管等。在收集阶段除了要求市民分类外，在清扫工厂内还会进一步进行细分类。

二、垃圾焚烧技术的应用

目前从世界范围看，发达国家大型生活垃圾焚烧炉的主要设备采用机械炉排焚烧炉，流化床垃圾焚烧炉具有较好的潜在应用价值。目前发达国家所采用的主要垃圾焚烧工艺特征如表15-2所示。

表15-2 发达国家所采用的主要垃圾焚烧炉型

序号	比较项目	机械炉排式	流化床式	回转窑式
1	主要国家	美国、日本、欧洲国家	日本	美国、丹麦
2	垃圾处理性能	好	好	好
3	设计、制造及操作维修	成熟	供应商不充足	供应商不充足
4	处理能力	大型200t/h以上	大中型200t/h以上	中小型150t/h以下

续表

序号	比较项目	机械炉排式	流化床式	回转窑式
5	前处理设备	除大件垃圾外不需要分类破碎	需要分类破碎至 5cm 以下	除大件垃圾外不需要分类破碎

第三节 · 国内垃圾焚烧技术的应用现状

一、国内垃圾焚烧的现状

我国对生活垃圾和危险废物焚烧技术的研究和应用开始于20世纪80年代，虽然受技术、经济、垃圾性质等因素的影响，起步较晚，但发展却非常迅速。目前全国主要城市均已建设了生活垃圾焚烧处理场，按照《“十四五”城镇生活垃圾分类和处理设施发展规划》数据显示，“十三五”期间，全国共建成生活垃圾焚烧厂 254 座，累计在运行生活垃圾焚烧厂超过 500 座，焚烧设施处理能力 58 万吨 / 日。全国城镇生活垃圾焚烧处理率超过 50%，初步形成了新增处理能力以焚烧为主的垃圾处理发展格局。

资源 111：国内垃圾焚烧技术的发展

国家统计局有关数据显示，我国垃圾无害化处理量由 2011 年 13090 万吨，增长至 2021 年 24839 万吨，年均复合增长率达 6.62%，其中，垃圾焚烧处理量占比由 2011 年的 19.86% 提高至 2021 年的 72.55%，生活垃圾焚烧厂持续高速发展，生活垃圾焚烧处理厂的数量由 109 家增加至 583 家，年均复合增长率达 18.26%，如图 15-2 所示。在焚烧处理量方面，2011 年至 2021 年，我国生活垃圾焚烧处理量由 2599 万吨增加至 18020 万吨，年复合增长率达 21.36%，如图 15-3 所示。

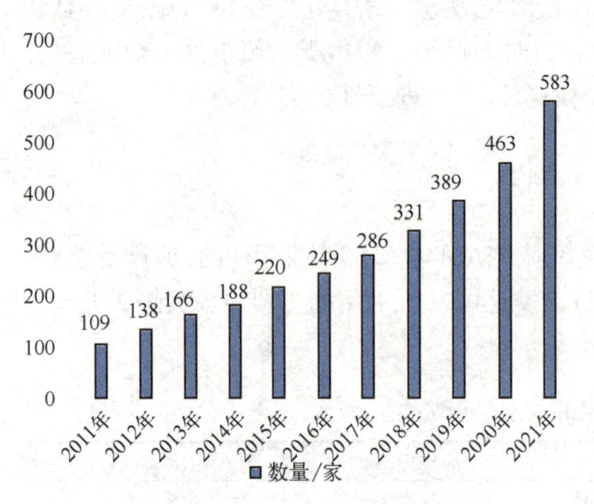

图 15-2 2011 ～ 2021 年全国生活垃圾焚烧无害化处理厂的数量

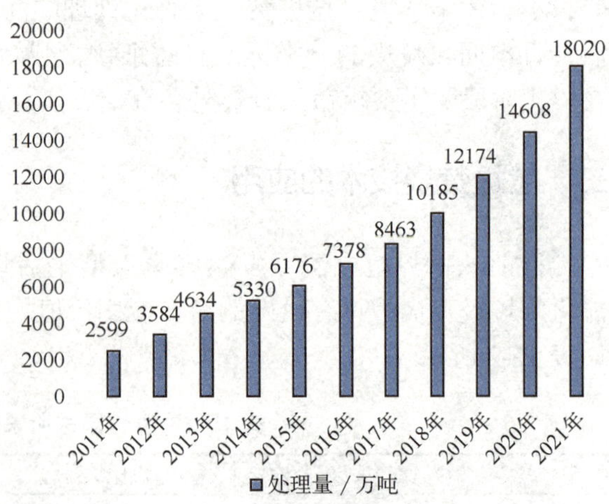

图 15-3 2011 ～ 2021 年全国生活垃圾焚烧无害化处理量

近些年，我国在借鉴发达国家成功经验的基础上，正努力研制国产化的生活垃圾焚烧技术和设备。

（1）国产化垃圾焚烧技术设备主要形式

① 顺推式机械炉排焚烧设备；

② 逆推式机械炉排焚烧设备；

③ 履带式机械炉排焚烧设备；

④ 立窑式焚烧设备；

⑤ 流化床焚烧设备等。

以上基本上包括了世界上常用的垃圾焚烧设备形式。

（2）综合型焚烧技术设备

它是指把引进的技术设备与国产技术设备有机结合的生活垃圾焚烧系统。迄今，已采用或拟采用这种模式的有深圳、珠海、广州、上海、北京、厦门等城市。深圳市政环卫综合处理厂于 1985 年建成开工并维持连续生产，1988 年 11 月第一、二条生产线投产，每条生产线日处理生活垃圾 150t，成套设备从日本三菱重工引进，关键的炉排形式为马丁往复逆推式，配有余热蒸汽锅炉及凝汽式发电机作为能量回收设备。上海引进法国先进的焚烧工艺建造了上海浦东垃圾焚烧厂，日处理生活垃圾 1000t，工程总投资 6.7 亿元。上海浦东垃圾焚烧厂是我国目前水平较高的现代化垃圾焚烧厂。焚烧厂的主要焚烧设备采用倾斜往复阶梯式机械炉，配置有三条生产线，两套 8500kW 的汽轮发电机组。此外，上海御桥日处理 1500t 的垃圾焚烧厂也已经建成，并投入运行。

二、国内垃圾焚烧情况分析

同发达国家相比，我国自20世纪80年代后期才开始关注现代垃圾焚烧技术，起步较晚，目前还远远不能满足日益增长的需要。制约我国推广垃圾焚烧技术的主要因素如下。

① 国内尚未系统掌握垃圾焚烧技术，在建设与运行中均缺乏可靠的技术支持；

② 大部分城市的生活垃圾的低位热值较低，不能达到自燃的要求；

③ 城市生活垃圾中灰渣含量较高，制约了焚烧减量化效益的发挥；

④ 现代化垃圾焚烧属高成本技术，建设筹资难度较大。

虽然如此，随着我国经济的发展，有利于垃圾焚烧应用和推广的因素正在逐步成熟。

① 部分城市的生活垃圾，尤其是一些分类收集的垃圾，其低位热值已达 4180 ～ 5852kJ/kg，不仅达到了自燃的要求，热能回收发电也有了较稳定的基础；

② 城市生活垃圾可焚烧性好的城市，一般也是经济实力较强、填埋空间较困难的城市，从管理方面也有进行垃圾焚烧的能力与要求；

③ 国内对城市生活垃圾焚烧技术的积累已有了较好的基础。

在我国的许多大城市和经济比较发达的城市，随着国民经济及城市建设的发展、环保标准的提高，新建垃圾填埋场受到越来越多的限制，已经很难找到合适的场址。垃圾中可燃物的大量增多，垃圾热值的明显提高，使焚烧技术成为近年来许多城市解决垃圾出路问题的新趋势和新热点。目前北京、上海、广州、厦门、北海、沈阳等城市正在引进国外先进技术和设备建设大型垃圾焚烧厂，另有许多中小城市也把建设垃圾焚烧厂提上了议事日程。可以说，由于我国总体经济发展的不平衡，城市生活垃圾焚烧在近、中期内不可能成为我国城市生活垃圾处理技术的主流，但在部分城市或区域，城市生活垃圾焚烧将成为处理城市生活垃圾的主要技术之一。

第四节 · 垃圾焚烧技术的发展前景及存在问题

一、应用前景

在全球范围内，生活垃圾焚烧技术仍有较大的发展空间，生活垃圾焚烧技术会不断向现代化、大型化、多功能化和智能化方向发展。另外，生活垃圾处理社会化、市场化和民营化是近来全球化的趋势，垃圾焚烧管理与经营的集约化程度较高，属比较适宜的民营化技术，未来以垃圾处理贴费与售电收入为经营基础的民营化垃圾焚烧产业，将对推进城市生活垃圾焚烧技术的总体进步发挥积极的作用。

资源 112：垃圾焚烧对城市发展的重要性

二、发展趋势及存在问题

纵观近年来生活垃圾焚烧技术的发展过程，可以发现有以下发展趋势：

（1）新建垃圾焚烧厂将以大、中规模焚烧厂为主

垃圾焚烧技术较复杂、投资大，技术应用的门槛较高。不仅需要经济基础为支撑，还必须满足垃圾中有可燃成分比重大、热值较高的属性，而且必须有一定的规模，使垃圾焚烧的余热具有较好的发电效益才能保障垃圾焚烧厂的顺利运营。因而，我国大中城市新建的垃圾焚烧厂的处理规模常在 800 ～ 1000t/d，焚烧厂大多配置 2 ～ 3 台焚烧炉，单台焚烧炉的规模常在 200 ～ 350t/d，受政策影响，焚烧炉的发展有大型化、现代化、多功能化的发展趋势。

（2）机械炉排炉与流化床炉平分秋色，小型焚烧炉市场逐渐减小

发达国家的生活垃圾焚烧炉主要采用机械炉排炉，其技术成熟，运营稳定。我国经济实力较强的大城市如上海、北京、青岛、天津、南京、成都等，其垃圾产生量巨大，对环境要求高，将主要考虑采用进口炉排炉焚烧技术。目前国产机械炉排炉技术的大型化发展趋势已有体现，国内单炉 300 ～ 500t/d 规模的炉排炉成套设备是以后建厂的趋势，会极大促进我国炉排炉技术的应用和普及。

对于内陆城市和经济较发达地区，流化床的国产化技术、价格优势以及掺煤获得的经济效益，仍将具有较大的吸引力。因而，在未来几年内，我国的垃圾焚烧市场上，炉排炉与流化床仍为共占市场的局面。

小型焚烧炉的烟气处理工艺相对简单，难以达到严格的环保标准，目前这些小型焚烧炉的运转状况存在一定问题。从发展的角度看，这种小型焚烧炉的市场份额将逐步减少。

（3）焚烧技术正向着资源化方向发展

垃圾焚烧技术正向着资源化方向发展，例如垃圾焚烧余热发电、焚烧残渣制砖等，使

垃圾焚烧与能源回收有机地结合起来。垃圾焚烧的余热利用主要有三种方式：发电、供热和热电联产。利用焚烧垃圾产生的余热进行发电不仅可以解决垃圾焚烧厂内的用电需要，还可以外售盈利，促使了垃圾焚烧技术的迅速发展。另外，节能化也被国外垃圾焚烧厂所普遍重视，利用垃圾焚烧热能的方式多种多样，如供应工业用蒸汽、服务于温水浴室、游泳馆、热带植物园等。日本的北海道还利用焚烧余热清除道路积雪。

在流化床技术中，开始采用“外置过热器”技术，其优点在于：杜绝金属酸性腐蚀，延长设备使用寿命与设备运行时间；提高蒸汽温度，增加发电效率；提高换热效率，降低金属耗量。

（4）焚烧技术正在向智能化方向发展

垃圾焚烧厂运行实现自动化后，为了保证较佳的运行状态，目前仍然必须依赖人工的判断。将来会开发出更先进的软件，可以进行图像解析、模糊控制等，使其与熟练操作员的判断非常接近，从而实现真正意义上的自动化控制。另外，人工智能的发展、高效传感器的开发、机器人的研制，使垃圾焚烧厂设备及系统故障的自我诊断功能成为可能，从而得以实现低故障率和高运转率。

（5）烟气处理工艺中干法的比例会有所增加

垃圾焚烧的烟气中含有大量的酸性气体，通常的处理方法有三种，即干法、湿法和半干法。干法工艺简单，投资低，运营费用低，但污染物去除率相对较低；湿法工艺复杂，投资高，运营费用高，污染物去除率高，但有废水需要处理；半干法则介于干法和湿法之间，工艺处理效果较干法好，投资较湿法低。因而，2000 年发布的《城市生活垃圾处理及污染防治技术政策》中明确指出：“烟气处理宜采用半干法加布袋除尘工艺”。

随着技术的进步与发展，干法工艺也在提升和进步（如石灰粒度更细化、石灰喷射装置更优化等）。目前，干法工艺的处理效果有显著提高，在国外的应用有所增加。如日本东京都焚烧厂的烟气处理均采用湿法处理工艺；东京都以外的焚烧厂烟气处理主要采用干法处理工艺。

（6）对二噁英的控制逐渐加强

资源 113：二噁英的生成可以控制吗？

垃圾焚烧会产生二噁英已众所周知，其危害也备受关注。然而，通过合理的工程技术手段能够显著控制垃圾焚烧炉的二噁英排放量。二噁英的控制主要是通过完善垃圾焚烧系统来实现，达到促进垃圾完全、稳定燃烧，减少燃烧区的烟尘沉积。此外，据国外研究，二噁英的生成需要铜化合物一类的催化剂，通过添加氨水、尿素等抑制剂也能减少二噁英的生成。在烟气处理系统中增加活性炭吸附工序，能有效地减少二噁英的排放，该方式成本低、易操作，已广泛应用于我国的垃圾焚烧厂建设中。

（7）垃圾焚烧厂建设融资模式多元化

我国传统的垃圾处理设施是“政府投资建设，事业单位运营”。这种模式对于卫生填埋等技术水平相对较低的方式较为适用。对于垃圾焚烧项目，地方政府通常受技术水平和人才资源的限制，难以自建自管。因此，部分城市采用了“政府投资建设，招标或委托企业运营”的模式，取得了较好的效果。

近年来，随着产业化政策的推广和国家投融资体制的改革，大量民营资本进入到垃圾焚烧处理领域，“企业实行特许经营（BOT 模式）”的模式被广为应用。采用 BOT 模式有助于推动垃圾焚烧项目的建设进程，提高运作效率，引进技术、人才及现代化管理水平，有诸多有利方面，只是这一切需要政府支持。考虑到企业投资是以利益最大化为基本目的，企业投资不仅要考虑收回投资，还需要考虑利润和缴纳税费，因而从经济角度看，政府采用BOT方式需要支付更多的成本。

我国垃圾焚烧厂采用BOT模式也存在一些问题，如夸大处理规模和装机容量，以充分利用国家允许的20%加煤量政策，争取更多的发电量和发电收益；模糊边界条件，如飞灰处理、渗滤液处理等。

可以预见，我国垃圾焚烧项目的建设模式还将进一步多元化，会有更多的民营资本，通过更灵活的融资形式进入该领域，其中特许经营模式将逐渐增多，甚至成为主导。

（8）垃圾焚烧相关标准法规将进一步完善

随着垃圾焚烧技术应用的发展，我国相关的标准法规建设也在逐步完善，国家已经颁布的标准有《生活垃圾焚烧污染控制标准》（GB 18485—2014）、《生活垃圾焚烧处理工程技术规范》（CJJ 90—2009）、《城市生活垃圾焚烧处理工程项目建设标准》《城市生活垃圾焚烧厂评价标准》，后续还会继续对这些标准进行修改和完善，以及制定更多的标准法规。

综上所述，生活垃圾焚烧技术的发展将会向自我完善、多功能化、资源化和智能化发展。焚烧设备构造的不断改进，废气处理新技术的广泛应用，提高节能化，低故障率和高运转率，才能实现真正意义上的自动化控制。在今后很长一段时间内，发展生活垃圾焚烧技术的有利因素将依然存在，同时垃圾焚烧管理与经营的集约化程度较高，比较适宜民营化运行，因此垃圾焚烧技术在全球范围内仍持有较大的发展空间。

1. 叙述垃圾焚烧技术的发展历程。

2. 垃圾焚烧技术的应用现状如何？

3. 城市生活垃圾处理的基本现状及存在的问题有哪些？

4. 焚烧处理应用前景如何？

5. 通过本单元的学习，请查阅相关资料，试论述目前我国城市生活垃圾是如何处置的？与发达国家相比较还存在哪些问题？

垃圾焚烧技术工艺流程及系统

知识目标

① 了解垃圾焚烧技术的特点。
② 掌握垃圾焚烧厂的一般工艺流程。
③ 掌握垃圾焚烧厂各个系统构成及工艺流程。

能力目标

① 能正确说出垃圾焚烧技术的特点。
② 能够绘制垃圾焚烧厂的一般工艺流程图。
③ 能够绘制垃圾焚烧厂各个系统工艺流程框图，并能叙述其工作过程。

第一节 · 垃圾焚烧概述

城市生活垃圾处理的基本原则是无害化、减量化和资源化。但对于不同的固体废弃物具体处理的原则有所不同，但垃圾处理的目标是一致的：一是技术性的，即人类可持续发展的基本要求；二是经济性的，即要求在满足对环境影响尽可能小的前提下，选择一个成本最低的处理工艺。从世界范围看，目前比较成熟的城市生活垃圾处理方法主要有卫生填埋、堆肥和焚烧，垃圾焚烧技术是实现垃圾处理无害化、资源化和减量化最行之有效的手段。

一、垃圾焚烧技术的特点

垃圾焚烧技术与其他处置方法相比具有以下独特的特点：

① 能够使垃圾的无害化处理更为彻底。经过 700 ～ 900℃的高温焚烧处理，垃圾中除重金属以外的有害成分充分分解，细菌、病毒能被彻底消灭，各种恶臭气体得到高温分解，尤其是对于可燃性致癌物、病毒性污染物、剧毒有机物几乎是唯一有效的处理方法。

② 垃圾减量化效果明显。城市生活垃圾中含有大量的可燃物质，焚烧处理可以使城市垃圾的体积减小 90% 左右，质量减少 80% ～ 85%。焚烧处理是目前所有垃圾处理方式中最有效的减量化手段。

③ 可实现垃圾的资源化利用。垃圾焚烧产生的热量可以回收利用，用于供热或发电，焚烧产生的灰渣可作为生产水泥的原材料或者用于制砖。

④ 环境影响小。现代垃圾焚烧技术进一步强化了对垃圾焚烧产生的有害气体的处理工艺，能够减少垃圾焚烧产生的有害气体的排放，垃圾渗滤液可以喷入炉膛内进行高温分解，不会出现污染地下水的情况。

⑤ 占地面积小。建设一座处理能力为 1000t/h 生活垃圾焚烧厂，只需占地 100 亩（1 亩 =666.67 平方米），按运行 25 年计算，共可处理垃圾 832 万吨且可以在靠近市区的地方建厂，缩短垃圾的运输距离。

⑥ 经济效益可观。全国城市每年因垃圾造成的损失近 300 亿元（运输费、处理费等），而将其综合利用却能创造 2500 亿元以上的效益。

资源 114：垃圾焚烧厂一般工艺流程

二、垃圾焚烧厂的一般工艺流程

生活垃圾焚烧厂的系统构成在不同的国家、研究机构有不同的划分方法，或者由于垃圾焚烧厂的规模不同而具有不同的系统构成。但现代化生活垃圾焚烧厂的基本内容大体相同，其一般的工艺流程如图 16-1 所示。

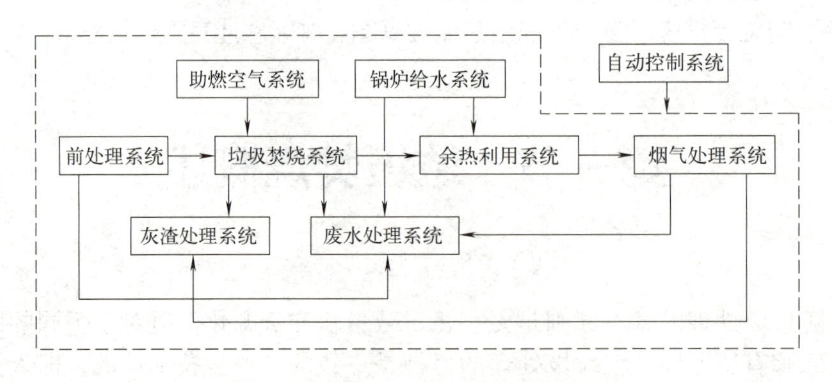

图 16-1　垃圾焚烧厂的一般工艺流程框图

垃圾焚烧厂的工艺流程可描述为：前处理系统中的垃圾与助燃空气系统所提供的一次和二次助燃空气在垃圾焚烧炉中混合燃烧，燃烧所产生的热能被余热锅炉加以回收利用，经过降温后的烟气送入烟气处理系统处理后，经烟囱排入大气；垃圾焚烧产生的炉渣经炉渣处理系统处理后送往填埋厂或作为其他用途，烟气处理系统所收集的飞灰做专门处理；各系统产生的废水送往废水处理系统，处理后的废水可排入河流等公共水域或加以利用；现代化的垃圾焚烧厂的整个处理过程都可用自动控制系统加以控制。

第二节 · 垃圾焚烧厂系统构成及工艺流程

资源 115：垃圾焚烧发电工艺流程

资源 116：垃圾焚烧发电漫游场景

目前垃圾焚烧厂采用的垃圾焚烧炉主要为回转窑、流化床、机械炉排三种。对于不同形式的垃圾焚烧炉，垃圾焚烧厂各系统也必然具有不同的工艺流程，由于篇幅所限，不能对三种情况一一介绍。根据各国垃圾焚烧炉的使用情况，机械炉排焚烧炉应用最广且技术比较成熟，其单台日处理量的范围也最大（50 ～ 700t/d），是国内外生活垃圾焚烧厂的主流炉型。因而，本节对垃圾焚烧炉的讨论对象也限于机械炉排焚烧炉。对各系统而言，其工艺流程也不尽相同，比如，有些垃圾焚烧厂的前处理系统中不设垃圾贮坑，而将垃圾直接送入进料斗。为此，对各系统工艺流程的讨论也仅限于普遍情况。图 16-2 为某一垃圾焚烧厂主厂房的工艺布置纵剖视图。

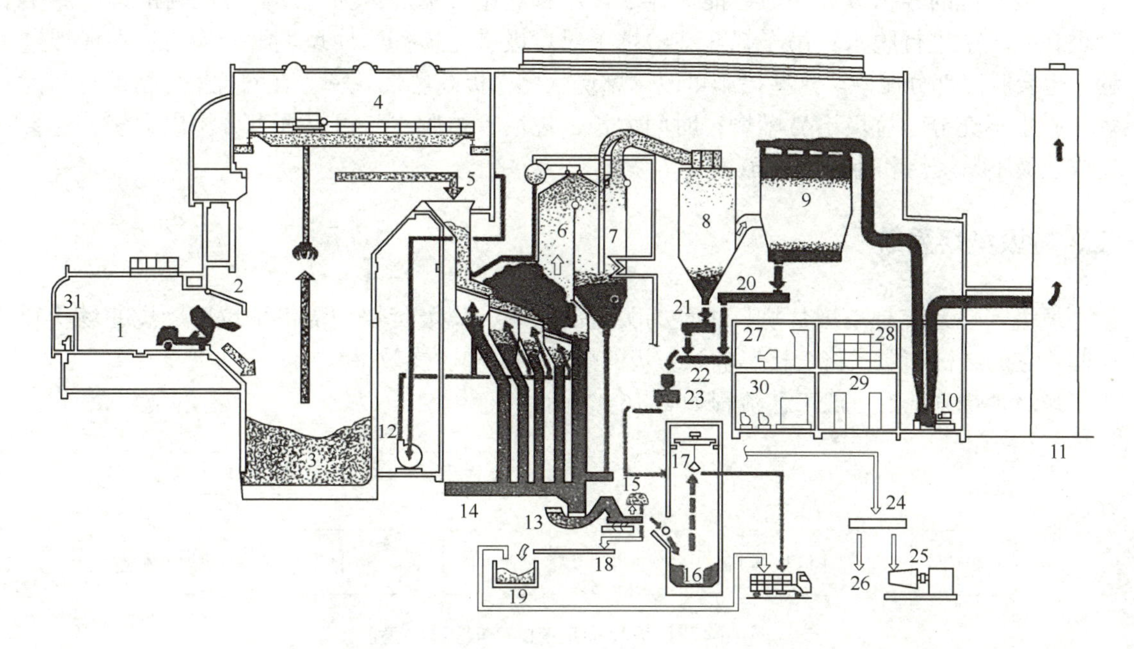

图 16-2　某一垃圾焚烧厂主厂房的工艺布置纵剖视图

1—卸料平台；2—卸料门；3—垃圾贮坑；4—垃圾吊车；5—进料漏斗；6—焚烧炉膛；7—余热锅炉；8—洗涤塔；9—袋式除尘器；10—引风机；11—烟囱；12—一次风机；13—推灰器；14—炉渣输送带；15—磁选机；16—炉渣贮坑；17—炉渣吊车；18—废金属输送带；19—废金属贮坑；20—飞灰输送带；21—输送带；22—混合输送带；23—飞灰加湿器；24—高压蒸汽联箱；25—汽轮发电机；26—自用蒸汽系统；27—中央控制室；28—低压配电室；29—高压配电室；30—液压室；31—车辆控制室

一、前处理系统

垃圾焚烧厂前处理系统也可称为垃圾接收与储存系统，其一般的工艺流程如图 16-3 所示。

图 16-3 垃圾焚烧厂前处理系统的一般工艺流程

生活垃圾由垃圾运输车运入垃圾焚烧厂，经过地衡称重后进入垃圾卸料平台（也叫倾卸平台），按控制系统指定的卸料门将垃圾倒入垃圾贮坑。在此系统中，如果设有大件垃圾破碎机，可用吊车将大件垃圾抓入破碎机中进行处理，处理后的大件垃圾重新倒入垃圾贮坑。可通过分析垃圾成分的统计数据及大件垃圾所占的比例，决定垃圾焚烧厂是否需要设置大件垃圾破碎机。称重系统中的关键设备是地衡，它由车辆的承载台、指示重量的称重装置、连接信号输送转换装置和称重结果打印装置等组成。

一般的大型垃圾焚烧厂都拥有多个卸料门，卸料门在无投入垃圾的情况下处于关闭状态，以避免垃圾贮坑中的臭气外溢。为了垃圾贮坑中的堆高相对均匀，应在垃圾卸料平台入口处和卸料门前设置自动指示灯，以便控制卸料门的开启。在垃圾焚烧技术发达的国家，这些设施一般都采用自动化系统，实现了卸料平台无人操作，当垃圾车到达卸料门前时，传感器感知到有车辆到达、自动控制卸料门的开闭。

垃圾贮坑的容积设计一般以能储存 5 天左右的垃圾焚烧量为宜。储存的目的是将原生垃圾在贮坑中进行脱水；吊车抓斗在贮坑中对垃圾进行搅拌，使垃圾组分均匀：在搅拌过程中也会脱离部分泥砂。这些措施可改善燃烧状况，提高燃烧效率。在贮坑里停留的时间太短，脱水不充分，垃圾不易燃烧；时间太长，垃圾不再脱水，可燃挥发分溢出太多，也会造成垃圾不易燃烧和能量的耗散。

二、垃圾焚烧系统

垃圾焚烧系统是垃圾焚烧厂中最为关键的系统，垃圾焚烧炉提供了垃圾燃烧的场所和空间，它的结构和形式将直接影响到垃圾的燃烧状况和燃烧效果。

垃圾焚烧系统的一般工艺流程如图 16-4 所示。

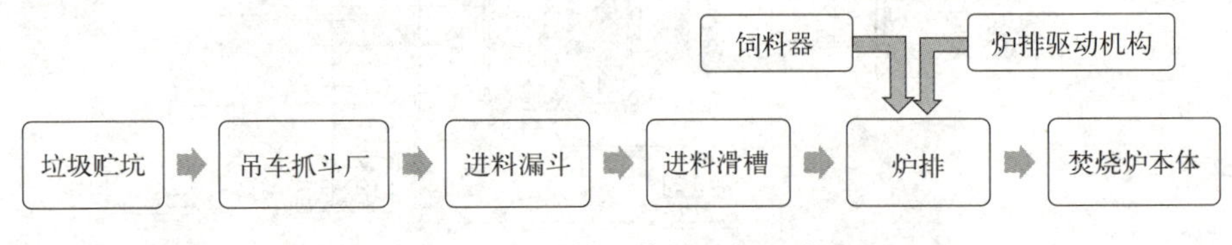

图 16-4 垃圾焚烧系统的一般工艺流程

实际上，垃圾焚烧系统与前处理系统、余热利用系统、烟气处理系统、灰渣处理系统、助燃空气系统、废水处理系统、自动控制系统等密切相关，这里将它们分开介绍只是为了讨论和分析的方便。

吊车抓斗从垃圾贮坑中抓起垃圾，送入进料漏斗，漏斗中的垃圾沿进料滑槽落下，由饲料器将垃圾推入炉排预热段，机械炉排在驱动机构的作用下使垃圾依次通过燃烧段和后燃烬段，燃烧后的炉渣落入炉渣贮坑。

为了保证单位时间进料量的稳定性，饲料器应具有测定进料量的功能，现行的饲料器一般采用改变推杆的行程来控制进料的体积，但由于垃圾在进料滑槽中的密度不均匀，造成进料的质量控制并不能达到预期的效果。目前，解决这个问题的有效方法之一是在滑槽中设置挡板，使挡板上的垃圾自由落下以提高垃圾密度的均匀性，同时还可以改进滑槽中垃圾的堵塞现象。

回料器和炉排可采用机械或液压驱动方式，液压驱动方式因操作稳定、可靠性好等优点而应用较广。

三、余热利用系统

从垃圾焚烧炉中排出的高温烟气必须经过冷却后方能排放，降低烟气温度可采用喷水冷却或设置余热锅炉的方式。

余热利用是在垃圾焚烧炉的炉膛和烟道中布置换热面，以吸收垃圾焚烧所产生的热量，从而达到回收能量的目的。在没有设置余热锅炉而采用喷水冷却方式的系统中，余热没有得到利用，喷水的目的仅仅是为了降低排烟温度。一般来讲，将烟气余热用来加热助燃空气或加热水是最简单和普遍可行的方法。而且随着垃圾焚烧炉容量的增加，目前采用设置余热锅炉方式回收余热越来越普遍。国外有许多超过 100t/d 的垃圾焚烧厂也配有余热锅炉。现行建设的大型垃圾焚烧厂都毫无例外地采用余热锅炉和汽轮发电设备。

设置余热锅炉的余热利用系统，其回收能量的方式有多种：利用余热锅炉所产生的蒸汽驱动汽轮发电机发电，以产生高品位的电能，这种方式在现代化垃圾焚烧厂应用最广；提供给蒸汽需求单位及本厂所需的一定压力和温度的蒸汽；提供给热水需求单位所需热水。对于采用余热锅炉的垃圾焚烧厂，余热利用系统的工艺流程如图 16-5 所示。

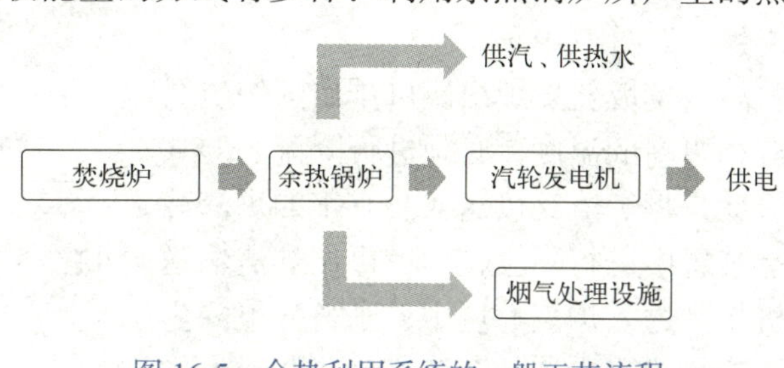

图 16-5　余热利用系统的一般工艺流程

对于没有设置余热锅炉，采用喷水冷却方式的垃圾焚烧厂，其烟气冷却的工艺流程如图 16-6 所示。

有些垃圾焚烧厂，采用余热锅炉和喷水冷却相结合的方式，其工艺流程如图 16-7 所示。

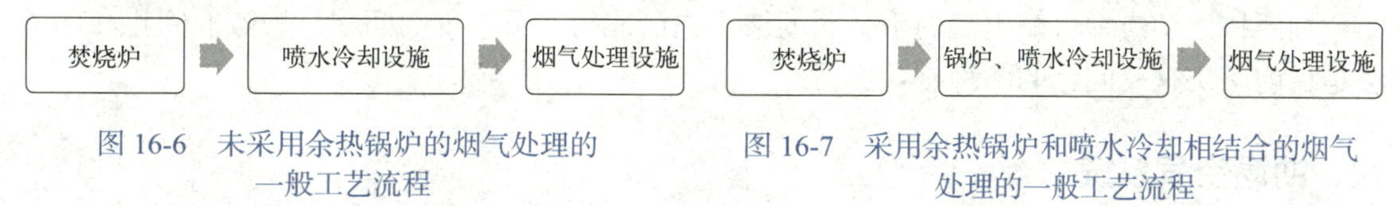

图 16-6　未采用余热锅炉的烟气处理的一般工艺流程

图 16-7　采用余热锅炉和喷水冷却相结合的烟气处理的一般工艺流程

垃圾焚烧发电的热效率一般只有 20% 左右，如何提高垃圾焚烧厂的热效率已引起了普遍的关注。近年来，部分垃圾焚烧厂采用热电联供热系统，将发电后的蒸汽或一部分抽汽向厂外进行区域性供热，以提高垃圾焚烧厂的热效率。但是，当进行大规模区域供热时，由于区域的热能需求随时间、季节的变化而变化很大，而垃圾焚烧炉的运行不能适应这样大的变化，因此，垃圾焚烧炉的供热一般只能提供用户一部分的热量需求。

四、烟气处理系统

烟气处理系统主要是去除烟气中的固体颗粒、硫氧化物、氮氧化物、氯化氢等有害物质，以达到烟气排放标准，减少环境污染。各国、各地区都有不同的烟气排放标准，相应垃圾焚烧厂也有不同的烟气处理系统。烟气处理系统一般有下列几种设备组合，如图 16-8 所示。

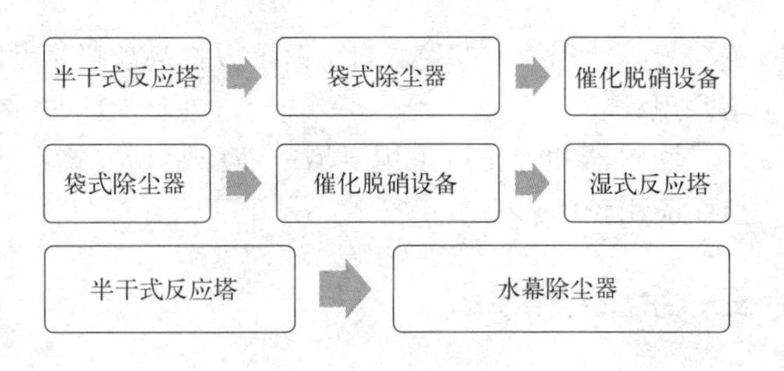

图 16-8 烟气处理的一般工艺流程

前两种设备组合为目前各国垃圾焚烧厂通常采用的烟气处理系统，后一种设备组合可供烟气排放标准较低的地区，在建设小型垃圾焚烧厂时选用参考。

近年来，二噁英污染引起了世界各国人民的普遍关注，而垃圾焚烧厂又是产生二噁英的主要来源之一，由于目前对二噁英的形成机理还没有达成统一的共识，因此通过仅控制焚烧参数来抑制二噁英的生成，其效果很难确定。目前所采用的去除二噁英的方法主要为采用活性炭喷射装置和袋式除尘器。

五、灰渣处理系统

灰渣处理系统一般有以下几种工艺流程，如图 16-9 所示。

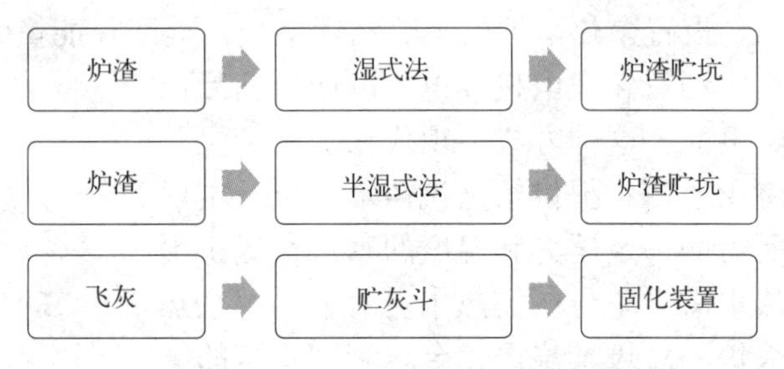

图 16-9 灰渣处理的一般工艺流程

从垃圾焚烧炉出渣口排出的炉渣具有相当高的温度，必须进行降温。湿式法就是将炉渣直接送入装有水的炉渣冷却装置中进行降温，然后再用炉渣输送机将其送入炉渣贮坑中，来自静电除尘器或袋式除尘器的灰渣称为飞灰，通常情况下，飞灰应与从垃圾焚烧炉出口排出的炉渣分别进行处理，这是由于飞灰中重金属的含量较炉渣中多。一般的做法是将飞灰作为危险品固化后送入填埋厂做最终的处置。

过去垃圾焚烧炉渣作为一般废弃物，可以在垃圾填埋厂进行填埋处理。随着环保要求的愈加严格，炉渣中可能出现的重金属的渗出也已成为不可忽视的问题，炉渣的固化和熔融法是目前解决这一问题的两种有效途径。

六、助燃空气系统

助燃空气系统是垃圾焚烧厂中的一个非常重要的部分，它为垃圾的正常燃烧提供了必需的氧气，它所供应的送风温度和风量直接影响到垃圾的燃烧是否充分、炉膛温度是否合理、烟气中的有害物质是否能够减少。助燃空气系统的一般工艺流程如图 16-10 所示。

图 16-10 助燃空气处理系统的一般工艺流程

送风机包括一次送风机和二次送风机，通常情况下，一次送风机从垃圾贮坑上方抽取空气，通过空气预热器将其加热后，从炉排下方送入炉膛；二次助燃空气可从垃圾贮坑上方或厂房内抽取空气并经预热后，送入垃圾焚烧炉。燃烧所产生的烟气及过量空气经过余热利用系统回收能量后进入烟气处理系统，最后通过烟囱排入大气。

七、废水处理系统

垃圾焚烧厂中废水的主要来源有：垃圾渗滤水、洗车废水、垃圾卸料平台地面清洗水、灰渣处理设备废水、锅炉排污水、洗烟废水等。不同废水中有害成分的种类和含量各不相同，因此也应采取不同的处理方法，但这种做法过于复杂，也不现实。通常按照废水中所含有害物的种类将废水分为有机废水和无机废水，针对这两种废水采用不同的处理方法和处理流程。

在废水处理过程中，一部分废水经过处理后排入城市污水管网，还有一部分经过处理的废水则可加以利用。

废水的处理方法很多，不同的垃圾焚烧厂可采用不同的废水处理工艺，常用的废水处理工艺如图 16-11 所示。

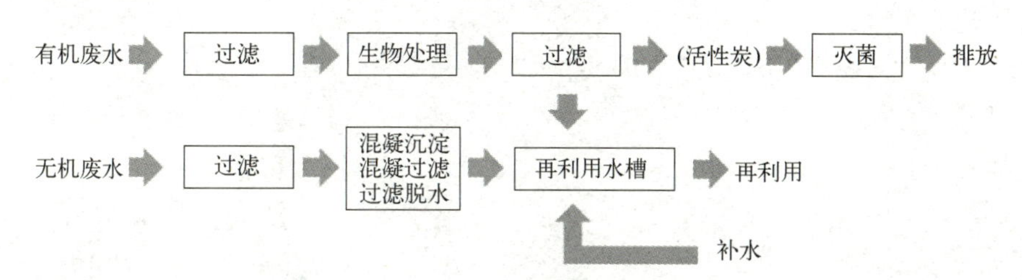

图 16-11　垃圾焚烧厂常用的废水处理工艺

对于灰渣冷却水和洗烟用水等重金属含量较高的废水，其废水处理流程应具有去除重金属的环节。对于这类废水，常采用的废水处理工艺如图 16-12 所示。

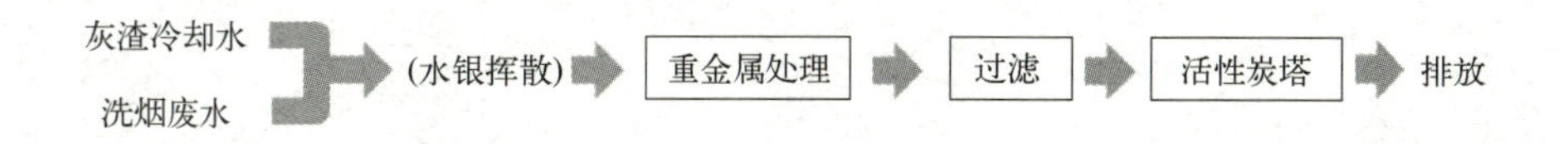

图 16-12　重金属含量较高的废水处理工艺

八、自动控制系统

在实现垃圾焚烧厂的高度自动化以前，把垃圾焚烧炉看成是各个系统的组合，自动化的工作主要集中在实现这些单独系统的自动化管理，如垃圾焚烧状态的电视监视，各种设备通电状况的显示等。随后，为了推进各个系统设备自动化管理向更高水平发展，实现垃圾供料、垃圾焚烧一体化、自动化，引进了垃圾焚烧炉自动化燃烧控制系统。另外一些相关设备的自动化也有了进展，例如垃圾接收、灰渣的输送和自动称重设备、吊车自动运行设备等的自动化都实现了实用化。

现在，由于计算机的应用，垃圾焚烧炉的运行管理除了日常操作实现了自动化，一些非日常的操作也实现了自动化，例如垃圾焚烧炉、汽轮机的启动与关闭等。垃圾焚烧系统自动化的范围，大致可分为三个方面：

① 设施运行管理必需的数据处理自动化；

② 垃圾运输车及灰渣运输车的车辆管理自动化；

③ 设备机器运行操作的自动化。

上述各种运行操作实现自动化以后，为了实现最佳的运行状态，目前仍必须依赖人工的判断。国外正在开发各种各样的软件，能够与熟练操作员的判断非常接近，能够进行图像解析、模糊控制等。目前这些软件仅作为主软件的支持系统，可以相信，在不远的将来，综合运行状态的最优化控制是完全可能的。

复习思考题

1. 垃圾焚烧技术有哪些特点？
2. 垃圾焚烧厂由哪几部分构成？
3. 绘制采用炉排炉的垃圾焚烧厂的工艺流程图。
4. 简述垃圾焚烧过程。
5. 垃圾焚烧“三废”处理工艺有哪些？

第十七章 垃圾焚烧炉设备

知识目标

① 掌握炉排式焚烧炉工作原理、结构及特点。
② 掌握流化床焚烧炉工作原理、结构及特点。
③ 了解 CAO 焚烧炉工作原理、结构及特点。

能力目标

① 能正确说出炉排式焚烧炉的工作过程，能够绘制其结构简图，并能准确标注主要设备名称。

② 能正确说出流化床焚烧炉的工作过程，能够绘制其结构简图，并能准确标注主要设备名称。

③ 能够根据实际工作，选择合适的焚烧炉型。

垃圾焚烧炉是利用高温氧化作用处理生活垃圾的装置，是一种高温热处理技术，即以一定的过剩空气量与被处理的有机废物在焚烧炉内进行氧化燃烧反应，废物中的有害有毒物质在高温下氧化、热解而被破坏，也是实现废物无害化、减量化、资源化的处理技术。

垃圾焚烧炉在国内外的应用和发展已有几十年的历史，比较成熟的炉型有炉排式焚烧炉，流化床焚烧炉、CAO（controlled air oxidation）焚烧炉。

第一节 · 炉排式焚烧炉

炉排式焚烧炉的燃烧方式属于层状燃烧，适用于成分稳定、发热量较高、水分较低的燃料，是垃圾焚烧处理中最常用的炉型，主要类型有机械炉排式焚烧炉、往复式炉排焚烧炉、脉冲抛式炉排焚烧炉和滚筒炉排式焚烧炉。

一、机械炉排式焚烧炉

机械炉排式焚烧炉历史悠久，是目前世界上工艺成熟、处理规模较大的生活垃圾焚烧炉，在欧美等国家得到广泛使用。

1. 机械炉排式焚烧炉工作原理

机械炉排式焚烧炉是以机械式炉排块构成炉床，靠炉排间的相对运动使垃圾不断翻动、搅拌并向前推进。正常运行时，炉温维持在 850 ～ 950℃，垃圾进入炉内与热空气接触，升温、干燥、着火、燃烧、燃尽。一般情况下，燃烧发出的热量可以维持炉温，垃圾发热量偏低时，需要喷入燃料油作为辅助燃料。

工作原理是垃圾由给料装置推送至倾斜向下的炉排上（炉排分为干燥区、燃烧区、燃尽区），由于炉排之间的交错运动，将垃圾向下方推动，使垃圾依次通过炉排上的各个区域（垃圾由一个区进入到另一区时，起到一个大翻身的作用），直至燃尽排出炉膛。燃烧空气从炉排下部进入并与垃圾混合，高温烟气通过锅炉的受热面产生热蒸汽，同时烟气也得到冷却，最后烟气经烟气净化装置处理后排出。机械炉排式焚烧炉的结构如图 17-1 所示。

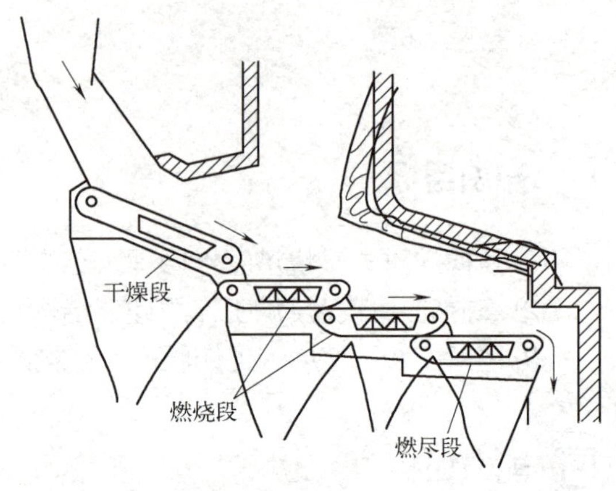

图 17-1　机械炉排式焚烧炉的结构示意图

2. 炉排的基本要求

机械炉排是炉排式焚烧炉的燃烧设备，是完成垃圾从进料、干燥、燃烧、燃尽并排出炉渣整个燃烧过程的核心设备，对炉排的基本要求如下。

① 保证炉排上的垃圾良好燃烧，即要求炉排上垃圾分布均匀、移动速度合理，得到适当的搅拌与混合，并合理分配燃烧需要的空气，防止局部吹透造成空气短路。

② 保证炉排的机械可靠性，炉排工作在高温、腐蚀、磨损和运动环境，因此要提高炉排工作可靠性和寿命，防止炉排直接暴露在高温火焰的辐射之下，所选用的材料应具有耐高温、耐腐蚀、耐磨损及抗氧化还原等性能，并利用燃烧所需空气冷却炉排片，机械运动部件结构、加工及热处理都应满足要求，以延长炉排的使用寿命。

③ 保证物流的连续性、稳定性，即要求炉排在垃圾给料器接受垃圾开始，到燃烧完全后炉渣排出的整个工艺过程中保证物质流的连续、稳定，不能出现物流阻塞、堆积。

3. 炉排炉的优缺点

① 垃圾在炉内分布均匀，料层稳定，燃烧完全。运行时可视炉内垃圾焚烧状况调整。

② 运行成本低。因为垃圾在炉排上燃烧，不需掺燃煤，所以烟气中粉尘含量低，减轻了除尘器的负担，降低了运行成本。

③ 单台炉处理量大，已经达到 1200t/d 以上。

④ 动力消耗少。由于鼓风机压头低，风机所需功率小，故动力消耗少。

⑤ 易烧坏。高温区炉排片长期与炽热垃圾层接触，容易烧坏。

⑥ 造价高。由于活动炉排与固定炉排等关键部件由耐热合金钢制造，所以设备造价较高。

⑦ 占地面积大。由于燃烧速度慢，炉排倾斜，使得炉体高大，占地面积大，同时炉体散热损失增加。

⑧ 炉排炉具有进料口宽、适合我国生活垃圾分类收集规范化程度差的特点，不需要对垃圾进行分选和破碎等预处理。采用层状燃烧方式，烟气净化系统进口粉尘浓度低，降低了烟气净化系统和飞灰处理费用，一般情况下，无须添加辅助燃料即可达到燃烧温度在850℃，持续时间 2s 以上。

⑨ 可调节炉排转速，控制垃圾在炉内的停留时间，使其燃尽。

4. 机械炉排式垃圾焚烧炉运行中的主要问题及解决办法

翻转炉排经常不能正常翻转，炉排经常卡涩或翻转不动，造成垃圾不能充分燃烧。解决炉排卡涩问题主要有两种办法：一种是加强垃圾分类；另一种是对炉排进行改造，使它适应中国垃圾焚烧是最为经济实用的办法。

二、往复式炉排焚烧炉

往复式炉排由一组固定的炉排片和一组往复运动的活动炉排片组成，分阶梯式和水平式两种。活动炉排片的运动方向是沿一条直线平动的，原则上都属于往复式炉排。活动炉排片的往复运动将垃圾逐步推向后部燃烧，如图 17-2 所示。

按运动方向不同，往复式炉排可分为顺推炉排、逆推炉排（图 17-3）。图 17-3（a）所示的活动炉排片倾斜布置，在垃圾料层运动时其运动方向与垃圾的移动方向夹角 α 小于 90℃，可认为二者大体是相同的，称为顺推炉排；图 17-3（b）所示的活动炉排片是水平布置和运动的，也是顺推炉排；图 17-3（c）所示的活动炉排片倾斜布置，在向垃圾料层运行时，其运动方向与垃圾的移动方向夹角 α 大于 90℃，可认为二者大体是反向的，因而称为逆推炉排。

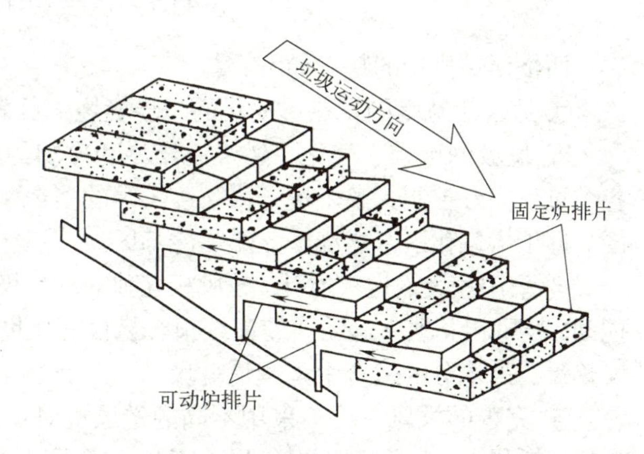

图 17-2 往复式炉排

往复式炉排炉的结构因不同技术、产品而各有特色，如有的炉排水平布置，有的则顺着垃圾料层移动方向下斜布置；有的整个炉排基本在一个平面上，有的则成多级阶梯状布置，以利垃圾翻滚；有的活动炉排片与固定炉排片在横向交替布置，有的则在纵向交替布置；有的活动炉排片运动时同步，有的则按列反向运动；大多数往复式炉排由活动炉排片、固定炉排片组成，但二者按一定间隔排列；有的则没有固定炉排片，所有炉排片均可运动，相邻炉排片反向运动。

1. 西格斯逆推炉排炉

比利时西格斯逆推炉排炉是由不同护排组件（或称单元）组成的领斜式往复阶梯多级炉排。每个标准炉排单元都有滑动炉排、翻动炉排、固定炉排三种形式。焚烧炉由 4 个标准炉排单元和一个较长的末端燃尽炉排单元构成。炉排通过液压装置驱动，每台炉配一台液压装置。垃圾焚烧后的炉渣通过刮板捞渣机送入炉渣处理系统，从炉排泄漏的细灰经输送机返回垃圾池。

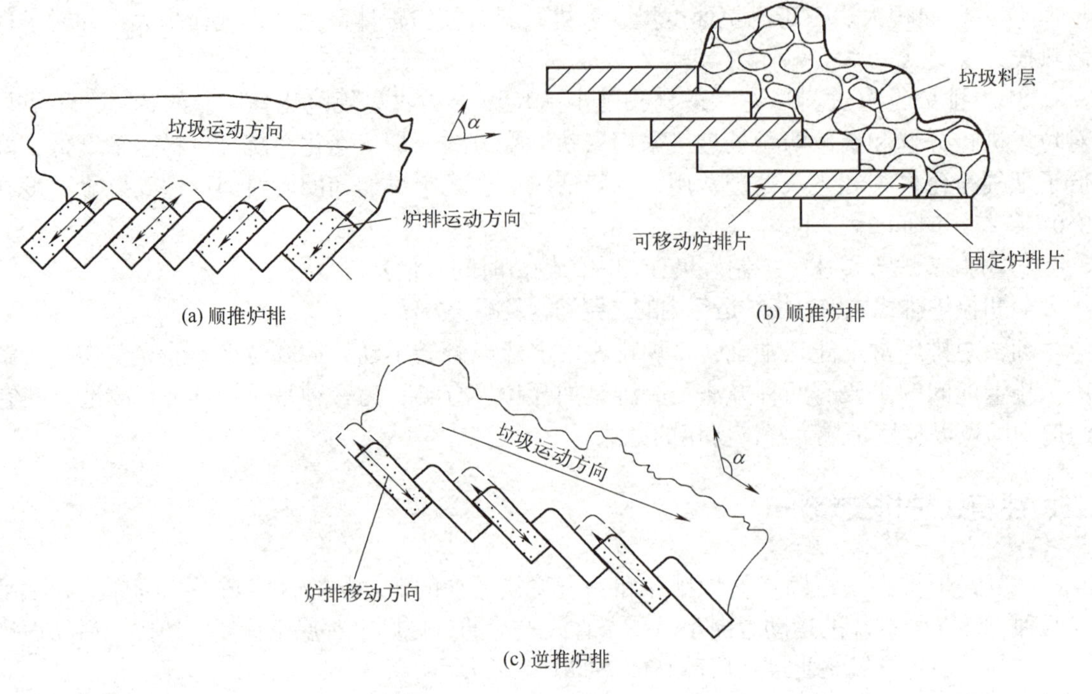

图 17-3　往复式炉排结构示意图

西格斯炉排炉的特点如下：

① 适合于宽范围发热量变化的垃圾燃烧，负荷变化范围为 0% ～ 110%

② 垃圾的干燥、气化、燃烧、燃尽和冷却的一系列过程发生在多级炉排上。为了实现各个过程完好控制，整个炉子由长度不等的多个单元组成，并依次形成功能各不相同的三个区，即干燥气化区、燃烧区、燃尽冷却区。

③ 采用垃圾输送、搅拌 / 鼓风相互独立的垃圾集中燃烧系统，水平的垃圾输送与垂直的搅动 / 鼓风相互独立运动，使系统很容易根据垃圾成分的变化做出相应调整，特别适合于低发热量、高水分的适合中国国情垃圾。

④ 完善的供风系统。采用不同的送风机对炉排各燃烧区段单独提供一次风，调节性能较好，燃烧完全。采用水平供风而不是垂直供风方式，因此炉排间缝隙漏风率可降到最低。

⑤ 采用计算机数值模拟焚烧炉膛中烟气流动状态、烟气温度，压力分布等，根据不同垃圾成分、发热量、垃圾量以及其他条件进行结构优化设计，无论垃圾量多少或发热量高低均能保证垃圾完全燃尽，且具有较大的垃圾处理能力，较高的连续产汽率及较低的废气生成量。

我国一些先进垃圾发电厂采用了往复式炉排炉，而且对炉排的材质和加工精度要求高，炉排与炉排之间的接触面要光滑、排与排之间的间隙要小。另外，炉排机械结构复杂、损坏率高、维护量大，炉排炉造价及维护费用高。该工艺在中国焚烧垃圾适用性不强。在中国，垃圾没有严格分类，垃圾中含水分较高、成分复杂，所以发热量很低，很难把垃圾焚烧透彻，炉内温度难以提高，造成二次污染的可能性就大。

2. 二段往复式垃圾焚烧炉

二段往复式垃圾焚烧炉是引进国际先进技术，结合我国国情研制的第三代炉型，是针对中国城市生活垃圾低发热量、高水分的特点而设计，具有适应发热量范围广、负荷调节能力大，可操作性好和自动化程度高等特点。能实现垃圾的充分燃烧，使得各项燃烧参数达到国际标准。

二段往复推式炉排炉的特征在于炉排沿垃圾运行方向分为前段（逆推）和后段（顺推），并且在前后段炉排衔接处设有一定高度的落差，如图 17-4 所示。

该工艺的主要流程是抓斗将垃圾从垃圾坑送入落料槽，在给料机的推送下进入炉膛落在倾斜的逆推炉排上，垃圾在炉排上不断做螺旋状的翻滚、搅拌、破碎，完成干燥、着火和燃烧过程，随后在逆推炉排的末端经过一段高度的落差掉入水平的顺推炉排床面上继续燃尽，最后灰渣经出渣机排出炉外。这种燃烧方式使垃圾燃烧更完全，燃烧效率更高，炉渣热灼减率可降低 2% 左右，减少了二次污染。

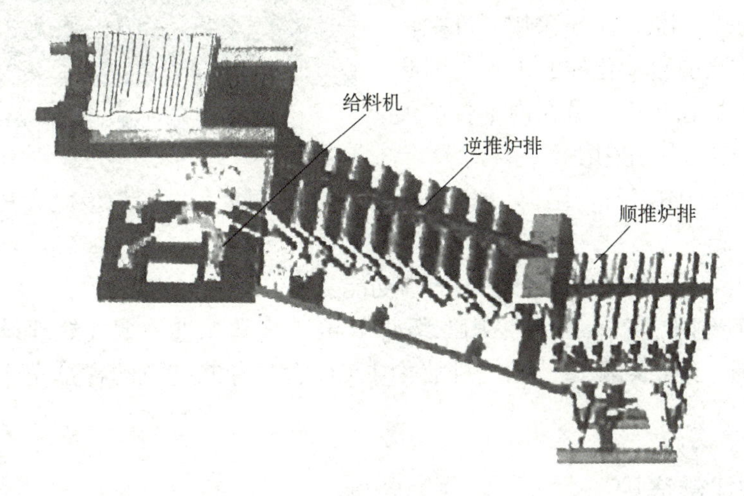

图 17-4 二段式垃圾焚烧炉排

二段式垃圾焚烧炉排炉主要由落料槽、给料平台、逆推炉排本体、顺推炉排本体、风室及放灰通道、出渣通道、液压出渣机、炉排密封系统、风门调节机构、气力除灰系统、炉排液压系统、炉排自动控制系统及二次风喷嘴等部分组成。

给料装置向炉排送出的垃圾状况取决于垃圾吊车向落料槽投入垃圾的状况，给料时应注意以下几点：

① 投放到垃圾料斗的垃圾应经充分倒垛、搅拌，使其组分均匀。

② 垃圾料斗垃圾的料位应经常维持在一样的水平。

③ 在炉排启动和停炉时，应关闭落料槽入口门。

三、脉冲抛式炉排焚烧炉

1. 脉冲抛式炉排焚烧炉的工作原理

脉冲抛式炉排焚烧炉的工作原理是垃圾经自动给料单元送入焚烧炉的干燥床干燥，然后送入第一级炉排，在炉排上经高温挥发、裂解，炉排在脉冲空气动力装置的推动下抛动，将垃圾逐级抛入下一级炉排，此时高分子物质进行裂解、其他物质进行燃烧。如此下去，直至最后燃尽后进入灰渣坑，由自动除渣装置排出。助燃空气由炉排上的气孔喷入并与垃圾混合燃烧，同时使垃圾悬浮在空中。挥发和裂解出来的物质进入第二级燃烧室，进行进一步的裂解和燃烧，未燃尽的烟气进入第三级燃烧室进行完全燃烧；高温烟气通过锅炉受热面加热蒸汽，同时烟气经冷却后排出。脉冲抛式炉排焚烧炉如图 17-5 所示。

2. 脉冲抛式炉排焚烧炉特点

① 燃烧热效率高。正常燃烧热效率在 80% 以上，即使水分很大的生活垃圾，燃烧热效率也在 70% 以上。

② 可靠性高。该焚烧炉故障率非常低，年运行 8000h 以上，一般利用率可达 95% 以上。

③ 运行维护费用低。由于采用了许多特殊的设计以及较高的自动化控制水平，因此运行人员少（包括除灰渣人员在内 1 台炉仅需 2 人），维护工作量也较少。

图 17-5　脉冲抛式炉排焚烧炉的外观

④ 处理垃圾范围广泛。能够处理工业垃圾、生活垃圾、医院垃圾废弃物、废弃橡胶轮胎等。

⑤ 炉排在压缩空气的吹扫下，有自清洁功能。

⑥ 排放物控制水平高。由于采用二级烟气再燃烧和先进的烟气处理设备，使烟气得到了充分的处理。经长期测试，烟气排放物中 CO 含量和二噁英的含量完全符合欧美排放标准。

四、滚筒炉排式焚烧炉

滚筒式炉排是德国巴布高科（DBA）公司的技术，目前在世界上已有 250 余套滚筒式炉排在垃圾焚烧厂中使用，该种炉排多用于处理规模较大、垃圾发热量较高的项目。

1. 滚筒炉排式焚烧炉简介

滚筒炉排式焚烧炉是一种较新型的垃圾焚烧设备，它由电动机、减速机构、传动机构、滚筒、滚筒支承装置、风管、灰室所组成。每个滚筒就是一个独立的风室，滚筒上设置通风孔，空气由筒内排出，用于干燥和助燃。整个炉排由一组（通常 5 ～ 8 个）滚筒组成，炉排面向下倾斜（如图 17-6 所示），垃圾料层在滚筒的缓慢转动下移动，达到两筒的间隙，上一个滚筒底层的垃圾会被下一个滚筒向上前方推动，垃圾被充分翻动和搅拌，加上通风较为均匀，燃烧效果良好。

2. 滚筒炉排式焚烧炉工作原理

多个平行排列的空心滚筒由电动机通过减速机构、传动机构而带动其同步转动，同时送风机将冷风送入到这些滚筒内，并由滚筒表面的多排小孔喷出，滚筒上的垃圾在切力和风力的推动下边沿着滚筒炉排向前输送，边向上翻滚，呈峰谷状前进，这样不仅通风好，使垃圾燃烧完全，而且风力集中，无泄漏，它可使总风量节省一半左右。

滚筒炉排式焚烧炉是用冷却水管或耐火材料沿筒体排列，筒体水平放置并略为倾斜。通过滚筒筒身的不停运转，使炉体内的垃圾充分燃烧，同时向筒体倾斜的方向移动，直至燃尽并排出炉体。

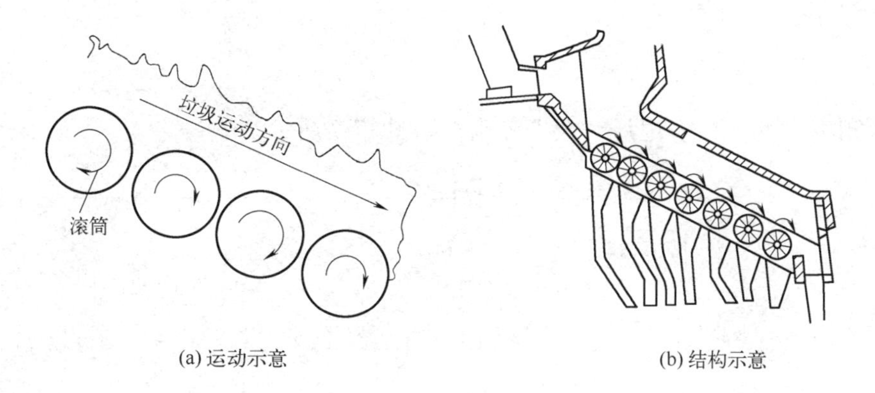

图 17-6　滚筒炉排

两滚筒有一定间距，滚筒表面有多排小孔，筒内是与风管相通的空心滚筒和由置于各滚筒间的冷却水箱（散热器）及置于滚筒下半部处的挡风板，从而运行时形成了自冷却装置。

3. 滚筒炉排结构特点

① 灰渣中碳含量低，过量空气量低，有害气体排放量低。

② 滚筒的径向方向均布多个凹槽，凹槽上设置一次风口，滚筒两端设置风箱；在燃烧室的设计上充分考虑了高水分垃圾的燃烧特点，不设前拱，同时使其后拱与水平方向的夹角小于炉排与水平方向的夹角。这样，既有效地增强了炉排对垃圾的搅动能力，也便于调节送风量，同时增加了预热流程，加强了辐射作用。

③ 设备利用率高。

④ 滚筒炉排在炉排的前部设置一预热干燥栅，加强了辐射作用，可充分预热、干燥垃圾，有利于垃圾在滚筒炉排上的完全燃烧。滚筒炉排分为干燥燃烧段和燃烬段，干燥燃烧段呈阶梯状倾斜布置，燃烬段水平布置。在炉膛侧墙布置有富氧空气喷嘴，可以根据垃圾发热量、含水率等情况，通过富氧空气喷嘴向炉膛内通入富氧空气进行助燃，提高垃圾燃烧温度。

4. 滚筒炉排式焚烧炉优缺点

① 城市生活垃圾处理方法投资少、占地面积少、污染少。

② 滚筒式炉排式焚烧炉的燃烧不易控制，垃圾发热量低时燃烧困难。

③ 滚筒的转动致使滚筒表面温度较低，滚筒寿命较长，滚筒材质也可不用耐热合金钢，节约成本。

④ 焚烧炉能对垃圾充分进行干燥和顶热，使其充分燃烧，有效降低了垃圾焚烧的成本。

⑤ 滚筒式炉排受热会膨胀变形。

⑥ 炉排结构紧凑，且可在运行中冷却，所以炉排不会过热，寿命长，且风和垃圾充分混合，改进了气流流向和流速，达到强化燃烧、保证炉温、燃烧完全的效果。

⑦ 气孔容易堵塞，漏灰量较高。同时垃圾层在滚筒表面缺少混合撕裂的作用，高水分、低发热量的垃圾不易烧透，炉渣热灼减率不易达标。

第二节 · 循环流化床焚烧炉

循环流化床垃圾焚烧发电厂一般工艺流程如图 17-7 所示。

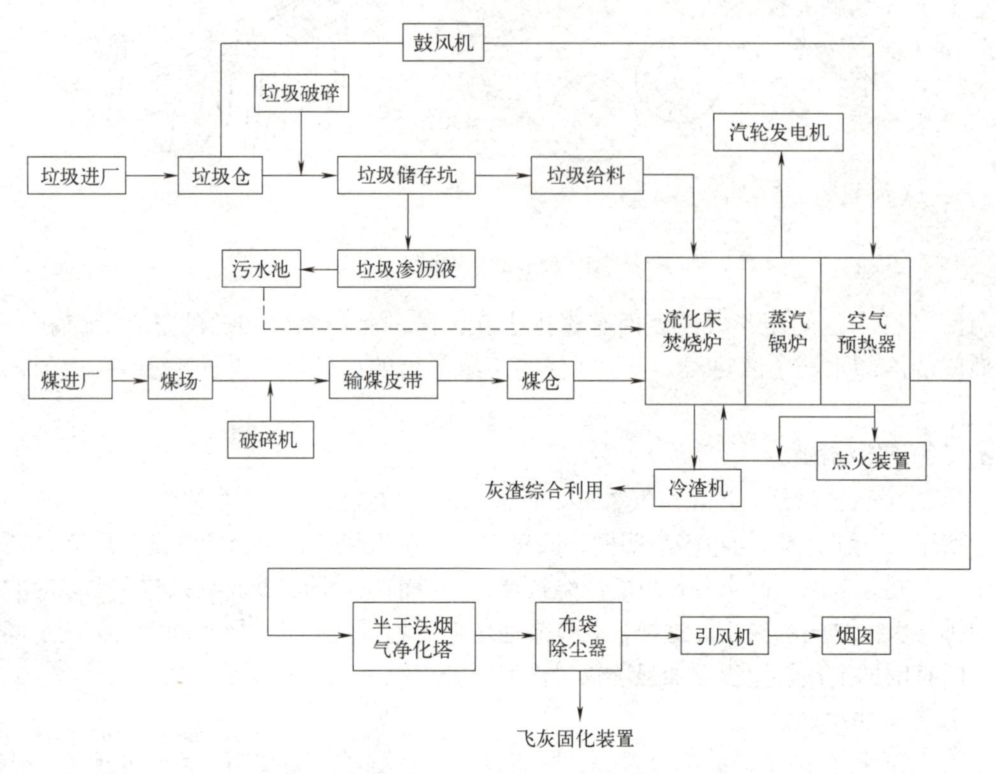

图 17-7 循环流化床垃圾焚烧发电厂一般工艺流程

一、循环流化床焚烧炉的工作原理

循环流化床不设炉排，以惰性物取代，在炉内铺设一定厚度、一定粒径范围的床料，通过底部布风板送入一定压力的空气，将床料吹起、滚动、搅拌、翻转，被吹出炉膛的高温固体颗粒通过旋风分离器和返料器被送回炉膛，形成炉内物料的平衡，流化床内气固混合强烈，垃圾入炉后与炽热的床料迅速混合，垃圾被充分加热、干燥、燃烧、燃尽，流化床燃烧温度控制在 850 ～ 900℃之间，可有效地提高出口蒸汽的参数，满足发电、供热要求。

循环流化床焚烧锅炉基于循环流态化组织垃圾的燃烧过程，以携带燃料的大量高温固体颗粒物料的循环燃烧为重要特征。固体颗粒充满整个炉膛，处于悬浮并强烈掺混的燃烧方式。但与常规煤粉炉中发生的单纯悬浮燃烧过程比较，颗粒在循环流化床燃烧室内的浓度远大于煤粉炉，并且存在显著的颗粒成团和床料的颗粒回混，颗粒与气体间的相对速度大，这一点显然与基于气力输送方式的煤粉悬浮燃烧过程完全不同。循环流化床焚烧炉示意图如图 17-8 所示。

预热的一次风（流化风）经过风室由底部穿过布风板送入炉膛，炉膛内固体处于快速流化状态，垃圾在充满整个炉膛的惰性床料中燃烧。较细小的颗粒被气流夹带飞出炉膛，并由飞灰分离器收集，通过分离器下部的回料管与飞灰回送器（返料器）送回炉膛循环燃烧；垃圾在燃烧系统内完成燃烧和高温烟气向工质的部分热量传递过程。烟气和未被分离器捕集的细颗粒排入尾部烟道，继续与受热面进行对流换热，最后排出锅炉，循环流化床焚烧炉炉内高速流动烟气与其湍流扰动极强的固体颗粒密切接触，垃圾的燃烧过程发生在整个固体循环通道内，在这种燃烧方式下，燃烧室内，尤其是密相区的温度水平受到燃烧过程中的高温结渣、低温结焦和最佳脱硫温度的限制，料层温度过高将形成因灰渣熔化的高温结渣，温度过低则易发生垃圾的低温烧结结焦，也不利于垃圾的燃烧，一旦结渣或结焦发生将迅速增长，因此，燃烧室密相区必须维持在850℃左右，这一温度范围与最佳脱硫温度吻合。在远低于常规煤粉炉膛的温度水平下燃烧的特点带来了低污染物排放和避免燃煤过程中结渣等问题的优越性。

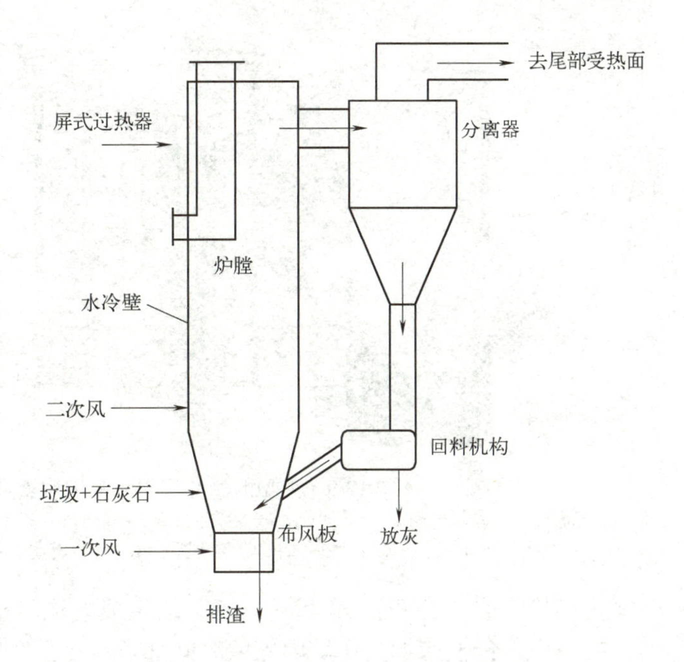

图 17-8　循环流化床焚烧炉示意图

二、循环流化床垃圾焚烧锅炉的构成

循环流化床锅炉燃烧系统由流化床燃烧室和布风板，飞灰分离、收集装置，飞灰回送器等组成，有的还配置外部流化床热交换器。与燃煤粉的常规锅炉相比，除了燃烧部分外，循环流化床锅炉其他部分的受热面结构和布置方式与常规煤粉炉大同小异。典型的循环流化床锅炉垃圾焚烧发电厂示意图如图 17-9 所示。

三、循环流化床垃圾焚烧炉的主要特点

1. 循环流化床垃圾焚烧技术的优点

① 适合焚烧发热量低的垃圾。有关资料表明，我国生活垃圾具有发热量低、水分高的特点，为使焚烧炉内保持 850℃左右的温度，需要添加辅助燃料。炉排炉一般加轻柴油，运行成本高，而循环流化床焚烧炉可用煤作为辅助燃料，加上焚烧炉内含有一定量的床料，炉内气固流体强烈混合，垃圾入炉后立刻与炽热床料充分混合，垃圾从加热、干燥到燃烧、燃尽全过程完成迅速，床内蓄热量大，着火条件好，燃烧稳定性好。

② 环保且节能。循环流化床锅炉燃烧温度控制在 850 ～ 900℃之间，氮氧化物排放低。垃圾焚烧处理方式的另一重要问题是焚烧时产生氯化氢和二噁英有毒气体，根据国外科学实验研究，垃圾焚烧产生二噁英的条件为：燃烧温度低于 80℃，炉内燃烧温度不均匀，垃圾

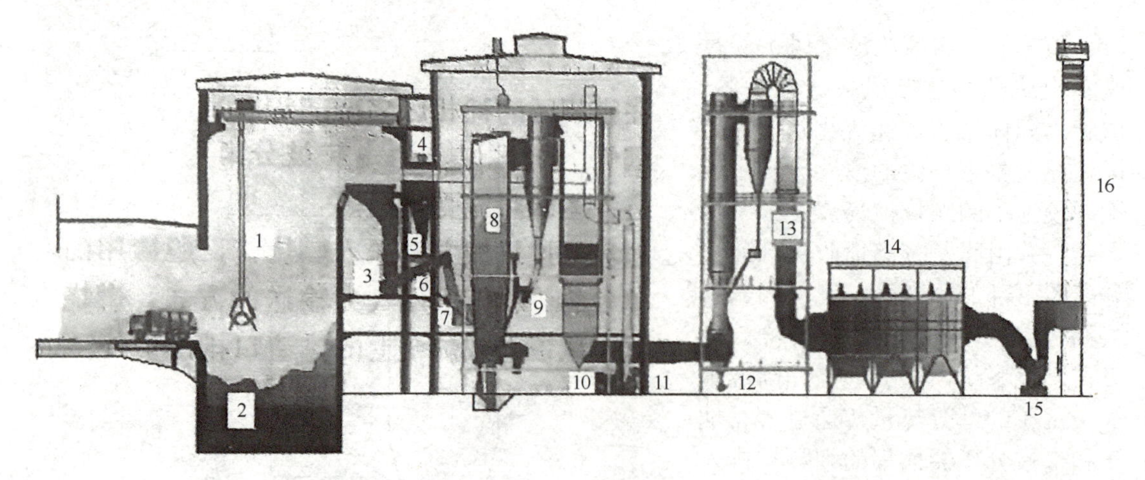

图 17-9 典型的循环流化床锅炉垃圾焚烧发电厂示意图

1—抓吊行车；2—垃圾贮坑；3—破碎机；4—给煤间；5—输煤机；6—给料机；7—干燥床；8—焚烧炉；9—细灰回送机；10——次风机；11—二次风机；12—烟气除污装置；13—活性炭喷射器；14—袋式除尘器；15—引风机；16—烟囱

不完全燃烧导致二噁英前体（cp、cbs）的生成。循环流化床垃圾焚烧炉燃烧温度稳定且均匀，在炉型设计上使烟气在炉内停留时间加长，因此破坏了有毒、有害气体的产生环境，从根本上降低了有毒气体的产生量。同时在消纳城市垃圾的同时，还可向周围供热、供电，是一项节能且环保的工程。

③ 垃圾减量化程度高，灰渣可综合利用。循环流化床垃圾焚烧炉对垃圾的燃烬率最高，灰渣中不含有机物和可燃物，焚烧后垃圾可减量 80%，减容 90% 以上，灰渣无异味，可直接填埋或综合利用。

④ 运行情况。循环流化床垃圾焚烧炉无炉排等转动部件，设备故障率低，维修工作量小，能有效控制设备总投资，并降低系统运行维护费用，焚烧产生的热能可实现连续、稳定、高效地供热或发电，从而使垃圾处理项目能产生较好的经济回报。

2. 循环流化床垃圾焚烧技术的缺点

① 与机械炉排炉相比（表 17-1），发展历史不长，系统配套，特别是与原生垃圾不作分选处理相关的给料、排渣设备还需长期考验，不断完善。

② 虽然从技术发展到生产制造，均立足于国内，设备维护和技术更新都更加方便、经济、快捷，但在设计准则和加工工艺等方面，仍须积累经验、形成实用可行的行业标准。

③ 一般循环流化床焚烧炉飞灰比例较高，灰量较大。按照我国目前有关法规，焚烧炉飞灰须按危险废弃物作专门处置，处置成本较高。需要从减少飞灰量和降低飞灰毒性两个方面入手，探求解决方案，采用多渠道排灰和发展相应排灰安全处置的技术。

表 17-1 循环流化床垃圾焚烧炉与机械炉排焚烧炉相比较

序号	比较项目名称	机械炉排焚烧炉	流化床焚烧炉
1	垃圾与空气接触	较好	好
2	燃烧空气压力	低	高
3	点火升温	较快	快
4	垃圾颗粒粒度要求	不需要	需要
5	垃圾处理量	大	小
6	燃烧炉体积	较大	小
7	占地面积	大	小
8	运行费用	低	高

四、炉排－循环流化床复合型的大中型生活垃圾焚烧炉

清华大学研制的炉排-循环流化床复合型的260t/h生活垃圾焚烧炉，如图17-10所示。其主要特点如下：

① 炉膛采用全膜式壁结构，并全部敷设耐火材料，既避免了炉内腐蚀，又保证了低发热量燃料在半绝热条件下的充分燃烧。

② 采用炉排进料和干燥技术，使循环流化床焚烧炉内的生活垃圾进料如同炉排焚烧炉一样简单可靠，同时采用了炉内预干燥工艺，增强了对垃圾水分的适应能力，而且避免了由于直接把垃圾投入循环流化床密相区，水分闪蒸、挥发分快速释放造成的炉内压力剧烈波动。

③ 采用四级配风，充分适应垃圾中可燃成分以挥发分为主的特点，实现垃圾的分级燃烧，既保证了较低的初始排放水平，又能保证充分燃烧。

④ 布风板采用了空间形状、定向风帽和床上排渣的特殊工艺技术，配合外部的选择性水冷除渣设备和细渣循环回送系统，可以有效地排出粗大不可燃的成分，不必依赖于添加相当数量的辅助燃料（煤）来形成排出粗渣所需的细渣，可以在垃圾发热量足够高（如低位发热量大于5016kJ/kg）时完全不必添加辅助燃料即可充分、稳定燃烧。

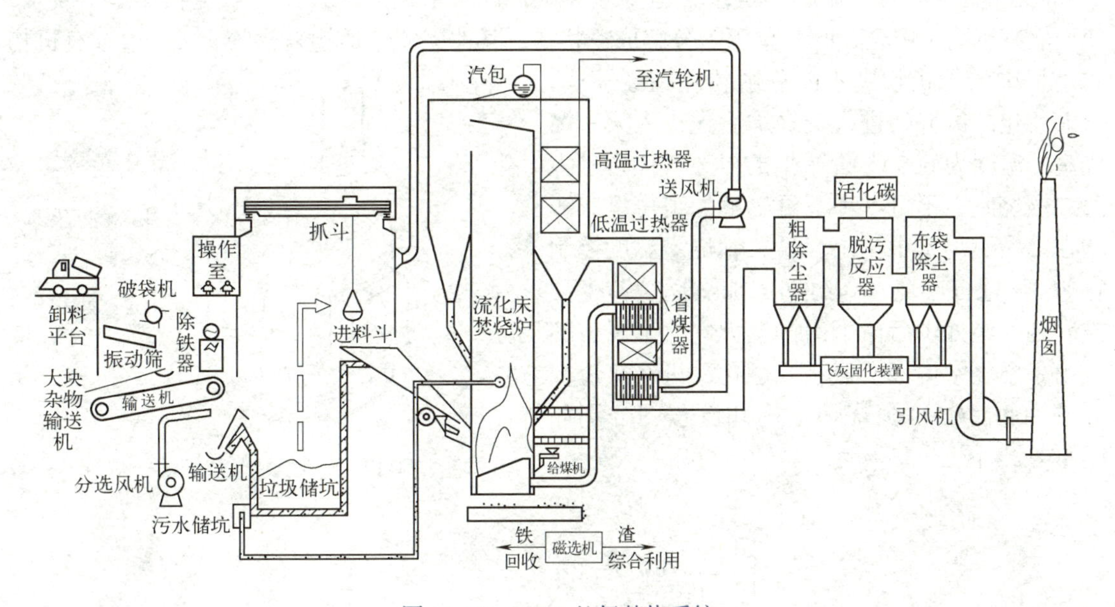

图 17-10 260t/h 垃圾焚烧系统

第三节・CAO 焚烧炉

控气型热分解垃圾处理技术（controlled air oxidation，CAO）在美国、加拿大等国已有20多年的成功运行经验。CAO焚烧炉的外形如图17-11所示。

图 17-11 CAO 焚烧炉的外形

一、CAO 焚烧炉工作原理

CAO 焚烧炉的工作原理是垃圾运至储存坑，进入生化处理罐，在微生物作用下脱水，使天然有机物（厨余、叶、草等）分解成粉状物，其他固体包括塑料橡胶一类的合成有机物和垃圾中的无机物则不能分解粉化。经筛选，未能粉化的废弃物进入焚烧炉后先进入第一燃烧室（温度为 600℃），产生的可燃气体再进入第二燃烧室，不可燃和不可热解的组份呈灰渣状在第一燃烧室中排出。第二燃烧室温度控制在 860℃进行燃烧，高温烟气加热锅炉产生蒸汽。烟气经处理后由烟囱排至大气，金属玻璃在第一燃烧室内不会氧化或融化，可在灰渣中分选回收。CAO 焚烧炉结构和流程图分别如图 17-12、图 17-13 所示。

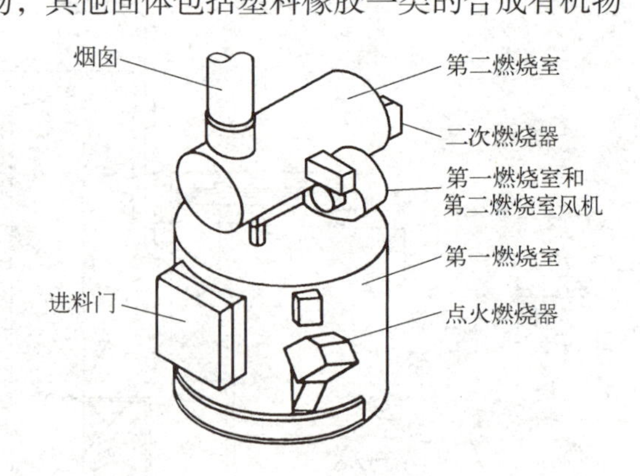

图 17-12 CAO 焚烧炉结构图

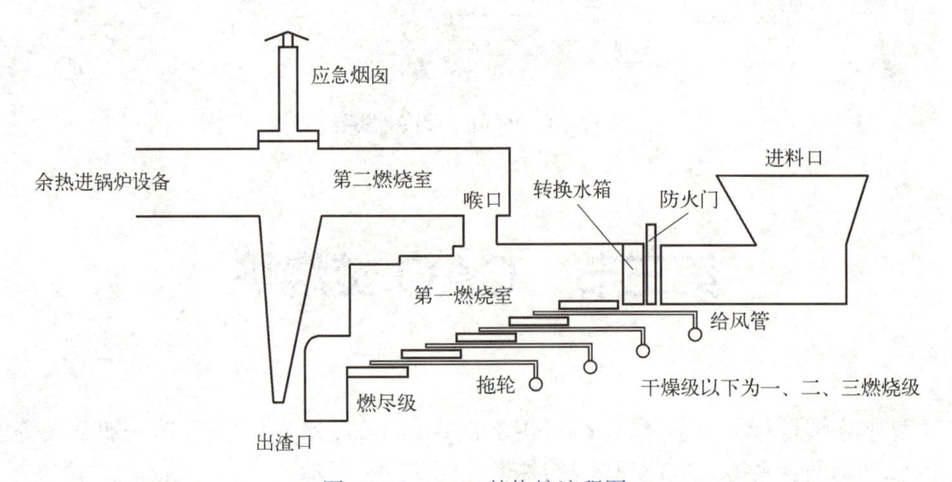

图 17-13 CAO 焚烧炉流程图

二、CAO 焚烧炉主要系统简介

整套处理系统由助燃系统、焚烧系统、集尘器系统、电气控制系统等几部分组成。

① CAO 焚烧炉进料方式。由于 CAO 焚烧炉属于特制，采用人工投料的方式。手动将固体垃圾放入焚烧炉内，为安全起见，投料应在火势微弱的时候进行。进料口设操作平台，方便投送物料操作及维修。

② CAO 焚烧炉助燃系统。助燃系统主要设备是燃气燃烧器。助燃系统的作用是：点火开炉和辅助物料焚化。天然气和空气在燃烧器燃烧头内混合燃烧并通过调节燃烧空气和燃烧头获得最佳的燃烧参数，燃尽气体在燃烧头内再循环，可以使污染物，尤其是氯氧化物的排放降到最低。具有全自动管理燃烧程序、火焰检测、自动判断与提示故障等功能，燃烧器能在程控器的控制下进行自动点火。燃烧器具有自动点火、灭火保护、故障报警等功能和火焰强度大、燃烧稳定、安全性好、功率调整大等特点。燃烧器可以手动调节空气流量从而改变火焰大小，内置调压阀，保证出口气压稳定，同时，也可通过调整供气压力来调节燃气量的大小。

③ 焚烧系统。炉本体是由一种耐酸性、耐烟气腐蚀、耐高温、高强度的耐火材料、保温材料、绝热材料砌筑在炉排上部的腔体，外包钢板以防烟气泄漏并使炉本体表面温度小于 50℃。在炉本体侧面设有检修门，辅助点火燃烧器也在侧面。炉本体设有操作台，如图 17-14 所示。

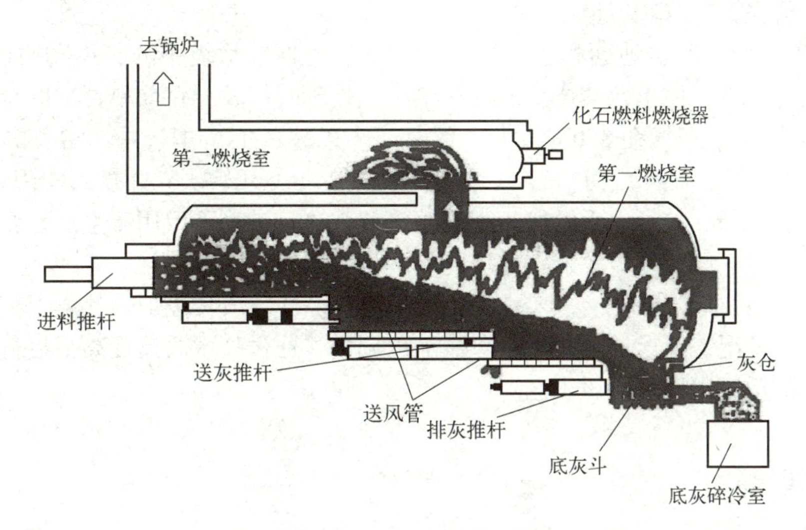

图 17-14　CAO 焚烧系统

在炉膛内烟气从下向上冲刷物料，将物料中的水分烘干，使物料及时着火，而且前后拱耐火材料的蓄热通过辐射传递给物料，从而保证了物料燃烧温度。延长了烟气的停留时间，使物料及飞灰中的有机物燃烧完全，提高了有害物质的销毁率。

④ 集尘器系统。采用离心式除尘器——旋风除尘器，对焚烧后的烟气进行除尘。集尘系统由集尘圆筒、倒锥和排气风管三部分组成。集尘系统的作用是将焚烧物料产生的烟气中含有的颗粒粉尘收集在一起，便于集中清理，同时，可减少对大气的污染，起到净化环境的作用。

集尘系统工作原理：焚烧物料产生的烟气中含有的颗粒粉尘在引风机强大的吸力作用下

到达旋风除尘器（俗称集尘桶）。旋风除尘器是利用离心降落原理从气流中分离出颗粒粉尘的设备。旋风除尘器上半部分为圆锥形，当含尘气体从圆筒上侧的进气管的切线方向进入时，获得旋转运动，分离出粉尘后从圆筒顶的排气管排出，粉尘颗粒自锥形底落入集尘圆筒中。

⑤ 电气控制系统。配电柜包括：①全套设备的供电主电源、单台设备的分供电控开关；②全套设备和单台设备的启停控制以及保护回路、报警等；③操作面板等。采用集中控制，其中有些设备为了操作观察的方便设置在现场控制。

实现了所有设备的手动操作的功能和控制柜面板操作，实现了对整个系统监视、报警等功能，提高了系统控制的可靠性。

最重要的功能，保证了对不同的物料，在不同的燃烧过程中的优化控制，从而保证了物料的充分燃烧和排除烟气的质量。对于焚烧炉的优化控制还降低了焚烧炉的用油量，使运行成本大幅降低。

三、CAO 焚烧炉的应用范围

在城市垃圾已成为社会一大公害的今天，如何实现垃圾的无害化、减量化、资源化处理，实现城市的可持续发展战略，已成为全社会乃至各级政府迫切关注的问题。采用先进的 CAO 垃圾焚烧技术，不仅可以达到减量化、无害化的目标，实现较好的社会效益，同时通过发电，还可获取一定的经济效益。因此，CAO 技术是在目前情况下适合我国国情的垃圾处理方式，值得在大部分城市推广。

CAO 型焚烧炉具有占地面积小、运行费用低、可回收垃圾中的有用物质、总投资小、自动化程度高等特点。但单台焚烧炉的处理量小，处理时间长，目前单台炉的日处理量可以达到 150t 以上，由于烟气在 850℃以上停留时间难以超过 1s，烟气中二噁英的含量高，环保难以达标。20 世纪 70 年代初，CAO 垃圾焚烧炉在北美开始研究并投入使用，经过 20 多年的不断改进和更新，技术水平已经相当完善，现在这种炉型不但用于生活垃圾的处理，也广泛用于工业垃圾、医疗垃圾等特殊垃圾的处理。

1999 年我国第一次引进加拿大瑞威环保公司的 CAO 垃圾焚烧炉的焚烧工艺，针对我国垃圾发热量低的情况，在设计上对运行参数加以调整，通过技术改造提高了运行效率。对于垃圾量比较少的地区可以采用该工艺。

复习思考题

1. 常用的垃圾焚烧炉有哪些类型？
2. 写出机械炉排焚烧炉的工作原理，分析机械炉排焚烧炉的特点。
3. 写出往复式炉排炉工作原理，分析往复式炉排炉特点。
4. 分析二段往复式垃圾焚烧炉工作原理及特点。
5. 分析滚筒式焚烧炉的结构特点及工作原理。
6. 写出 CAO 垃圾焚烧炉的工作原理。
7. 分析 CAO 控气型垃圾焚烧炉存在的问题及相应的技术改造。
8. 分析脉冲抛式炉排焚烧炉的工作原理及主要特点。
9. 通过本章的学习，试比较炉排焚烧炉、流化床焚烧炉和 CAO 焚烧炉各有什么特点？

第五篇

锅炉事故与节能减排

常见锅炉事故分析

知识目标

① 熟悉锅炉常见事故的现象、事故原因。
② 掌握锅炉常见事故处理的措施。

能力目标

① 能正确叙述锅炉事故的现象，并能及时找出事故原因。
② 能正确地分析锅炉事故，并能在仿真机上进行锅炉事故的处理。

第一节・锅炉水位事故分析

锅炉事故主要指锅炉有些部件损坏或运行不正常，造成锅炉的一系列生产设备停止运行、供汽量明显减少，甚至爆炸造成人身伤亡等事故。

锅炉事故发生的原因是多方面的，从锅炉设计、制造、安装、运行、改造、检修等各个环节出现差错，都有可能引起锅炉的事故，其中运行操作不当是主要原因。

如果发生锅炉事故，应该立刻采取各种有效措施，防止事故蔓延扩大。处理事故的原则应该遵循以下几个方面：

① 在确保人身安全和设备不受损坏的前提下，尽可能保持机组生产运行，减少不必要损失。

② 及时查找事故原因，消除事故的根源，有效限制事故的进一步发展，尽快解除对人身和设备的威胁。

③ 应该保证厂用电源的正常供给，以防止事故进一步扩大。

④ 查清并处理完事故后，要及时总结经验教训，对事故的责任者进行处理，并制定相

应的防范措施。

锅炉水位事故有以下两种。

一、满水事故

资源 117：锅炉满水事故

锅炉满水分为轻微满水和严重满水。水位高于最高水位，但是水位计仍然有读数时称作轻微满水；水位高到水位计已经没有读数时称作严重满水。

（1）现象

① 所有水位计指示水位高且声、光信号报警。

② 给水流量不正常地大于蒸汽流量。

③ 严重满水时主蒸汽温度急剧下降，过热器及蒸汽管道内发生强烈水冲击，汽轮机轴封、主汽门等处冒白汽。

④ 蒸汽含盐量增大、导电度增大。

⑤ 过热汽温下降。

（2）原因

① 给水泵调速系统失灵，给水自动控制失灵。当自动控制系统逻辑出现故障、自动调节的执行机构故障或自动控制数据采集系统出现故障时，水位的自动控制与调节已无法正常工作。

② 水位计失灵或指示低，引起操作人员误判断、误操作。

③ 负荷或汽压变化过大，控制不当。在调节过程中，操作人员对水位的调节特性掌握不够，不能及时发现异常工况而作出正常的判断和处理，造成水位事故。

④ 正常运行监视水位不够，不能及时发现异常工况而失去处理的时间。

（3）处理

① 发现水位升高时，应校对汽包水位计，并立即采取降低水位的措施。将自动给水调节改为手动调节，减少给水，开启事故放水门，将水位放至刻度 +100mm 以下关闭，稍微开启过热器疏水门，通知汽轮机运行人员打开汽轮机侧主蒸汽管道上的流水门，同时应降低锅炉负荷。

② 如处理无效，水位继续升高，记录水位计、自动水位计同时上升至刻度 +200mm 及以上，就地水位高于水位计可见边缘时，应立即紧急停炉并汇报值长，通知汽轮机值班人员和邻炉值班人员。

③ 待事故原因已查明和消除，得到值长批准后，重新点火投入运行。若不能恢复，应按正常停炉处理。

二、缺水事故

资源 118：锅炉缺水事故

（1）现象

① 所有水位计指示低于正常水位，水位低声、光信号报警。

② 给水流量不正常地小于蒸汽流量。

③ 严重时蒸汽温度升高，投自动时减温水流量增大。

④ 汽包水位低于 −330mm 时 MFT 动作。

（2）原因

① 给水自动调节器失灵。

② 水位计失灵或指示错误，引起操作人员误判断、误操作。

③ 负荷或汽压变化过大及安全阀动作。在调节过程中，操作人员对水位的调节特性掌握不够，不能及时作出正常的判断和处理，造成水位事故。

④ 监视水位不够，不能及时发现异常工况而失去处理时间。

⑤ 排污系统泄漏或操作不当。

⑥ 给水管路、省煤器、水冷壁泄漏。

⑦ 机组甩负荷。

（3）处理

① 发现锅炉水位低时，应校对各水位计，设置自动给水，增加给水泵转速加大给水流量，维持正常水位使水位迅速恢复正常。同时，检查给水门及事故放水门是否正常，是否误操作。

② 如处理无效，水位继续下降且记录水位计、自动水位计同时下降至 -200mm 及以下，就地水位低于水位计可见边缘时，应立即紧急停炉，汇报值长，通知汽轮机值班人员和邻炉值班人员。

③ 禁止向严重缺水的锅炉止水。

④ 禁止开省煤器再循环门。

⑤ 如因水位下降而被迫紧急停炉，待缺陷消除后，经值长批准，方可重新点火投入运行。

⑥ 如对缺水程度不明，需经检查同意后方可上水重新点火。

⑦ 如不能恢复运行，按正常停炉处理。

第二节 · 锅炉受热面爆管事故分析

省煤器、水冷壁、过热器和再热器等受热面的损坏爆破事故是锅炉事故中最常见的一种事故。当受热面管子爆破时，高温、高压汽水从爆破点喷出，不但要停炉限制电负荷，严重时还会发生人身伤亡。

资源 119：锅炉爆炸事故

1. 省煤器爆管

（1）现象

① 省煤器区有响声，严重时有汽水喷出。

② 锅炉汽包水位下降，给水流量不正常地增加。

③ 省煤器、空气预热器两侧烟温差增大，泄漏侧烟温偏低，空气预热器出口风温降低，引风机电流增大。

（2）原因

① 给水品质差。

② 外部飞灰磨损和腐蚀。

③ 给水温度的变化。

④ 点火升压和停炉时，停止上水后，未及时开启省煤器再循环门，使省煤器过热。

⑤ 安装及检修质量不合格或错用钢材。

（3）处理

① 省煤器爆管时，若损坏不严重，可加大给水量，尽力维持汽包水位，维持各参数在规定值做短期运行，同时应汇报值长，适当降低锅炉负荷，并做好停炉的准备。

② 若损坏严重，不能维持正常水位，则应立即停炉。

③ 停炉后应至少保留一台引风机维持炉负压运行一段时间，以抽出烟道中的蒸汽，停炉后应关闭汽包和省煤器间的再循环门，以防锅水经省煤器漏掉。

2. 水冷壁爆管

（1）现象

① 锅炉汽包水位迅速下降，蒸汽压力、流量下降。

② 给水流量不正常地大于蒸汽流量。

③ 炉膛内发出爆破声，炉膛负压减小甚至变正，锅炉不严密处向外冒烟或蒸汽。

④ 炉内燃烧不稳，火焰发暗甚至灭火。

⑤ 引风机电流增大。

⑥ 排烟温度降低。

⑦ 水冷式分离器的水冷壁爆破，返料温度降低，严重时导致返料器堵塞。

（2）原因

① 锅炉水循环不良或管内有杂物堵塞；炉内局部结焦；长期低水位、低负荷运行；定期排污操作不当以及忘关定期排污门等致使水循环被破坏，局部过热造成爆管。

② 给水质量不符合标准或炉水监督不够，水冷壁管内部结垢或腐蚀造成爆管。

③ 制造、安装或检修质量不良。

④ 管子外部机械损坏或被异物破坏。

⑤ 管壁被磨损变薄或被邻近爆破的管子吹坏未做处理。

⑥ 点火、停炉操作不当使管子受热不均而损坏。

（3）处理

① 若爆管时泄漏不严重，经过加大给水后能维持正常水位并不影响邻炉上水时，在短时间内事故不会扩大，不必紧急停炉，应报告值长，适当降低负荷，并做好停炉的准备。

② 爆管严重，不能维持水位时，应立即紧急停炉。报告值长，通知汽轮机值班人员及邻炉值班人员。

③ 停止一次、二次风机运行，保留引风机运行，维持炉腔负压。

④ 在不影响邻炉给水的情况下，锅炉停炉后继续加强进水，如汽包水位仍不能回升时，则应停止对锅炉进水，但省煤器再循环门不应开启。

3. 过热器、再热器爆管

（1）现象

① 过热器有蒸汽喷出的声音。

② 炉膛负压减小甚至变正，锅炉不严密处向外冒蒸汽或喷灰。

③ 过热器区烟道两侧烟温差增大，过热汽温剧烈波动。

④ 蒸汽压力下降，给水流量不正常地大于蒸汽流量。

（2）原因

① 操作不当，燃烧不正常造成过热器管子长期过热而被损坏。

② 超温爆管，管外飞灰磨损与烟气的高温腐蚀。

③ 制造、安装、检修质量差，设计不合理吹灰器安装、检修不良，吹灰角度不正确，也是造成过热器、再热器爆管的重要原因。

④ 蒸汽品质不合格，造成过热器管内部结垢。

（3）处理

① 运行中过热器、再热器爆管时，若损坏较轻，过热汽温或再热汽温尚能维持在规定范围，则可允许降低锅炉负荷运行一段时间。

② 若损坏较重，汽温变化过大，不能维持在正常范围，且锅炉燃烧不稳定，应立即停炉，以防由破口喷出的蒸汽吹坏邻近的管子，扩大事故。

第三节・锅炉燃烧事故分析

常见的锅炉燃烧事故有炉膛结焦和烟道二次燃烧等。这些事故一旦发生，就会造成锅炉设备的损坏和人员伤亡，因此要有效预防。

1. 炉膛结焦

（1）现象

① 氧量指示下降，甚至到零。

② 严重时负压不断增大，一次风机电流下降。

③ 汽压增加，汽温降低。

④ 风室风压升高且波动增大，一次风量减少。

⑤ 出渣时渣量少或放不出。

（2）原因

① 点火升压过程中，煤量加入过快、过多。

② 压火时操作不当。

③ 燃烧负荷过大，燃烧温度过高。

④ 放渣过多，处理操作不当。

⑤ 给煤机断煤，处理操作不当。

⑥ 负荷增加过快，操作不当。

（3）处理

① 发现床温不正常升高，综合其他现象判断有结焦可能时，应加大一次风量和加强排资，减少给煤量，控制结焦恶化，并恢复正常运行。经处理无效时，应立即停炉。

② 放尽循环灰，尽量放尽炉室内炉渣。

③ 检查结焦情况。

④ 打开人孔门，尽可能撬松焦块及时扒出运行。

⑤ 结焦不严重时，将焦块扒出炉外后，点火投入运行。

⑥ 结焦严重，无法热态消除时，待冷却后处理。

2. 烟道二次燃烧

锅炉烟道中沉积的可燃物质发生燃烧，称为烟道二次燃烧。

（1）现象

① 烟囱冒黑烟，氧量表指示变小。

② 烟道各部分温度和排烟温度骤升，烟道和炉腔负压急剧波动甚至变成正压。

③ 严重时从烟道各孔、门处和引风机轴封处冒烟或有火星。

④ 汽压、蒸汽流量下降，过热汽温、再热汽温及空气预热器出口风温部分或全部升高。

⑤ CO_2 和 O_2 表指示不正常。

⑥ 烟道防爆门动作。

⑦ 锅炉各运行参数不正常，参数的变化与燃烧在烟道中的位置有关。

（2）原因

① 负压过大，大量未燃尽的燃料流入烟道内。

② 燃烧工况失调。

③ 低负荷运行时间过长、停炉频繁。

④ 风量调节不当。

（3）处理

① 运行中发现烟道温度、排烟温度不正常地升高时，首先应检查风、粉配合情况及燃烧工况，并调节燃烧方式，如降低火焰中心位置，投入吹灰装置对受热面进行吹灰，必要时降低锅炉负荷。

② 若采取措施①无效，烟道和排烟温度急剧升高，并检查判明已发生烟道二次燃烧，应立即停炉，停止向炉内供应一切燃料。

③ 停止送风、引风和一次风，关闭各风门挡板和烟道周围的门、孔，用蒸汽吹灰器或专用蒸汽灭火管进行灭火。

④ 打开省煤器再循环门保护省煤器，维持少量给水，保持汽包水位。

⑤ 根据汽温的变化情况及时调节减温水。

⑥ 开启旁路系统保护再热器。

复习思考题

1. 写出锅炉满水事故和缺水事故的现象、原因和处理方法。
2. 写出锅炉省煤器、水冷壁等爆管事故的现象、原因和处理方法。
3. 写出锅炉燃烧事故的现象、原因和处理方法。
4. 通过本章的学习，你如何看待锅炉事故以及在未来工作中应注意哪些锅炉生产安全问题？

节能减排分析

知识目标

① 了解节能减排的重要意义和措施途径。
② 熟悉循环流化床锅炉的节能降耗措施。
③ 了解循环流化床锅炉的污染物排放技术。
④ 掌握目前电厂锅炉常用的节能减排技术。

能力目标

① 能准确深入挖掘电厂存在的节能减排潜力，并能够正确运用节能减排技术进行改造。
② 能正确绘制循环流化床锅炉的超低排放技术简图，并标注主要设备名称。
③ 能正确叙述循环流化床锅炉的常用节能降耗方法。

第一节 · 节能减排概述

一、节能减排工作的意义

当前，我国经济发展正处于繁荣期，是工业化、城镇化加速发展的重要阶段，能源资源的消耗强度高，消费规模不断扩大，能源供需矛盾越来越突出，生态环境也越来越脆弱，因此节能减排任务很重，形势也很严峻。

在节能减排工作中，火电厂潜力巨大。火电厂是一次能源用能大户，全年耗煤量巨大，提高火电厂的一次能源利用率，尽可能降低发电成本，成为全国各大发电企业及科研院所研究的课题。据统计，我国锅炉用煤占煤炭总量的 80% 以上，加之我国锅炉的设计、制造、使用环节中管理水平较低，缺乏科学节能管理机制等，因此锅炉热效率总体不高，能源浪费严重。因此，火电行业要不断坚持走资源节约型、环境友好型道路，是履行社会责任、提升竞争力的必然选择。节能管理在火电运行管理工作中的重要性越来越突出，节能降耗水平成为衡量发电企业技术及管理水平的重要指标，关系到企业的核心竞争力和长期盈利能力。

二、火电行业节能减排工作的指导原则

① 引进国内外先进设备，积极采用高效、洁净发电技术，提高机组发电效率。

② 大力发展大型火电机组。发展超（超）临界机组、大型联合循环机组。

③ 发展热电联产、热电冷联产和热电煤气多联供。

④ 淘汰高能耗和高污染的小机组，提高单机容量。

⑤ 推进跨大区联网，实施电网经济运行技术。

⑥ 采用天然气发电机组替代燃油小机组。

⑦ 优化电源布局，适当发展以天然气和其他工业废气为燃料的小型分散电源，加强电力安全。

三、节能减排的措施和途径

节能减排贯穿在火电厂的规划、设计、运行、管理等各方面，只有针对性地制订相应措施，才能有效做好工作。

1. 做好规划设计

① 发展热电联产。积极鼓励、支持、优先发展热电联产集中供热，提高火电厂的热效率。

② 新电厂各系统及辅助机械设计、选型时，尽量考虑系统合理、选择出力配置适当、技术先进的节能型设备装置，规避富裕量过大及技术落后、能耗高的设备消耗过多的厂用电。

③ 合理布局建设新电源点，优化接线方案。尽量均衡布局新建电厂，只有当火电厂在电力系统中的接线方案合理时，才能降低电网损率，避免功率过多的损失在输电环节，提高火电厂输出功率的利用率。

④ 投产大容量机组。新建设电厂在锅炉机组选型时，尽可能多采用高参数、大容量机组。

2. 加强节能控制

火电厂的主要生产环节大致分为燃料的采购及入厂和入炉、水处理、煤粉制备、锅炉燃烧，以及蒸汽的生产和消耗、汽轮机组发电和电力输送等。发电过程中任何一个主要生产环节中均存在能源损耗的问题，如果能够有意识地通过有效的技术利用及管理手段使各环节的能源消耗水平得到合理控制，并努力消除生产过程中可以避免的能量浪费，就能真正达到节能的目的。

① 提高燃煤质量。一般来说，燃料成本约占发电成本的 70% 以上。如果燃煤质次价高且运输、储存过程中损耗过大，燃料成本就会很高。燃煤质量差，则锅炉燃烧稳定性差，燃烧效率低，锅炉本体及其辅助设备损耗加大，显然对发电厂是极其不利的。如果燃煤质好价优则锅炉燃烧稳定、效率高，机组带得动负荷，不仅能够减少燃料的消耗量，更有利于节约

发电成本。因此燃煤的采购及入厂、入炉燃料的控制是发电厂节能工作的源头。

② 降低制粉系统单耗。制粉系统的耗电量约占电厂用电的30%，因此应该在保证制粉系统出力，煤粉细度合理的前提下，尽量降低制粉系统单耗是节能的重要手段。

③ 锅炉是最大的燃料消耗设备，要不断提高锅炉燃烧效率。燃料在锅炉内燃烧过程中的能量损失主要有5种，分别是排烟损失、机械不完全燃烧损失、化学不完全燃烧损失、散热损失、灰渣物理热损失等。因此，只有通过减少各项损失，提高锅炉燃烧效率才能实现锅炉燃烧的节能控制。

④ 提高汽轮机效率。汽轮机运行时，其能量损失主要指级内损失。另外，汽轮机排汽也会造成一定的冷源损失。反映汽轮机效率水平的主要指标为汽耗率及机组热耗率。汽轮机的节能改造措施主要有通流部分改造、汽封及汽封系统改造、低压转子的接长轴、改进油挡结构、防止透平油污染、防断油烧瓦技术、改善机组振动状况、改进调节系统等。此外，应加强对汽轮机的检修，以提高运行的稳定性。

⑤ 提高蒸汽质量。汽压低，外界负荷不变，汽耗量增大，煤耗增大。汽压过低，会使汽轮机减负荷。过热、再热蒸汽汽温偏低，压力低时热焓减少，做功能力下降。即当负荷一定时，汽耗量增加，经济性下降。如何合理控制这两大指标，提高经济性，也具有重大意义。

⑥ 使用汽动给水泵。电动给水泵耗电量占电厂用电的30%左右，将电动给水泵改为汽动给水泵，可以大大降低厂用电率。汽动给水泵是消耗蒸汽的热能，是由煤经锅炉转换成主蒸汽做功后或不做功就进入给水泵汽轮机直接拖动给水泵。也就是说，给水泵汽轮机的拖动蒸汽有两种可能，一种是锅炉的新汽，一种是进入主汽轮机后做了部分功的抽汽。后者是实现了能源的梯级利用，增加了抽汽量。其排汽一部分排入回热系统的除氧器，作为回热用；另一部分排入供热系统作为供热量的一部分。因此，热电厂给水泵汽轮机是背压机组，无冷源损失，能效很高，对节能降耗具有积极作用。

⑦ 采用变频调速技术。变频调速技术是一项节能效果显著的技术，是一种以改变电动机频率和改变电压来达到电动机调速目的的技术。火力发电厂有些辅机设备中，风机、水泵类设备占了绝大部分，这些用电设备功率大，而且经常处于变负荷的状况下运行，调节流量的方式多为挡板或节流阀调节，由于这种调节方式仅仅改变了通道的通流阻抗，而电动机的输出功率并没有多大改变，所以浪费了大量能源。因此，在火力发电厂实际生产中利用变频技术对这些设备的驱动电源进行变频改造，特别是负载变化的用电设备，节电效果好且投资较小，节能效果显著。

⑧ 加大节能技术改造力度，减少能耗损失。如加装锅炉、汽轮机冷态蒸汽加热系统，缩短升炉、开机时间，减少开机能耗损失。改造锅炉水力除灰系统，节约用水用电。对锅炉空气预热器进行改造，减少空气预热器漏风。对汽轮机真空系统进行查漏、堵漏，更换凝汽器铜管，加装胶球清洗装置等，改善凝汽器真空、端差、过冷度，提高热效率。

3. 加强生产管理

① 加强基础管理，落实责任，层层重视，组织节能工作有效开展。根据节能工作需要及时制订和修订节能管理制度、规定。定期检查节能管理规定的执行情况。组织分析生产技术指标及审定整改方案。加强生产用水、用电的管理，建立各种台账，检查节水、节电工作并提出考核意见。

强化生产过程管理，提高机组运行水平。要求运行人员增加节能意识，规范操作，进一步提高系统分析问题能力；要根据煤质、负荷等情况，探索出机组稳定、经济运行指导值，对出现的异常要认真对待，进行横、纵比较，弄清异常的真正原因；加强设备巡检、检修消缺管理，制订周密的检修计划，扎实推进设备状态管理制度，提高检修质量和设备健康水平，降低非计划停运率，为节能提供设备基础。

② 积极推进运行技术的创新。积极学习、掌握燃烧优化运行方案。运行人员积极组织燃烧，加强燃烧调整，合理配风。一切都以提高发电量为出发点，因为负荷上升，锅炉热负荷加强，炉膛温度提高，燃烧稳定性得到提高，相应的熄火次数燃油量、厂用电率、供电煤耗就会降低。同时，还应提高运行人员的技术水平和责任心。

③ 加强燃料管理，加强对入厂煤的检验。燃料是成本控制的重点，为便于管理，减少成本的可变因素，燃料的购货价应以热值为单位，逐步作好选购燃煤的经济性分析。加强入厂煤的监督，加强配煤掺烧管理，提高燃烧效率，减少能耗损失。

④ 加强小指标对标管理。小指标对标管理的方法有对标国家标准和各同行企业对标等，通过广泛深入开展对标管理活动，可以找到缺点，然后针对不足建立“对照先进，查错纠弊，持续改善，不断超越”的长效工作机制，全面提高电厂竞争能力和发展能力，降低机组能耗，用小指标保大指标，确保实现电厂各项目标。

⑤ 加强节能宣传和运行人员的节能培训

火电企业要广泛开展节能宣传教育活动，不断营造一个人人想着节能、人人参与节能、事事为企业节能作贡献的良好氛围，不断提高职工的节能意识。员工有了节能意识还不够，要在生产运行中把自己的想法付诸实践，积极进行节能改造，这就需要储备一定的节能知识，所以还要对各岗位生产运行人员进行节能培训，通过节能培训有效提高企业职工的节能技改技术和综合素质，不断激发职工的潜力和工作热情，更好地促进节能减排工作的有效进行。

第二节・循环流化床锅炉的节能降耗措施及改造

目前，循环流化床锅炉节能降耗的措施有很多，总结起来主要有三种方式：一种是锅炉的优化运行，一种是锅炉设备的合理调校，一种是节能技术的应用。

一、循环流化床锅炉的优化运行

锅炉机组在实际生产运行过程中，可以进行优化调校试验，然后根据试验数据及分析结论，建立一套科学的运行优化操作程序和合理的优化运行方式，使锅炉机组能在各种负荷范围内保持最佳的运行方式和最合理的参数匹配。特别注意，锅炉运行时的参数调整必须要保证在设计的范围内，不应该发生较大的偏差。

1. 排烟温度

排烟温度是锅炉运行中可控的一个综合性指标，它主要取决于锅炉燃烧状况以及各段受热面的换热情况，保持各段受热面的清洁和换热效果，是防止排烟温度异常和保证锅炉经济运行的根本措施。具体的节能措施有：保证人孔门和保温层的严密性，减少漏风；合理控制氧量；定期进行吹灰。

2. 灰渣碳含量

灰渣碳含量表示从尾部烟道排出的飞灰或者是从冷渣器中排出的干渣中含有的未燃尽碳的量占飞灰量或者是渣量的百分比，主要与燃煤特性、煤粒大小、炉膛温度、物料循环程度等有关。在运行过程中，煤粒的大小是影响灰渣碳含量的主要原因。针对所燃用的煤种，合理调节分离器的分离效率，尽可能保证循环燃烧，提高燃尽程度。运行中的具体措施是：合理控制一、二次风配比，在保证流化前提下，尽量减少一次风，增加二次风；在流化良好，排渣正常的情况下，可适当提高炉床差压，加强破煤机设备的维护，提高旋风分离器的分离效率；适当提高床温并控制在 900℃左右。

3. 床温控制

这是循环流化床锅炉最主要的控制参数之一，主要根据负荷和煤质的变化，及时调整给煤量，并保持合适的风煤比和料层厚度，使床温维持在最佳的范围内运行。在 840 ～ 900℃的范围内，床温的提高与锅炉的效率成正比。温度的控制与燃料的特性有关，有的锅炉可以高到 950℃，只要控制并保证床层不结焦，按照环保的要求，如果是高硫燃料，床温运行在 850℃，达到脱硫剂的最佳使用。如果煤质较好，可以将燃料温度适当提高，并提高主循环回路的燃烧效率。

4. 蒸汽与水参数

主蒸汽温度每降低 10℃，相当于煤耗增加 0.03%。对于 10 ～ 25MPa、540℃的蒸汽，主蒸汽温度每降低 10℃，将使循环热效率下降 0.5%，汽轮机出口的蒸汽湿度增加 0.7%。这不仅影响热力系统的循环效率，而且加大了对汽轮机末级叶片的侵蚀，影响汽轮机的安全经济运行。解决的方法是：提高热控自动投入率，防止减温水调节阀门的内漏。当然，主汽压力和再热器温度压力的偏差都对机组效率有一定的影响。合理调节 PID 参数，进行更为有效的自动控制是解决这类问题的重要环节。

二、循环流化床锅炉的设备调校

1. 破碎机调校

循环流化床锅炉煤粒的颗粒度和煤粒分配均匀性是影响燃烧的重要措施。如果破碎机的效果不好，输出的煤粒超过设计值太多，对床层的流化效果、冷渣器的可靠工作和后续输渣设备都存在一定的影响。如果燃料中细粉较多，可燃物可能引入返料器，在返料器中燃烧，造成结焦；或者引入尾部烟道，造成排烟温度高，更有可能发生尾部烟道燃烧事故。因此，务必使碎煤机达到最佳运行方式，做到勤观察、多调整，尽可能减少煤粒的大小和形状对于燃烧的影响。

2. 风量测量元件调校

由于流化床锅炉的特殊构造，对于风量的准确性要求远远大于煤粉炉，这就至少要求在每年大修时，对风量测量元件都进行标定。目前较为准确的标定方式是采用热质式流量计进行多点标定。主要对一次风量、二次风量及入炉总风量进行标定，在对风量测量一次元件进行标定后，将标定结果用于修正热工测量系统，保证控制系统自动调节的正确性。

3. 过量空气监测元件调校

为了维持循环流化床锅炉良好的燃烧，注意控制炉膛中过量空气系数，以保证燃烧中合适的风煤比。炉膛中出口过量空气系数是通过测量尾部烟道出口的氧量来实现的，所以氧量也是重要的控制参数，以保证维持良好的燃烧，协调燃烧中的最佳风煤比；同时也是控制飞灰可燃物含量在额定范围内的参数之一。由于氧化锆测量装置设备自身的不足，其寿命往往不会太长，所以最好每月标定一次。

4. 床温测量元件的调校

床温由布置在布风板上的测温热电偶测得。锅炉的正常床温的控制范围是800～900℃。床温过低，会影响锅炉效率且燃烧不稳定；床温过高，会减小脱硫效果且可能造成床层结焦，恶化流化状态。由于流化床锅炉磨损较大，因此非常有必要保证测温元件的完好。

5. 冷渣器的余热利用

冷渣器炉底渣的排放，对提高流化质量，提高燃烧效率，确保流化床锅炉安全与经济运行至关重要。对于节能来说，冷却水的合理利用是关键，有的电厂将冷渣器的冷却水引入低温加热器，提高凝结水的温度，有效地利用了热能，同时降低排渣温度，将渣中的热源用来加热返风。

6. 疏水门和减温水门调校

疏水门等阀门易发生内漏，会造成不必要的热力损失。所以对于疏水门和减温水门要进行重点控制，防止由于减温水门的内漏现象，造成汽温调节功能变化，在一定程度上造成系统热力资源的浪费。疏水门的内漏往往是普遍的，主要原因是前后压差大，阀芯易被吹损。

7. 补水率的调控

良好的热力系统补水率应控制在5%之内。如果说疏水阀门没有内漏的话，锅炉的正常连续排污率应该少于1%。在进行补水率测试时，首先提高系统补水流量，让凝结器在高水位上运行，然后关闭补水门。同时合理调节系统疏水，通过观察凝结器水位下降的幅度计算系统的补水率，是否在锅炉设计流量的5%以下。如果远远大于此值，就要检查系统是否有内漏现象。补水率每变化1个百分点，对于发电煤耗将增加0.22%。

8. 再热汽温的调节

烟气挡板的作用是调整循环流化床锅炉的尾部烟气，以达到调节再热汽温的目的。这种调节方式不减少电厂循环效率，在一定范围内能有效控制再热蒸汽的温度，是最为经济的调温方式。所以在启动前，再热汽温调节挡板一定要可靠、灵活。在运行中如有必要，尽量用此来调节再热汽温。自动调节的方式由DCS系统进行计算和调控。

三、节能技术的应用

1. 变频调速技术

在电厂生产中，最常用的控制手段是通过调节阀门、风门、挡板开度的大小来调整泵与风机类转动设备。不论生产的需求大小，风机都要按额定转速运转，而运行工况的变化则使得能量从阀门、风门、挡板的节流损失消耗掉了。在生产过程中，不仅控制精度受到限制，而且还会造成大量的能源浪费和设备损耗，从而导致生产成本增加，设备使用寿命缩短，设备维护、维修费用居高不下。风机、泵类设备多数采用异步电动机直接驱动的方式运行，存在启动电流大、机械冲击、电气保护特性差等缺点，不仅影响设备使用寿命，而且当负载出现机械故障时不能瞬间动作保护设备，时常出现泵损坏的同时电动机也被烧毁的现象。

近年来，出于节能的迫切需要和对产品质量不断提高的要求，加之采用变频器易操作、免维护、控制精度高，并可以实现高功能化等特点，采用变频器驱动的方案开始逐步取代风门、挡板、阀门、液耦的控制方案，取得了显著的节电效果，是一种理想的调速控制方式。既提高了设备效率，又满足了生产工艺要求，并且因此大大减少了设备维护、维修费用，还降低了停产周期，直接和间接经济效益非常明显。例如生活水泵、消防水泵、除盐水泵等采用380V电动机的设备可应用低压变频技术进行变频调速。采用6kV电动机的泵和风机采用高压变频技术，节能效果显著。

2. 斩波内反馈交流调速电动机技术

近几年，内反馈交流调速电动机技术和控制系统得到快速发展。斩波内反馈调速系统利用现代电子技术，控制电动机转子（绕线式）感应电流，从而控制转子输出转矩，达到调速目的。与变频调速相比，内反馈调速系统接于电动机转子回路，工作电压低，运行稳定可靠，且在低速下仍能保持较高的功率因数，效率较高；与传统调速方法相比，内反馈调速系统在调速时不用改变电动机接线即可实现平稳调速，不需额外增加开关，改善开关运行工况，对高压电动机具有重要意义。

第三节 · 循环流化床锅炉减排技术

循环流化床燃烧技术是一种清洁煤燃烧技术，已经实现了自身污染物的有效控制，基本上能够低成本满足几乎世界上大部分国家和地区的环保排放标准。但是我国目前的排放标准是世界上最为严格的燃煤污染物排放标准，面对我国颁布实施的GB 13223—2011《火电厂大气污染物排放标准》要求，循环流化床锅炉面临着极大的挑战。为了达到超低排放标准，一些循环流化床锅炉采用了“尾部烟气湿法脱硫+SCR脱硝+袋式除尘”等技术，尽管达到了超低排放标准的要求，但其投资、运行成本高，使循环流化床锅炉失去了洁净燃烧技术的优势。大量研究和实践表明，通过循环流化床锅炉自身污染物控制技术，再辅助一些简单的脱硫脱硝方法，同样可以达到超低排放的要求。

一、循环流化床锅炉自身 NO_x 污染物排放控制

循环流化床锅炉中燃烧温度一般处于800～950℃范围内，在此温度范围内，能够有效抑制热力型NO_x的生成。另外，循环流化床锅炉属中温燃烧，炉内存在大量还原性物料（如C、CO）等，对NO_x的生成有一定抑制和还原作用。因此，相对于煤粉锅炉而言，循环流化床锅炉具有天然的NO_x低排放优势。

1. 循环流化床锅炉 NO_x 超低排放可行性技术

循环流化床锅炉的运行条件，如过量空气系数、给煤条件、配风形式等也对 NO_x 的排放产生影响。在严格控制床温、炉内过量空气系数、合理的风比和二次风口位置条件下，提高床质量、减少床存量、增加循环量可以进一步增强燃烧反应的还原性气氛，是深入挖掘循环流化床锅炉降低 NO_x 排放潜力的可行技术方法。

2. 循环流化床锅炉 NO_x 超低排放的实践应用

循环流化床锅炉 NO_x 超低排放的工程实现是通过系列的锅炉关键部件改进实现的（如通过分离器分离性能的提高，循环量得到改善）。在充分研究的基础上，将该技术路线在实际工程上进行检验，相继在 150t/h、260t/h 和 560t/h 的循环流化床锅炉上进行了工程实践。将此与已有的循环流化床锅炉进行比较发现，对于燃用相近煤种，可以使 NO_x 原始排放显著降低。

二、炉内高效脱硫脱硝减排技术

人们公认的传统循环流化床炉内脱硫效率，在 Ca/S=2.0 ～ 2.5 条件下，燃用高硫煤时可高达 95%，SO_2 的排放小于 300mg/m^3；燃用低硫煤时脱硫效率可达 90%，SO_2 的排放小于 200mg/m^3。燃用高挥发分煤时，NO_x 排放可以达到 200 ～ 300mg/m^3；燃用低挥发分煤时 NO_x 排放可以达到 100 ～ 150mg/m^3。

要冲破传统循环流化床炉内脱硫脱硝能力的极限，如图 19-1 所示为循环流化床锅炉流态设计图谱。

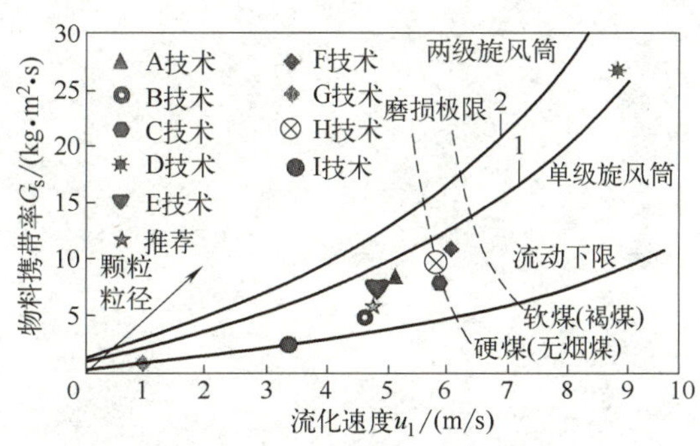

图 19-1 循环流化床锅炉流态设计图谱

循环流体床锅炉流态设计图谱事实上存在第三坐标轴，即粒度轴，原有曲线是基于传统循环流化床循环物料平均粒度在 150 ～ 250μm 条件下确定的。如果改变循环物料平均粒度，则曲线会发生改变。如前所述，循环流化床循环物料粒度更细条件下，NO_x 可以达到原始超低排放。与此同时，循环物料粒度减小意味着石灰石颗粒的利用率显著增加。运行实践表明，如果分离器分离效率得到显著改善，飞灰切割粒径降至 10μm，循环灰中位粒径接近 100μm，炉膛上部的平均压降可以提高到 60Pa/m，NO_x 原始排放可稳定在 20 ～ 30mg/m^3；炉内脱硫在 Ca/S=1.5 时，SO_2 ＜ 50mg/m。山西某电厂等用户的 300MW 循环流化床锅炉已经验证了 NO_x 排放降低的明显趋势。上述成果超出了国内外对循环流化床污染控制能力的认知底线，震惊了国外学术界，也引起国内环保部门的关注。

因此，现阶段比较理想的低成本循环流化床燃煤锅炉的超低排放技术路线如下：超高循环效率 CFB+ 炉内细石灰石粉脱硫 + 袋式除尘为基础装备，SNCR 及半干法增湿活化二次脱硫作为热备用，如图 19-2 所示。这条技术路线已经在 50 ～ 350MW 的多个工程中得到证实。

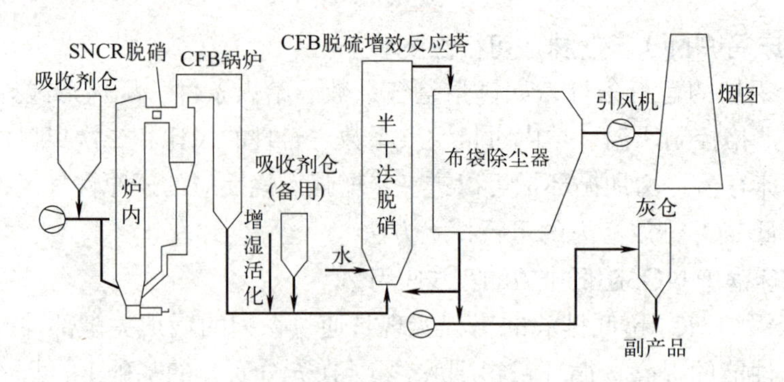

图 19-2 循环流化床锅炉超低排放技术路线

复习思考题

1. 锅炉节能减排的意义是什么？措施和途径有哪些？
2. 循环流化床怎样实现燃烧中 NO_x 的超低排放？
3. 循环流化床锅炉的节能措施主要有哪些？
4. 通过本章的学习，你如何看待循环流化床锅炉节能减排技术的未来发展前景？

参考文献

[1] 陈曲进，周慧 . 电厂锅炉设备 . 北京：中国电力出版社，2013.

[2] 宁夏电力公司教育培训中心，国电电力武威发电有限公司 . 锅炉设备及运行 . 北京：中国电力出版社，2013.

[3] 郭迎利，何方 . 电厂锅炉设备及运行 . 北京：中国电力出版社，2010.

[4] 姜锡伦，曲卫东 . 锅炉设备及运行 .2 版 . 北京：中国电力出版社，2010.

[5] 徐生荣 . 锅炉原理与设备 . 北京：中国水利水电出版社，2009.

[6] 王乃华，李树海，张明 . 锅炉设备与运行 . 北京：中国电力出版社，2008.

[7] 周菊华 . 锅炉设备 .2 版 . 北京：中国电力出版社，2006.

[8] 芮新红，朱皑强 . 循环流化床锅炉设备及系统 .2 版 . 北京：中国电力出版社，2018.

[9] 魏毓璞 . 循环流化床锅炉新技术应用 . 北京：化学工业出版社，2015.

[10] 杨建华 . 循环流化床锅炉设备及运行 . 北京：中国电力出版社，2014.

[11] 周菊华 . 城市生活垃圾焚烧及发电技术 . 北京：中国电力出版社，2014.

[12] 辛广路 . 工业锅炉运行与节能减排操作实务 . 北京：机械工业出版社，2014.